职业技术教育"十二五"课程改革规划教材
光电技术（信息）类

激光加工设备与工艺

JIGUANG

JIAGONG SHEBEI YU GONGYI

主　编　王中林　王绍理
副主编　杨　晟　周　琦　吴让大　陈毕双
参　编　石金发　陈祥胜　邓传经　陈一峰

华中科技大学出版社
（中国·武汉）

内容简介

本书内容主要包括激光加工设备装配调试及激光加工工艺两大方面,具体来说包括基本激光光学基本原理、激光标刻加工设备装配调试及标刻加工工艺、激光焊接加工设备装配调试及焊接加工工艺、激光切割加工设备装配调试及切割加工工艺、其他激光加工技术等。读者主要是高职高专、中职激光加工技术、光电子技术、光机电应用技术及其他相关专业的学生,也可以是从事激光设备制造和激光加工工艺工作的相关技术人员。

图书在版编目(CIP)数据

激光加工设备与工艺/王中林,王绍理主编.—武汉:华中科技大学出版社,2011.9(2019.8 重印)
ISBN 978-7-5609-7202-2

Ⅰ.①激… Ⅱ.①王… ②王… Ⅲ.①激光加工-设备-高等职业教育-教材 ②激光加工-工艺-高等职业教育-教材 Ⅳ.①TG665

中国版本图书馆 CIP 数据核字(2011)第 180432 号

激光加工设备与工艺 王中林 王绍理 主编

策划编辑:王红梅　刘万飞
责任编辑:刘万飞
封面设计:秦　茹
责任校对:祝　菲
责任监印:徐　露

出版发行:华中科技大学出版社(中国·武汉)　电话:(027)81321913
　　　　　武汉市东湖新技术开发区华工科技园　邮编:430223
录　　排:武汉市洪山区佳年华文印部司
印　　刷:武汉华工鑫宏印务有限公司
开　　本:787mm×1092mm　1/16
印　　张:14.75
字　　数:370 千字
版　　次:2019 年 8 月第 1 版第 5 次印刷
定　　价:36.80 元

本书若有印装质量问题,请向出版社营销中心调换
全国免费服务热线:400-6679-118　竭诚为您服务
版权所有　侵权必究

序

  作为新兴的行业、产业,我国光电技术的发展一日千里,光电产业对我国经济社会的巨大作用日益凸显。我国光电与激光市场十几年来始终保持两位数的高速增长,2010年我国光电与激光产业的市场规模已经突破千亿。随着信息技术、激光加工技术、激光医疗与光子生物学、激光全息、光电传感、显示技术及太阳能利用等技术的快速发展,我国光电与激光产业市场规模将进一步加大。

  随着光电产业的不断产展,对光电技术人才的需求越来越大,高等职业院校光电技术方面的专业建设也会越来越受到重视。作为其中的重要部分,光电专业教材建设目前虽然取得了一定的成果,但还无法满足产业发展对人才培养的需求,尤其是面向职业教育的专业教材更是屈指可数,很多学校都只能使用自编的校本教材。值此国家十二五规划实行之际,编写和出版职业院校使用的光电专业教材既迫在眉睫,又意义重大。

  华中科技大学出版社充分依托武汉·中国光谷的区域优势,在相继开发分别面向全国211重点大学和普通本科大学光电专业教材的基础上,又倾力打造了这套面向全国职业院校的光电技术专业系列教材。在组织过程中,华科大社邀请了全国所有开设有光电专业的职业院校的专家、学者,同时与国内知名的光电企业合作,在国家光电专业教指委专家的指导下,齐心协力、求同存异、取长补短,共同编写了这套应用范围最广的光电专业系列教材。参与本套教材建设的院校大多是国家示范院校或国家骨干院校,他们在光电专业建设上取得了良好的成绩。参与本套教材编写的教师,基本上是相关国家示范院校或国家骨干院校光电专业的带头人和长期在一线教学的教师,非常了解光电专业职业教育的发展现状,具有丰富的教学经验,在全国光电专业职业教育领域中也有着广泛的影响力。此外,本套教材编写还吸收了大量有丰富实践经验的企业高级工程技术人员,参考了企业技术创新资料,把教学和生产实际有效地结合在一起。

  本套教材的编写基本符合当前教育部对职业教育改革规划的精神和要求,在坚持工作过程系统化的基础上,重点突出职业院校学生职业竞争力的培养和锻炼,以光电行业对人才需求的标准为原则,密切联系企业生产实际需求,对当前的光电专业职业教育应该具有很好的指导作用。

  本套教材具有以下鲜明的特点。

  课程齐全。本套教材基本上包括了光电专业职业教育的专业基础课和光电子、光器件、光学加工、激光加工、光纤制造与通信等各个领域的主要专业课,门类齐全,是对光电专业职业教育一次有效、有益的整理总结。

  内容新颖。本套教材密切联系当前光电技术的最新发展,在介绍基本原理、知识的基础上,注重吸收光电专业的新技术、新理念、新知识,并重点介绍了它们在生产实践中的应用,如

《平板显示器的制造与测试》、《LED封装与测试》。

针对性强。本套教材是结合职业教育和职业院校的实际教学现状,非常注重知识的"可用、够用、实用",如《工程光学基础》、《激光原理与技术》。

原创性强。本套教材是在相关国家示范院校或国家骨干院校长期使用的自编校本教材的基础上形成的,既经过了教学实践的检验,又进行了总结、提高和创新,如《光纤光学基础》、《光电检测技术》。其中的一些教材,在光电专业职业教育中更是首创,如《光电子技术英语》、《光学加工工艺》。

实践性强。本套教材非常注重实验、实践、实训的"易实施、可操作、能拓展"。不少书中的实验、实训基本上都是企业实践中的生产任务,有的甚至是整套生产线上的任务实施,如《激光加工设备与工艺》、《光有源无源器件制造》。

我十分高兴能为本套教材写序,并乐意向各位读者推荐,相信读者在阅读这套教材后会和我一样获得深刻印象。同时,我十分有幸认识本套教材的很多主编,如武汉职业技术学院的吴晓红、武汉软件工程职业学院的王中林、南京信息职业技术学院的金鸿、苏州工业园区职业技术学院的吴文明、福建信息职业技术学院的林火养等老师,知道他们在光电专业职业教育中的造诣、成绩及影响;也和华中科技大学出版社有过合作,了解他们在工科出版尤其是在光电技术(信息)方面教材出版上的成绩和成效。我相信由他们一起编写、出版本套教材,一定会相得益彰。

本套教材不仅能用于指导当前光电专业职业教育的教学,也可以用于指导光电行业企业员工培训或社会职业教育的培训。

中国光学学会激光加工专业委员会主任
2011年8月24日

前　言

激光作为一门新兴的科学技术发展极快,迄今已渗透到几乎所有的自然科学领域,如激光加工、激光医疗、激光通讯、激光存储、激光印刷、激光光谱、激光分离同位素、激光检测和计量,等等,它们都在不同程度上得到了发展。激光对物理学、化学、生物学、医学、工艺学、园艺学及检测技术、通信技术、军事技术等都产生了深刻的影响。激光器种类繁多,新型激光器不断被研究开发出来。现代用于激光加工制造的激光器,主要有 Nd：YAG 激光器、CO_2 激光器、光纤激光器、准分子激光器和大功率半导体激光器等。

激光加工是指激光束作用于物体的表面而引起的物体变形或物体的性能改变的加工。按照光与物质相互作用的机理,大体可将工业激光加工分为激光热加工和激光冷加工(光化学反应加工)两类,具体包括激光标刻、激光焊接、激光切割、激光热处理和激光成形等。

激光加工工艺涉及光、机、电、材料和其他相关技术,对不同的加工对象,它有一定的内在规律和特点。激光加工热影响区小,光束方向性好,能使光束斑点尺寸聚焦到波长数量级,适合进行选择性加工和精密加工,是机械加工最有竞争力的一种替代手段。

本书采用项目任务式的编写体例,主要介绍了激光加工设备装配调试及各种类型的激光加工工艺过程,具体包括掌握激光原理及与激光加工相关光学原理、激光标刻设备装配调试与激光标刻加工、激光焊接设备装配调试与激光焊接加工、激光切割设备装配调试与激光切割加工和其他激光加工技术等5个项目。本书引入当今市场上具有先进性、代表性的激光设备和激光加工应用作为载体,注重实践应用,面向实际工作过程,具有较强的实用性。同时,兼顾技术发展前沿,引导读者进行更深入的技术探索,具备一定的前瞻性。

本书主编所在单位武汉软件工程职业学院、武汉职业技术学院与武汉楚天激光(集团)股份有限公司进行了以订单班为载体的全方位校企合作,形成了人才共育、过程共管、互惠共赢的双边合作机制。武汉楚天激光(集团)股份有限公司提供了大量的来自一线的实践素材,并直接参与了编写工作,在此表示诚挚的感谢。

本书项目1由武汉软件工程职业学院王中林、武汉楚天激光(集团)股份有限公司吴让大编写,项目2由武汉职业技术学院王绍理、深圳技师学院陈毕双编写,项目3由武汉软件工程职业学院杨晟、武汉楚天激光(集团)股份有限公司邓传经编写,项目4由武汉软件工程职业学院石金发、随州技师学院陈祥胜编写,项目5由武汉职业技术学院周琦、武汉船舶职业技术学院陈一峰编写。

由于编者水平有限,书中难免还存在遗漏和不妥之处,恳切希望广大读者批评指正。

编　者
2011年8月

目　　录

项目 1　掌握激光原理及与激光加工相关的光学原理 ……………………………(1)
　　任务 1　掌握激光原理及与激光加工相关的光学原理 ………………………(1)

项目 2　激光标刻设备装配调试与激光标刻加工 ………………………………(22)
　　任务 1　激光标刻设备整体结构认识及使用维护 ……………………………(22)
　　任务 2　激光标刻机谐振腔及光路传输系统装调 ……………………………(30)
　　任务 3　激光标刻机电控盒装配调试 …………………………………………(44)
　　任务 4　金属材料与非金属材料名片激光的标刻 ……………………………(51)
　　任务 5　金属与非金属材料的激光旋转标刻和激光飞行标刻加工 …………(64)

项目 3　激光焊接设备装配调试与激光焊接加工 ………………………………(80)
　　任务 1　激光焊接设备整体结构及使用维护 …………………………………(80)
　　任务 2　激光焊接机谐振腔及光路传输系统装调 ……………………………(107)
　　任务 3　激光焊接机 PLC 数控系统装配调试 …………………………………(111)
　　任务 4　激光焊接加工 …………………………………………………………(115)

项目 4　激光切割设备装调与激光切割加工 ……………………………………(129)
　　任务 1　CNC2000 数控激光切割机使用 ………………………………………(129)
　　任务 2　大功率激光切割机结构及装配过程认识 ……………………………(144)
　　任务 3　齿轮的大功率激光切割机切割加工 …………………………………(152)

项目 5　其他激光加工技术 ………………………………………………………(185)
　　任务 1　激光淬火 ………………………………………………………………(185)
　　任务 2　激光合金化 ……………………………………………………………(191)
　　任务 3　激光熔覆 ………………………………………………………………(203)
　　任务 4　激光快速成型技术 ……………………………………………………(217)

参考文献 …………………………………………………………………………(228)

项目 1
掌握激光原理及与激光加工相关的光学原理

任务1 掌握激光原理及与激光加工相关的光学原理

1.1 任务描述

掌握激光产生的原理及过程、激光的特性、激光束变换、常见激光光学零件；
能根据激光加工的光学原理指导有关实践操作环节；
能分析激光器涉及的相关具体问题。

1.2 相关知识

1.2.1 激光产生的过程及特点

1. 激光产生的过程

1) 激光是受激辐射的光放大

光与物质相互作用的过程包括自发辐射、受激辐射和受激吸收，如图1.1所示。激光，全称为受激辐射光放大，即 Light Amplification by Stimulate Emission of Radiation Laser。通常所说的激光器，就是使光源中的粒子受到激励而产生受激辐射跃迁，实现粒子数反转，通过受激辐射而产生光的放大的装置。实现能级粒子数反转是实现光放大的前提，也就是产生激光的先决条件。要实现粒子数反转，需借助外来的力量，使大量原来处于低能级的粒子跃迁到高能级上，这个过程称为"激励"。激光器虽然多种多样，但其功能都是通过激励和受激辐射而获得激光。因此，其基本组成通常为激活介质（即被激励后能产生粒子数反转的工作物质）、激励装置（即能使激活介质发生粒子数反转的能源、泵浦源）和光谐振腔（即能使光束在其中反复振荡和被多次放大的装置)等三个部分。

以早期使用较多的红宝石激光器为例说明激光产生的过程及其谐振腔结构,如图1.2所示。

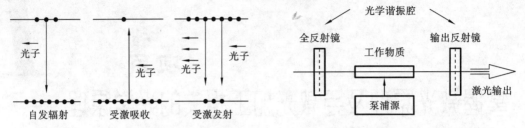

图1.1 光与物质相互作用过程　　　　图1.2 谐振腔的基本结构图

2) 激光工作物质能级结构

不同的激光器,其工作物质的能级结构不一样,分别有三能级系统、四能级系统和类四能级系统,如图1.3所示。例如,红宝石激光器采用三能级系统,CO_2、Nd：YAG、He-Ne激光器采用四能级系统,掺Nd^{3+}双包层光纤激光器采用类四能级结构。

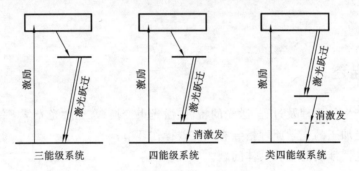

图1.3 激光工作物质能级结构

2. 激光特点

激光具有以下特点。

(1) 方向性好。

普通光源(太阳、白炽灯或荧光灯)向四面八方发光,而激光的发光方向可以限制在几个毫弧度的立体角内,这就可将在照射方向上的照度提高千万倍。激光准直、导向和测距就是利用方向性好这一特性。

(2) 亮度高。

激光是目前最亮的光源,只有氢弹爆炸瞬间强烈的闪光才能与它相比拟。太阳光亮度大约是10^3瓦/(厘米^2 球面度),而一台大功率激光器的输出光亮度比太阳光的高出7~14个数量级。这样,尽管激光的总能量并不一定很大,但由于能量高度集中,很容易在某一微小点处产生高压和几万摄氏度甚至几百万摄氏度的高温。激光打孔、切割、焊接和激光外科手术就是利用这一特性。

(3) 单色性好。

光是一种电磁波。光的颜色取决于它的波长。普通光源发出的光通常包含着各种波长,是各种颜色光的混合。太阳光包含红、橙、黄、绿、青、蓝、紫七种颜色的可见光,以及红外光、紫外光等不可见光。而某种激光的波长,只集中在十分窄的光谱波段或频率范围内。如氦氖激光的波长为 632.8 nm,其波长变化范围不到万分之一纳米。由于激光的单色性好,为精密度仪器测量和激励某些化学反应等科学实验提供了极为有利的手段。

(4) 相干性好。

干涉是波动现象的一种属性。基于激光具有高方向性和高单色性的特性,它必然相干性极好。激光的这一特性使全息照相成为现实。

1.2.2 激光束特性及其光学变换遵循的原理

1. 光学谐振腔

光学谐振腔是固体激光器的重要组成部分,不同类型的腔型结构,对激光输出的特性,诸如功率、模式、光束发散角等都有直接的影响。在设计固体激光器时,必须根据光学谐振腔的理论进行分析和计算,使设计的激光器的输出特征满足稳定的技术指标。设计光学谐振腔的目的是有效控制腔内的光场分布,所以谐振腔的结构往往与模式的选择技术分不开。最常用的是由两个球面镜(或平面镜)构成的共轴球面光学谐振腔,简称共轴球面腔。这里,平面镜看做是曲率半径为无穷大的球面镜。常见的共轴球面腔有平行平面腔、双凹面腔和平面凹面腔等三种,如图 1.4 所示。

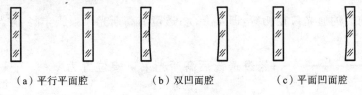

(a) 平行平面腔　　　　(b) 双凹面腔　　　　(c) 平面凹面腔

图 1.4　共轴球面腔结构

2. 高斯光束

1) 高斯光束的特性

研究激光模式问题时,一般在研究基模高斯光束的基础上进行其他高阶横模的研究。如图 1.5 所示,高斯光束的光束波面振幅 A 呈高斯型函数分布。其光束截面的中心处振幅最大,随着 r 增加,振幅越来越小,常以 $r=\omega(z)$ 时的光束截面半径作为激光束的名义截面半径,并以 ω 来表示,即当 $r=\omega(z)$ 时,$A=\dfrac{A_0}{e}$。这说明高斯光束的截面半径 ω 是当振幅 A 下降到中心振幅 A_0 的 $\dfrac{1}{e}$ 时所对应的光束曲面半径。

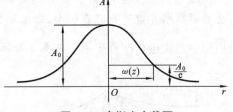

图 1.5　高斯光束截面

2) 高斯光束的传播

如图 1.6 所示,在均匀的透明介质中,高斯光束沿 Z 轴方向传播的光场分布为

$$E=\frac{C}{\omega(z)}e^{-\frac{r^2}{\omega^2(z)}}e^{-i\left[k\left(z+\frac{r^2}{2R(z)}\right)+\Phi(z)\right]}$$

式中：C 为常数因子；ω_0 为高斯光束的束腰半径；$k=\dfrac{2\pi}{\lambda}$ 为波数；$\omega(z)=\omega_0\left[1+\left(\dfrac{\lambda z}{\pi\omega_0^2}\right)^2\right]^{\frac{1}{2}}$ 为高斯光束的截面半径；$R(z)=z\left[1+\left(\dfrac{\pi\omega_0^2}{\lambda z}\right)^2\right]$ 为高斯光束的波面曲率半径；$\Phi(z)=\arctan\dfrac{\lambda z}{\pi\omega_0^2}$ 为高斯光束相位因子。

如图 1.7 所示，设高斯光束在传播过程中的发散角为 θ，则有 $\tan\theta=\dfrac{\lambda}{\pi\omega_0}$。

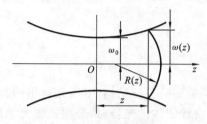

图 1.6　高斯光束传播

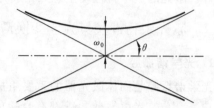

图 1.7　高斯光束的发散角

3）高斯光束的透镜变换

如图 1.8 所示，对高斯光束而言，在近轴区域其波面可以看做是球面波，其通过透镜的变换与球面波通过透镜的变换一致：满足近轴光成像关系 $\dfrac{1}{R_2}-\dfrac{1}{R_1}=\dfrac{1}{f'}$；当透镜为薄透镜时，高斯光束在透镜前后的通光口径相等，即 $\omega_1=\omega_2$；透镜前高斯光束束腰半径 ω_0 与 ω_0' 满足关系式为 $\omega_0'^2=\dfrac{f'^2\omega_0^2}{(f'+z)^2+\left(\dfrac{\pi\omega_0^2}{\lambda}\right)^2}$；经过透镜后高斯光束束腰位置为 $z'=\dfrac{z(z+f')+\left(\dfrac{\pi\omega_0^2}{\lambda}\right)^2}{(f'+z)^2+\left(\dfrac{\pi\omega_0^2}{\lambda}\right)^2}$。

由此可知，当入射高斯光束束腰远离透镜时，近轴光学成像计算中无穷远处过来的光线聚焦到透镜的像方焦平面处。当入射高斯光束束腰处在透镜物方焦点处时则不能用近轴光学成像求解，此时，出射高斯光束的束腰恰好处在像方焦平面处，且出射光束束腰半径最大。

3. 激光准直扩束

在激光加工过程中，为了更好地对高斯光束进行聚焦，根据高斯光束的透镜变换公式，有必要对高斯光束进行准直扩束，即增加光束束腰半径，减小发散角。在实际中常用的方法是用望远系统进行准直扩束。如图 1.9 所示，高斯光束通过望远系统后发散角变为 $\dfrac{1}{\beta}$，束腰

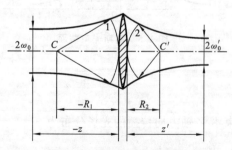

图 1.8　高斯光束透镜变换

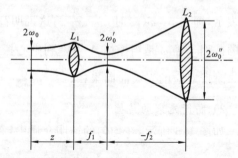

图 1.9　高斯光束的准直扩束

半径变为原来的 β 倍,其中 β 为望远系统的垂轴放大率。实际准直扩束一般用伽利略望远系统,避免出现实焦点。

1.2.3 激光模式及选模技术

1. 激光纵模及选择技术

激光纵模指谐振腔内激光沿轴向方向形成的每一种稳定的驻波形式,一般具体指可能产生的激光频率。每一个可以在腔内稳定振荡的某种频率的光都是一个纵模激光。所谓单纵模激光就是单色性很好、频率单一的激光,可以大致等效于单频率的激光。一般纵模选择技术包括长腔法、三反射镜法、内置法布里-珀罗腔法等。选择单纵模对用于测量的激光器影响很大,对工业用激光器一般影响很小。

2. 激光横模及选择技术

激光横模指激光的电场和磁场分量的空间分布,一般用 TEM_{mn} 表示,不同的横模对应不同的光束横截面形状,具体例子如图 1.10 和图 1.11 所示。在进行激光工业加工时,特别是进行激光精密加工时,常常要求激光模式为基横模 TEM_{00}。评价其他激光束的光束质量因子 M^2 是表示激光束与基横模 TEM_{00} 接近程度的量。

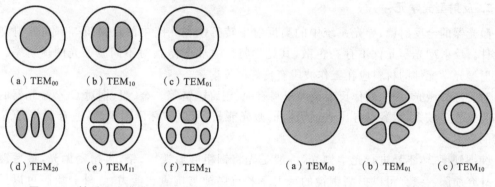

图 1.10 轴对称式横模光斑形状　　　　图 1.11 旋转对称式横模光斑形状

1.2.4 激光器光学元件

1. 透射型光学元件

激光器的输出镜、聚焦系统的透镜、光路中的棱镜等均为透射型光学元件。用于透射型光学元件的材料应在工作波段有良好的透过率。在激光加工常用激光器中,CO_2 激光器输出波长为 10600 nm 的红外光,不能透过普通光学玻璃,因此需要特殊的输出窗口和透射光学元件材料。Nd:YAG 激光器输出波长为 1064 nm 的红外光,可以采用普通光学玻璃作为输出窗口和透射光学元件材料,采用最多的材料是硅酸硼冕牌玻璃,其透光波段为 0.4~1.4 μm,被广泛用来制作透镜、反射镜、棱镜等。

常用的 CO_2 激光透射半导体材料有三种:锗(Ge,对 10600 nm 波长光的折射率 $n=4$)、砷化镓(GaAs,对 10600 nm 波长光的折射率 $n=3.277$)和硒化锌(ZnSe,对 10600 nm 波长光的折射率 $n=2.4$)。前两者对可见光不透明,后者对可见光的黄光和红光部分透明,用其制作输出窗口时,可用氦氖激光器的红光作为准直光来调节光路。锗在超过 35℃ 时吸收率和透过率将发生明显变化,这将严重影响激光器的输出功率和稳定性,因此锗材料只能用于小功率激光器,并且窗口还需水冷。砷化镓的热破坏温度最高,适用于高功率激光器。绝大多数材料的吸收率随温度的升高而增大。半导体材料对红外光的吸收主要是自由载流子吸收,其吸收率随温度上升按指数规律增加。材料吸收红外光后产生热量,半导体内自由载流子受热产生运动又增加了对红外光的吸收,如此循环,当温度升到破坏阈值时,窗口或透镜等透射元件将产生热破坏。由于硒化锌不仅对可见光透射,而且吸收率最低,因此我国的高功率 CO_2 激光器多采用硒化锌制作窗口和聚焦透镜。

也可以采用氯化钾(KCl)或氯化钠(NaCl)作为 CO_2 激光器的透射材料,它们属于碱金属类红外材料,吸收率很低,对 10600 nm 波长光的折射率为 1.5,折射率温度系数为负值,由热畸变引起的热透镜效应很小,对可见光透明;但其线胀系数大,热导率小,机械强度低,易潮解。

无论是 Nd:YAG 激光器采用硅酸硼冕牌光学玻璃作为输出窗口和透射光学元件材料,还是 CO_2 激光器采用锗、砷化镓或硒化锌作为输出窗口和透射光学元件材料,材料本身的透过率均不能满足要求,必须在两个表面镀介质膜或金属膜。

2. 反射型光学元件

激光器的全反射镜、导光系统中的高反射率转折镜和光路中的反射镜等都是反射型光学元件。反射型光学元件不存在色散,其光学特性主要的是指对不同波长光的反射率。用于反射型光学元件的材料应在工作波段有良好的反射率。

对于红外激光,用来制作反射镜的材料有铜、钼、硅、锗等。金、银、铜对 CO_2 激光器的反射率和热导率较大,很容易导出表面吸收的激光能量,所以破坏阈值很高,适合制作 CO_2 激光器的反射镜。

纯铜硬度低,不易进行光学抛光;一般是先将铜粗磨后镀镍、铬,再精密抛光,最后镀金或红外介质膜。镀金可以提高铜镜的反射率和抗腐蚀与抗氧化能力,红外介质膜可以提高反射率和保护镀金表面。近些年发展起来的金刚石精密车削技术能直接车削出高精度的铜镜,加以镀膜用做反射镜。

钼镜的硬度高,熔点高,激光加工中的溅射物不易黏附在表面,可擦拭污染表面,所以易污染的加工部位可选用钼镜。

硅的热导率很大,线胀系数很小,只有铜的 15%,因而不易受热畸变,热稳定性好,其硬度很高,便于进行光学抛光。硅对 CO_2 激光的反射率低而吸收率高,抛光镀膜后可用做反射镜。但其破坏阈值低,一般在低功率密度下使用。

锗是 CO_2 激光器的透射材料,反射率很低,镀膜后反射率可达 99% 以上。锗的硬度也很高,便于进行光学抛光,但它的吸收率随温度的变化很大,只适用于低功率激光器。

砷化镓的吸收率小,基底材料抗破坏阈值大于 1.5×10^5 W/cm^2,尽管它对红外光的反射率很低,但经过镀膜后反射率可达 99% 以上,可以用做高功率激光器的反射镜。

3. 光学镀膜

镀膜是用物理或化学的方法在材料表面镀上一层透明的电介质膜(称为介质膜),或镀一层金属膜,目的是改变材料表面的反射和透射特性。

在可见光和红外波段范围内,大多数金属的反射率都可达 78%～98%,但不可能高于 98%。无论是对 CO_2 激光器采用铜、钼、硅、锗等来制作反射镜,采用锗、砷化镓、硒化锌作为输出窗口和透射光学元件材料,还是对 Nd:YAG 激光器采用普通光学玻璃作为反射镜、输出镜和透射光学元件材料,都不能达到全反射镜的反射率在 98% 以上。不同应用时输出镜有不同透过率的要求,因此必须采用光学镀膜方法。

对于 CO_2 激光等中红外波段,常用的镀膜材料有氟化钇、氟化锗、锗等;对于 Nd:YAG 激光等近红外波段或可见光波段,常用的镀膜材料有硫化锌、氟化镁、二氧化钛、氧化锆等。除了高反膜、增透膜以外,还可以镀对某波长增反射、对另一波长增透射的膜,如激光倍频技术中的分光膜(二色镜)等。

1.2.5 激光与物质相互作用

1. 作用种类

激光与物质相互作用过程分为以下几种。

1) 无热或基本光学类

从微观上来说,激光是高简并度的光子,当它的功率(能量)密度很低时,绝大部分的入射光子被材料(金属)中电子弹性散射,这阶段的主要物理过程为反射、透射和吸收。由于吸收成热甚低,不能用于一般的热加工,主要研究内容属于基本光学范围。

2) 在相变点以下($T<T_s$)加热类

当入射激光强度提高时,入射光子与金属中电子会产生非弹性散射,电子通过逆韧致辐射效应,从光子获取能量。处于受激态的电子与声子(晶格)相互作用,把能量传给声子,激发强烈的晶格振动,从而使材料加热。当温度低于相变点($T<T_s$)时,材料不发生结构变化。从宏观上看,这个阶段激光与材料相互作用的主要物理过程是传热。

3) 在相变点以上但低于熔点($T_s<T<T_m$)加热类

这个阶段的物理过程为材料固态相变过程,存在传热和质量传递物理过程。主要工艺为激光相变硬化,主要研究激光工艺参数与材料特性对硬化的影响。

4) 在熔点以上但低于汽化点($T_m<T<T_v$)加热类

激光使材料熔化,形成熔池。熔池外主要是传热,熔池内存在三种物理过程:传热、对流和传质。主要工艺为激光熔凝处理、激光熔覆、激光合金化和激光传导焊接。

5) 在汽化点以上($T>T_v$)加热出现等离子体类

激光使材料汽化,形成等离子体,这在激光深熔焊接中是经常见到的现象。利用等离子体反冲效应,还可以对材料进行冲击硬化处理。

2. 作用原理

1) 物理过程

激光作用在被加工材料上,光波的电磁场与材料相互作用,这一相互作用过程主要与激光的功率密度、激光的作用时间、材料的密度、材料的熔点、材料的相变温度、激光的波长,以及材料表面对该波长激光的吸收率、热导率等有关。激光使材料的温度不断上升,当作用区光吸收的能量与作用区输出的能量相等时,达到能量平衡状态,作用区温度将保持不变,否则温度将继续上升。这一过程中,激光作用时间相同时,光吸收的能量与输出的能量差越大,材料的温度上升越快;激光作用条件相同时,材料的热导率越小,作用区与其周边的温度梯度越大;能量差相同时,材料的比热容越小,材料作用区的温度越高。

激光的功率密度、作用时间、作用波长不同,或者材料本身的性质不同,材料作用区的温度变化就不同,使材料作用区内材料的材质状态发生不同的变化。对有固态相变的材料来讲,可以用激光加热来实现相变硬化。对所有材料来讲,可以用激光加热使材料处于液态、气态或者等离子体等不同状态。在不同激光参数下,各种加工的应用范围如图1.12所示。

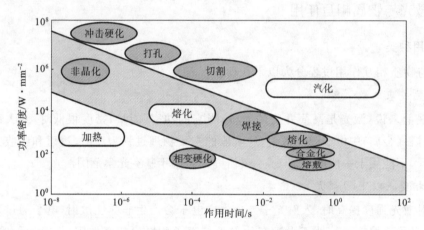

图1.12 各种参数下激光加工的可能应用和影响

2) 能量变化规律

激光照射到材料上,要满足能量守恒定律,即满足

$$R+T+\alpha=1 \tag{1-1}$$

式中:R 为材料的反射率;T 为材料的投射率;α 为材料的吸收率。

若激光沿 x 方向传播,照射到材料上被吸收后,其强度减弱且满足

$$I=I_0 e^{-\alpha x} \tag{1-2}$$

式中:I_0 为入射光强度;α 为材料的吸收率;x 表示位置,常用单位为 mm^{-1},是一个与光强无关的比例系数。式(1-2)称为布格尔定律(朗伯定律)。

由此可见,激光在材料内部传播时,强度按指数规律衰减,其衰减程度由材料的吸收率 α 决定。通常定义激光在材料中传播时,激光强度下降到入射光强度的 $1/e$ 时对应的深度为穿透深度。吸收率 α 与材料的种类、激光入射波长等有关。

当激光强度达到足够高时,强激光与物质作用的结果使物质的折射率发生变化,激光束中间强度高、两边强度迅速下降的高斯分布,使材料中光束通过区域的折射率产生中间大两边小的分布,因此材料会出现类似透镜的聚焦(或散焦)现象,称为自聚焦(或自散焦)。

3) 吸收率

光传播到两种不同介质界面上,光波的电磁场与物质相互作用,将发生反射、折射和吸收。没有光波入射,介质处于电中性,当光波的电磁场入射到介质上时,就会引起光波场和介质中带电粒子的相互作用,反射光和折射光都是由于两介质交界面内一层的原子和分子对入射光的相干散射产生的,光波场使界面原子成为振荡的偶极子,辐射的次波在第一介质中形成了反射波,在第二介质中形成了折射波。光吸收是介质的普遍性质,除了真空,没有一种介质能对任何波长的光波都完全透明,只能对某些波长范围内的光透明,而对另一些波长范围的光不透明,即存在强烈的吸收。

4) 反射率

大部分金属的初始反射率在 70%～90% 范围内。当激光由空气垂直入射到平板材料上时,根据菲涅尔公式,反射率为

$$R = \left| \frac{n-1}{n+1} \right| = \frac{(n_1-1)^2 + n_2^2}{(n_1+1)^2 + n_2^2} \tag{1-3}$$

式中:n_1 和 n_2 分别为材料复折射率的实部和虚部,非金属材料的虚部为零。

材料对激光的吸收和反射主要与激光波长、材料温度、激光入射角、入射光偏振态和材料表面状况有关。

(1) 波长的影响。

吸收率 α 是波长的函数,根据吸收率随波长变化规律的不同,把吸收率 α 与波长有关的吸收称为选择吸收,与波长无关的吸收称为一般吸收或普遍吸收。例如,半导体材料锗(Ge)对可见光不透明,吸收率高;但对 10600 nm 的红外光是透明的,因此可以用做 CO_2 激光器的输出腔镜。在可见光范围内,普通光学玻璃的吸收率都较小,基本不随波长变化,属于一般吸收,但普通光学玻璃对紫外光和红外光则表现出不同的选择性吸收。有色玻璃具有选择性吸收,红玻璃对红光吸收少,而对绿光、蓝光和紫光几乎全吸收。所以当白光照到红玻璃上时,只有红光能透过去,看到它是红色的。若红玻璃用红光的对比光绿光照射,则看上去玻璃将是黑色的。绝大部分物体呈现颜色,都是其表面或内部对可见光进行选择吸收的结果。

金属在一般情况下对波长较长的激光初始吸收率较小,例如,在进行激光切割时Nd∶YAG激光的初始吸收率金属对就比对 CO_2 激光的高。室温下,在氩离子激光(488 nm)、红宝石激光(694.3 nm)、Nd∶YAG 激光(1064 nm)和 CO_2 激光(10600 nm)作用下多种光洁表面材料的吸收率见表 1.1。

(2) 温度的影响。

当温度变化时,材料对激光的吸收率也随之变化,温度升高,材料对激光的吸收率增大;激光功率越大,使材料温度上升得越高,则材料对激光的吸收率也越大。例如,金属在室温下对激光吸收率较小,温度上升到熔点附近时,其对激光的吸收率达到 40%～50%,若温度上升到沸点附近时,其对激光的吸收率可达 90%。

表 1.1　室温下不同激光波长作用时多种光洁表面材料的吸收率

材　料	氩离子激光 488 nm	红宝石激光 694.3 nm	Nd：YAG 激光 1064 nm	CO_2 激光 10600 nm
铝(Al)	0.09	0.11	0.08	0.019
铜(Cu)	0.56	0.17	0.10	0.015
金(Au)	0.58	0.07	—	0.017
铱(Ir)	0.36	0.30	0.22	—
铁(Fe)	0.68	0.64	—	0.035
铅(Pb)	0.38	0.35	0.16	0.045
钼(Mo)	0.48	0.48	0.40	0.027
镍(Ni)	0.58	0.32	0.26	0.030
铌(Nb)	0.40	0.50	0.32	0.036
铂(Pt)	0.21	0.15	0.11	0.036
铼(Re)	0.47	0.44	0.28	—
银(Ag)	0.05	0.04	0.04	0.014
钽(Ta)	0.65	0.50	0.18	0.044
锡(Sn)	0.20	0.18	0.19	0.034
钛(Ti)	0.48	0.45	0.42	0.080
钨(W)	0.55	0.50	0.41	0.026
锌(Zn)	—	—	0.16	0.027
砷化镓(GaAs)				0.005
硒化锌(ZnSe)				0.001
氯化钠(NaCl)				1.3×10^{-3}
氯化钾(KCl)				7×10^{-5}
锗(Ge)				0.012
碲化镉(CdTe)				2.5×10^{-4}
溴化钾(KBr)				0.420

(3) 激光入射角的影响。

激光入射角影响材料对激光的吸收和反射。由物理光学理论可知，对于普通电介质，根据菲涅尔公式，光波入射到两种电介质界面时，垂直于入射面的 S 分量的反射率为

$$R_S = \left(\frac{n_1\cos\theta_1 - n_2\cos\theta_2}{n_1\cos\theta_1 + n_2\cos\theta_2}\right)^2 \tag{1-4}$$

平行于入射面的 P 分量的反射率为

$$R_P = \left(\frac{n_2\cos\theta_1 - n_1\cos\theta_2}{n_2\cos\theta_1 + n_1\cos\theta_2}\right)^2 \tag{1-5}$$

式中：n_1 和 n_2 分别为两介质的折射率；θ_1 和 θ_2 分别为入射角和折射角。

若光波垂直入射，即 $\theta_1=\theta_2=0$，则有

$$R_P = R_S = \left(\frac{n_2-n_1}{n_2+n_1}\right)^2 \tag{1-6}$$

(4) 入射偏振态的影响。

介质表面对激光的反射率既与光波的入射角有关，又与光波的偏振态有关。若入射的激光为垂直于入射面的线偏振光，则反射率 R 随入射角增大而增大，则吸收率 α 就随入射角增大而减小；若入射的激光为平行于入射面的线偏振光，则反射率 R 随入射角增大而减少，而吸收率 α 就随入射角增大而增大。当达到布儒斯特角时，反射率 R 为零，吸收率 α 最大。这一特点可以应用于不加涂层直接用激光对材料进行表面处理的情况。对于不同材料，由于折射率 n 不同，将有不同的布儒斯特角。

（5）材料表面状况的影响。

一般情况下，材料表面越粗糙，反射率越低，材料对激光的吸收率越大。而且在激光加工过程中，由于激光对材料的加热，存在表面氧化和污染，材料对激光的吸收率将进一步增大。

5）不同材料对激光的吸收率与反射率各不相同

（1）金属材料对激光的吸收与反射。

导电介质的特征是存在许多未被束缚的自由电荷，对金属来讲，电荷就是电子，其运动形成了电流（金属中 1 cm^3 中电子个数约为 10^{22} 的数量级），因此金属的电导率 σ 很大，其电荷密度 ρ 会很快地衰减为零，可以认为金属中的电荷密度 ρ 为零。金属中，传导电子和进行热扰动的晶格或缺陷发生碰撞，将入射的光波能量不可逆地转化为焦耳热。因此，光波在金属中传播时，会被强烈地吸收。

当光照射在清洁磨光的金属表面时，金属中的自由电子将在光波电磁场的作用下发生强迫振动，产生次波，这些次波构成了很强的反射波和较弱的透射波，这些透射波很快被吸收。

由物理光学可知，金属材料的折射率为复数，光波在金属中传播时，定义光波振幅衰减到表面振幅的 $1/e$ 时的传播距离为穿透深度，这个穿透深度的数量级比波长的小。一种材料若是透明的，它的穿透深度必须大于它的厚度。可见光波只能透入金属表面很薄的一层内，因此通常情况下，金属是不透明的。例如，铜在 100 nm 的紫外光照射下的穿透深度约为 0.6 nm，而在 10000 nm 的红外光照射下的穿透深度约为 6 nm。当把金属做成很薄的薄膜时，它可以变成透明的。

金属对光波具有强吸收和强反射作用。强吸收指的是在小于波长数量级的穿透深度内，金属中的传导电子将入射的光波能量转化为焦耳热，一般在 $10^{-11}\sim10^{-10}$ s 的时间内被强烈地吸收，但由于穿透深度很小，因此电子耗散的总能量很小。强反射指的是由于金属表面的反射率比透明介质（如普通光学玻璃）的高得多，大部分入射能量都被金属表面反射掉。各种金属因其自由电子密度不同，反射光波的能力不同。一般情况下，自由电子密度越大，即电导率越大，反射率越高。

入射光波长不同，反射率不同。在可见光和红外光波段范围内，大多数金属都有很高的反射率，可达 78%～98%，而在紫外光波段，其吸收率很高。因为波长较长（频率较低）的红外光的光子能量较低，主要对金属中的自由电子发生作用，使金属的反射率高；而波长较短（频率较高）的可见光和紫外光，其光子能量较高，可以对金属中的束缚电子发生作用。束缚电子本身的固有频率正处在可见光和紫外光波段，它将使金属的反射率降低，透射率增大，呈现出非金属的光学性质。

正因为金属表面的反射率随激光波长变化而变化，所以在激光加工中，为了有效地利用激光能量，应当根据不同的材料选用不同波长的激光。红外光波段的 10600 nm CO_2 激光和

1064 nm Nd：YAG 激光一般不能直接用于金属表面处理，需要在表面加吸收涂层或氧化膜层。材料对紫外光波段的准分子激光吸收率高，因此准分子激光是理想的激光加工波段。由表1.1可以看出，室温下金属表面对可见光的吸收率比对 10600 nm 红外光的吸收率高得多。

激光能量向金属的传输过程，就是金属对激光的吸收过程。金属中的自由电子密度越大，金属的电阻越小，自由电子受迫振动产生的反射波越强，反射率越高。一般导电性越好的金属，其对红外激光的反射率越高。

在可见光和红外光波段，大多数金属吸收光的深度均小于 10 nm。当激光照射到金属表面时，激光与金属材料相互作用，作用区的表面薄层吸收了激光能量，在 $10^{-11} \sim 10^{-10}$ s 的时间内转换为热能，使表面温度升高，同时金属表面发生氧化和被污染，提高了金属表面的粗糙度。粗糙表面与光滑表面相比，其吸收率可以提高1倍。金属被加热到高温并保持足够时间后，金属与环境介质将发生相互作用，使表面发生化学成分的变化。例如，含碳量较高的钢或铸铁，在氧化作用下，激光使其加热到高温，在表面层会产生一个非常薄的脱碳区。当金属表面覆盖有石墨、渗硼剂、碳、铬和钨等介质时，可以利用激光实现钢的渗碳、渗硼和激光表面合金化。在对金属表面处理后，如用阳极氧化处理铝表面，可以使铝对 10600 nm CO_2 激光的吸收率接近100%。

（2）非金属材料对激光的吸收与反射。

一般情况下，塑料、玻璃、树脂等非金属材料对激光的反射率较低，表现为高吸收率。非金属材料的导热性很小，在激光作用下，不是依靠自由电子加热。长波长（低频率）的激光照射时，激光能量可以直接被材料晶格吸收而使热振荡加强。短波长（高频率）的激光照射时，激光光子能量高，激励原子壳层上的电子，通过碰撞传播到晶格上，使激光能量转换为热能被吸收。

一般非金属材料表面的反射率比金属表面的反射率低得多，也就是进入非金属中的能量比进入金属中的多。有机材料的熔点或软化点一般比较低，有的有机材料吸收了光能后内部分子振荡加剧，使通过聚合作用形成的巨分子又解聚，部分材料迅速汽化，激光切割有机玻璃就是例子。木材、皮革、硬塑料等材料经过激光加工，被加工部位边缘会炭化。玻璃和陶瓷等无机非金属材料的导热性很差，激光作用时，因加工区很小，会沿着加工路线产生很高的热应力，使材料产生裂缝或破碎。线胀系数小的材料不容易破碎，如石英等；线胀系数大的材料就容易破碎，如玻璃等。

（3）半导体材料对激光的吸收与反射。

半导体材料的性质介于导体（金属）和绝缘体之间。半导体材料中承载电流的是带负电的电子和带正电的空穴，其物理、化学等基本性质是由半导体的电子能谱中的导带、价带和禁带决定的。

原子中的电子以不同的轨道绕原子核运动，其能量是一系列分立值，称为能级。晶体中原子的电子状态受其他原子影响，其能量值很靠近，形成一个能量范围，许多能量很靠近的能级组成能带。对于纯净半导体（本征半导体）如硅（Si）、锗（Ge）等，电子运动的能量被限制在某些能带内。

在半导体中，由于热激发产生载流子，即使中等强度的远红外激光照射，也可以产生很高的自由载流子密度,因此吸收率随温度增加而增加的速度很快。有的半导体材料对可见光不透明,但是对红外光相对透明,原因是半导体带间吸收在可见光区,而在红外区,表现为弱吸收。因此,采用激光对半导体材料退火时,应当采用波长较短的激光。

激光与半导体材料相互作用时,除了与激光参数有关外,还与半导体材料的晶体结构、导电性等因素有关,这些因素直接影响激光作用下半导体的破坏阈值。例如,用波长为 694.3 nm、脉宽为 0.5 μs、能量密度为 $1\sim80$ J/cm^2 的脉冲红宝石激光照射半导体材料,硅(Si)的破坏阈值为 17 J/cm^2,硒化镉(CdSe)的破坏阈值仅为 1 J/cm^2,其他半导体材料的破坏阈值均低于 10 J/cm^2。

当激光达到一定强度时,激光的作用会使半导体材料产生裂纹,这种裂纹所需的激光脉冲能量与半导体材料的导电性有关,材料的电阻越小,所需的激光脉冲能量越大。当用波长为 694.3 nm、脉宽为 $3\sim4$ ms、功率密度为 4×10^5 W/cm^2 的脉冲红宝石激光照射砷化镓(GaAs)、磷化镓(GaP)等半导体材料时,可观察到半导体化合物的解离。这是由于在激光作用下,半导体化合物发生了热分解,温度高于半导体化合物的熔点,致使激光作用区产生新月形凸起,附近有金属液滴出现。控制激光参数,可以在半导体化合物表面得到任意形状的金属区。

(4) 材料的熔化和汽化。

激光照射引起的材料破坏过程是:靶材(被加工材料)在高功率激光照射下表面达到熔化或汽化温度,使材料熔融溅出或汽化蒸发;同时靶材内部的微裂纹与缺陷由于受到材料熔凝和其他场强变化而进一步扩展,从而导致周围材料发生疲劳和破坏的动力学过程。如果激光功率密度过高,则材料在表面汽化,不在深层熔化;如果激光功率密度过低,则能量会扩散到较大的体积内,使焦点处熔化的深度很小。

一般情况下,被加工材料的去除是以熔融状和蒸气两种形式实现的。如果功率密度过高而且脉冲宽度很窄,则材料会局部过热,引起爆炸性的汽化,此时材料完全以汽化方式去除,几乎不会出现熔融状态。

非金属材料在激光照射下的破坏效应十分复杂,而且差别很大。一般说来,非金属的反射率很小,导热性也很差,因而进入非金属材料内部的激光能量就比进入金属材料内部的多得多,热影响区却很小。因此,非金属材料受激光高功率照射的热动力学过程与金属的十分不同。实际激光加工时有脉冲和连续两种工作方式,它们要求的激光输出功率和脉冲特性也不尽相同。

6) 激光等离子体屏蔽现象

自然界中的物质随温度升高有四种变化状态:固态、液态、气态和等离子体。固态、液态和气态统称为凝聚态。等离子体是由大量的自由电子和离子组成的电离气体,离子和自由电子所带的正负电荷大体相互抵消,整体上呈现出近似电中性。等离子体根据气体电离的程度,分为完全电离的高温等离子体和部分电离的等离子体。由激光照射产生的等离子体称为光致等离子体。等离子体可以与外界光波场产生强烈的相互作用。

如前所述,激光作用于靶表面,引发蒸气,蒸气继续吸收激光能量,使温度升高。最后在靶表面产生高温、高密度的等离子体。这种等离子体向外迅速膨胀,在膨胀过程中等离子体继续吸收入射激光,无形之中等离子体阻止了激光到达靶表面,切断了激光与靶的能量耦合。这种效应称为等离子体屏蔽效应。

等离子体吸收大部分入射激光,不仅减弱了激光对靶表面的热耦合,同时也减弱了激光对靶表面的冲量耦合。当激光功率较小(小于 10^6 W/cm²)时,产生的等离子体稀疏,它依附于工件表面,对于激光束近似透明,如图 1.13(a)所示。当激光束功率密度为 $10^6 \sim 10^7$ W/cm² 时,等离子体明显增强,表现出对激光束的吸收、反射和折射作用。这种情况下等离子体向工件上方和周围的扩展较强,在工件上形成稳定的近似球形的云团。当功率密度进一步增大到 10^7 W/cm² 以上时,等离子体强度和空间位置呈周期性变化,如图 1.13(b)所示。

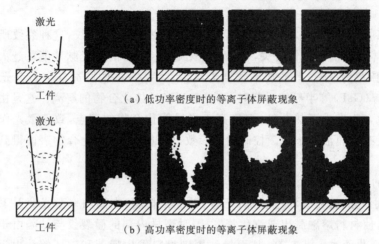

图 1.13 等离子云变化

波长 $\lambda=10.6~\mu m$,基横模 TEM_{00},材料为钢。

凝聚态物质在强激光的作用下,表面薄层吸收相当数量的激光能量,使表面层温度迅速上升,变为蒸气,靠近材料表面薄层的蒸气被部分电离。表面层的热量也向内部扩散形成热影响层,但热影响层对入射激光的吸收远小于表面层的,致使表面层蒸气的温度继续迅速升高,形成等离子体。同时,蒸气等离子体按照黑体辐射规律向外辐射大量的紫外光,被加工材料对这种辐射的吸收率比对激光(尤其是对红外光)的吸收率高,可由 10% 增至 30%～50%。若等离子体紧贴材料表面,则实际上材料吸收的光能将增加,这对于激光焊接、冲击硬化、合金化等激光加工有利。

当激光功率密度为 $10^6 \sim 10^7$ W/cm² 时,等离子体温度升高,对激光的吸收增大,高温等离子体迅速膨胀,沿着入射光的反方向传播,将材料屏蔽,入射激光不能进入材料,汽化过程停止。而沿着入射光的反方向传播的等离子体扩散到材料表面上方,温度和密度均不断降低,变成透明的,激光又可以进入材料表面,等离子体又产生,这种等离子体的产生和屏蔽呈现周期性,使激光加热材料表面过程周期性进行。这种过程对于激光焊接是不利的,由于氦(He)的电离能较高,不易击穿,常采用氦气作为保护气体。

当激光功率密度高于 10^7 W/cm² 时,激光作用区周围的气体可以被光学击穿,击穿的等离子体一般以超声吸收波的形式沿着入射光的反方向传播,并将材料完全屏蔽,使强红外激光能量不能继续进入材料中。

当功率密度达到 $10^9 \sim 10^{10}$ W/cm² 时,由于温度相当高,等离子体的密度随辐射强度增加而增加,材料完全被电离时,电离程度不再增加,因此足够热的等离子体对激光辐射是透明的,激光能量又可以传输给被加工材料。

在高功率焊接时,如果产生的等离子体尺寸超过某一特征值,或者脱离工件表面,则会出现激光被等离子体屏蔽的现象,以致中止激光焊接过程。等离子体对激光的屏蔽机制有三种:吸收、散射和折射。有关试验显示,CO_2 激光在氩气保护下焊接铝材时,光致等离子体的平均线性吸收系数为 $0.1\sim0.4$ cm^{-1}。CO_2 激光击穿氩等离子体时对激光的最高吸收率为 40%。在氩气氛围下 CO_2 激光作用于铝靶时,当激光功率为 5 kW 时,等离子体对激光的吸收率为 20.6%;当激光功率为 7 kW 时,吸收率为 31.5%。

等离子体对激光的散射由蒸发原子的重聚形成的超细微粒所致,超细微粒的尺寸与气体压力有关,其平均大小可达 80 nm,远小于入射光的波长。超细微粒引起的瑞利散射是等离子体对激光屏蔽的又一个原因。

光致等离子体空间分布的不均匀将导致折射率变化,从而使激光穿过等离子体出现散焦现象,使光斑扩大,功率密度降低。这就是等离子体屏蔽激光的第三个原因。研究表明,用一台 10 W 的波导 CO_2 激光器水平穿过 2 kW 多模激光束进行焊接时诱导产生的等离子体,测量有等离子体和无等离子体时的探测激光束的功率密度分布,可以发现,激光束穿过等离子体后,其峰值功率密度的位置偏离了原来的光轴。

当激光束入射到光致等离子体时,激光束与光致等离子体要发生相互作用。等离子体吸收激光能量致使其温度显著上升,当温度上升到一定程度时,等离子体将出现热传导现象,此时等离子体的密度、温度和速度等参数将发生变化,电子和离子的平衡状态将被破坏。

等离子体吸收的光能可以通过以下三种机理中的任一种传给材料:等离子体与材料表面的电子热传导;被金属表面有效吸收的等离子体辐射的短波长光波;受等离子体压力而被迫返回表面的蒸气的凝结。当传递给材料的能量超过因等离子体吸收造成的光损失时,等离子体增强耦合,加强了材料对激光能量的吸收;反之,等离子体起屏蔽作用,降低了材料对激光能量的吸收。

等离子体对激光的吸收与电子密度、蒸气密度、激光功率密度、激光作用时间、激光波长的平方成正比。例如,同一等离子体,对波长为 10600 nm 的 CO_2 激光的吸收比对波长为 1064 nm 的 Nd:YAG 激光的吸收高约两个数量级,比对波长为 249 nm 的准分子 KrF 激光的吸收高约三个数量级。因为吸收率不同,不同波长激光产生等离子体的功率密度也不同。例如,Nd:YAG 激光比 CO_2 激光产生光致等离子体所需功率密度高约两个数量级。因此,用波长相对短的 Nd:YAG 激光加工时,等离子体的影响较小,而用 CO_2 激光加工时,等离子体的影响较大。因此在激光焊接过程中,采用 Nd:YAG 激光比采用 CO_2 激光不容易产生等离子体效应,而且应当控制激光的功率密度小于 10^7 W/cm^2,以降低等离子体的屏蔽作用。

等离子体与激光作用,还会出现一些非线性效应,如等离子体的折射率变化、等离子体表面二次谐波光发射等。

【阅读材料】

一、激光加工用激光器

激光自诞生以来,尤其是近 20 年来,激光技术及其应用得到迅速普及和发展,激光器种类繁多,新型激光器不断推出。现代用于激光加工制造的激光器主要有 Nd：YAG 激光器、CO_2 激光器、光纤激光器、准分子激光器、半导体激光器等。其中,大功率 CO_2 激光器和大功率 Nd：YAG 激光器在大型工件激光加工技术中应用较广;中小功率 CO_2 激光器和 Nd：YAG 激光器在精密加工中应用较多;准分子激光器多应用于微细加工;而由于超短脉冲(fs 级脉冲)激光与材料的热扩散相比,能更快地在照射部位注入能量,所以主要应用于超精细激光加工。

1. Nd：YAG 激光器

Nd：YAG 激光器是目前应用较广泛的一种激活离子与基质晶体组合的固体激光器。工作物质 Nd：YAG 晶体具有优良的物理、化学性能,激光性能及热学性能,可以制成连续和高重复频率器件。其输出的激光波长为 1064 nm,是 CO_2 激光波长 10600 nm 的 1/10。Nd：YAG 波长较短,对聚焦、光纤传输和金属表面吸收等有利,因此与金属的耦合效率高,加工性能良好。Nd：YAG 激光器可以在连续和脉冲两种状态下工作,脉冲输出加调 Q 和锁模技术可以得到短脉冲和超短脉冲,峰值功率很高。Nd：YAG 激光器能与光纤耦合,借助时间分割和功率分割多路系统可以方便地将一束激光传输给多个工位或远距离工位,便于激光加工实现柔性化。Nd：YAG 激光器结构紧凑,特别是 LD 泵浦的全固态激光器,具有小型化、全固态、长寿命、工作物质热效应减小、使用简便可靠等特点,是目前 Nd：YAG 激光器的主要研究和发展方向。Nd：YAG 激光器的缺点是工作过程中 Nd：YAG 棒内部存在温度梯度,因而会产生热应力和热透镜效应,输出功率和光束质量受到影响。

市场上的 Nd：YAG 激光器包括灯泵浦激光器和半导体激光泵浦激光器两种,其中灯泵浦激光器包含连续氪灯泵浦激光器和脉冲氙泵浦激光器等,半导体激光泵浦激光器包括侧面泵浦激光器和端面泵浦激光器。国内市场上一般最高功率可以达到 600 W 左右,国外设备比如英国 GSI、德国通快公司生产的 Nd：YAG 激光切割器等,其功率可以达到几千瓦(见图 1.14)。

图 1.14　德国通快 4000 W 激光器腔体图

2. CO_2 激光器

CO_2 激光器是气体激光器,具有效率高、光束质量好、功率范围大(几瓦至几万瓦)、能连续和脉冲输出、运行费用低、输出波长 10600 nm 正好落在大气窗口等优点,成为气体激光器中最重要、应用最广的一种激光器,尤其大功率 CO_2 激光器是激光加工中应用最多的激光器。

气体激光器一般采用气体放电泵浦,泵浦方式有多种,如图 1.15 所示。

1) CO_2 激光器特点

CO_2 激光器具有以下特点。

(1) 工作物质均匀性好。气体工作物质的光学均匀性远比固体的好,所以激光器容易获得衍射极限的高斯光束,方向性好。

(2) 气体激光的单色性好。由于气体工作物质的谱线宽度远比固体的小,因此气体激光

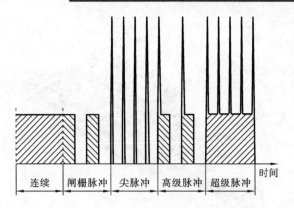

图 1.15 电泵浦种类与方式

器输出激光的单色性好。

(3) 谱线范围宽。有数百种气体和蒸气可以产生激光,已经观测到的激光谱线有万余条。谱线范围从亚毫米波到真空紫外波段,甚至 X 射线、Y 射线波段。

(4) 激光输出功率大。既能连续工作又能脉冲工作,并且转换效率高。气体激光器容易实现大体积均匀分布,工作物质的流动性好,因此能获得很大功率输出。电激励 CO_2 激光器连续输出功率已达数万瓦,电光转换效率可达 25% 以上。

(5) 激励方式灵活。一种气体激光器可以用多种不同的激励方式泵浦。CO_2 激光器可以用气体放电激励、热激励、化学激励、光泵激励、电子束激励等多种方式进行泵浦,因此功率大、能量高、种类多、用途广。

2) CO_2 激光器分类

CO_2 激光器按气体流动方式分为封离型 CO_2 激光器、纵向慢流 CO_2 激光器、轴向快流 CO_2 激光器(见图 1.16)、横向激励高气压 CO_2 激光器、横向流动 CO_2 激光器、旋流 CO_2 激光器(见图 1.17)、扩散冷却 CO_2 激光器(见图 1.18)等。市场上一般用封离型 CO_2 激光器进行标刻加工,轴向快流 CO_2 激光器、旋流 CO_2 激光器、扩散冷却 CO_2 激光器进行切割、焊接,横向流动 CO_2 激光器进行热处理。其中,旋流 CO_2 激光器是国内新型激光器,成本较低,有一

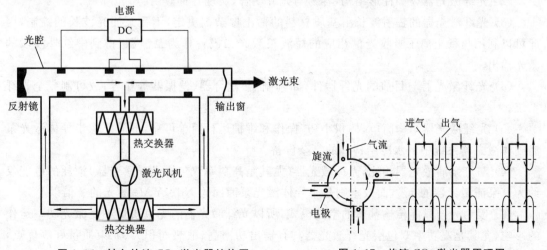

图 1.16 轴向快流 CO_2 激光器结构图   图 1.17 旋流 CO_2 激光器原理图

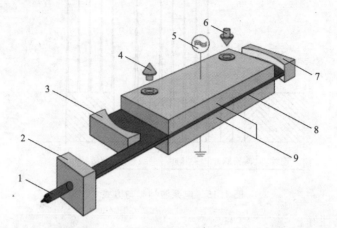

图1.18 ROFIN DC 系列扩散冷却 CO_2 激光器谐振腔结构
1—激光束；2—激光束整形；3—输出耦合器；4—冷却水；5—射频激励；
6—冷却水；7—后反射镜；8—激光气体放电区；9—射频电极板

定的实践应用价值；扩散冷却 CO_2 激光器是国外产品，性能稳定。

3. 光纤激光器

光纤激光器是以光纤作为工作物质(增益介质)的极有发展潜力的中红外波段激光器，按其发射机理可以分为稀土掺杂光纤激光器、光纤非线性效应激光器、单晶光纤激光器、光纤孤子激光器等，其中稀土掺杂光纤激光器已很成熟，如掺铒光纤放大器(EDFA)已广泛应用于光纤通信系统。高功率光纤激光器主要用于军事(光电对抗、激光探测、激光通信等)、激光加工(激光标刻、激光机器人、激光微加工等)、激光医疗等领域。

1) 光纤激光器的特点

光纤激光器具有如下特点。

(1) 光纤激光器在低泵浦下容易实现连续运转。

(2) 光纤激光器为圆柱形结构，容易与光纤耦合，实现各种应用。

(3) 光纤激光器的辐射波长由基质材料的稀土掺杂剂决定，不受泵浦光波长的控制，因此可以利用与稀土离子吸收光谱相应的短波长激光二极管作为泵浦源，得到中红外波段的激光输出。

(4) 光纤激光器与目前的光纤器件，如调制器、耦合器、偏振器等相容，故可制成全光纤系统。

(5) 光纤激光器结构简单，体积小巧，操作和维护运行简单可靠，不需要像半导体激光泵浦固体激光器系统中的水冷结构等的复杂设备。

(6) 与灯泵浦激光器相比，光纤激光器(尤其是高功率双包层光纤激光器)消耗的电能仅约为灯泵浦激光器的1‰，而效率则是半导体激光泵浦固体 Nd：YAG 激光的2倍以上。

(7) 因为光纤只能传输基本的空间模式，所以光纤激光器的光束质量不受激光功率运作的影响，尤其是高功率双包层光纤激光器具有输出功率高、散热面积大、光束质量好等优点，输出的激光具有接近衍射极限的光束质量。

2) 光纤激光器的工作原理

以稀土掺杂光纤激光器为例,掺有稀土离子的光纤芯作为增益介质,掺杂光纤固定在两个反射镜间构成谐振腔。当泵浦半导体激光通过光纤时,光纤中的稀土离子吸收泵浦光,其电子被激励到较高的激发能级上,实现了粒子反转。反转后的粒子以辐射形式从高能级转移到基态,输出激光(见图1.19)。

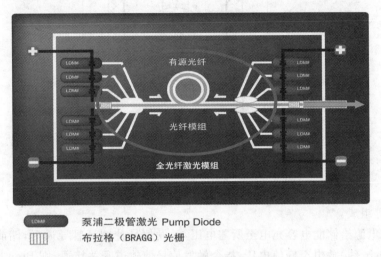

图 1.19　光纤激光器谐振腔结构图

4. 准分子激光器

准分子激光器可输出脉冲紫外光到可见光范围内的激光,短波长输出是准分子激光器应用于激光加工的突出优点。准分子激光器输出紫外激光的波长短、频率高,因而光子能量大,可以直接深入到材料内部进行加工,得到极高的加工质量。

准分子是一种在激发态能暂时结合成不稳定分子,而在基态又迅速离解成原子的缔合物,因而也称为"受激准分子"。准分子激光器与 CO_2 激光器等其他激光器不同,后者的激光跃迁发生在束缚态之间,而准分子的激光跃迁则发生在束缚的激发态和排斥的基态(或弱束缚)之间,属于束缚-自由跃迁。

1) 准分子激光器的特点

准分子激光器具有以下特点。

(1) 准分子以激发态形式存在,寿命很短,仅有 10^{-8} s 数量级,基态为 10^{-13} s 数量级,跃迁发生在低激发态和排斥的基态(或弱束缚)之间,其荧光谱为一连续带。

(2) 由于其荧光谱为一连续带,故可以实现波长可调谐运转。

(3) 由于激光跃迁的下能级(基态)的粒子迅速离解,激光下能级基本为空的,极易实现粒子数反转,因此量子效率很高,接近 100%,且可以高重复频率运转。

(4) 输出波长主要在紫外到可见光区,波长短、频率高、能量大、焦斑小、加工分辨率高,更适合用于高质量的激光加工。

2) 准分子激光器基本结构

放电泵浦准分子激光器的结构如图 1.20 所示。激光器由放电室、光学谐振腔、预电离

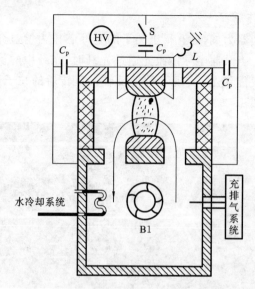

图 1.20　放电泵浦准分子激光器的结构图

针、放电电路等组成。

高压恒流电源给储能电容充电至所需电压,触发信号使闸流管导通后,储能电容向脉冲形成线(Blumlein 线)放电至峰值电压,指令触发信号使轨道开关接通,则 Blumlein 线形成的陡的前沿高压脉冲加在放电电极两端,在提前触发的紫外预电离情况下,气体在 50 ns 左右的时间内均匀放电,输出准分子激光。

5. 半导体激光器

半导体激光器的工作物质是砷化镓(GaAs)、磷化铟(InP)等半导体材料,采用简单的电流注入方式泵浦。激光器的制造工艺与半导体电子器件和集成电路的生产工艺兼容,便于与其他器件单片集成;可以用高达吉赫兹的频率直接调制,输出高速调制的激光束。因此,半导体激光器已在激光通信、激光存储、激光测距、激光打印等方面得到了广泛应用。同时,随着半导体激光芯片外延生长技术不断发展和有关半导体激光束整形技术的进步,半导体激光直接用于激光焊接、表面处理等工业加工的领域越来越广。半导体激光器的输出功率也在不断提高,据报道,德国 Laserline 公司商品化的直接输出半导体激光器,其输出功率可达 10 kW。

二、激光加工种类

激光加工是指激光束作用于物体的表面而引起的物体的变形,或者物体性能改变的加工过程。按光与物质相互作用机理,大体可将激光加工分为激光热加工和激光光化学反应加工两类,具体包括激光标刻、激光焊接、激光切割、激光表面处理、激光成形等。

激光热加工是指激光束加于物体所引起的快速效应的各种加工过程;激光光化学反应加工是指激光束加于物体,借助高密度高能光子引发或控制光化学反应的各种加工过程,也称为冷加工。热加工和冷加工均可对金属材料和非金属材料进行切割、打孔、刻槽、标记等。热加工适合用于对金属材料进行焊接、表面改性、合金化、切割,冷加工则对光化学沉积、激光刻蚀、掺杂和氧化很合适。

习 题

1.1 简述激光的产生过程。
1.2 激光具有哪些特点?
1.3 激光器常见的光学零件有哪些?
1.4 Nd∶YAG 激光器与 CO_2 激光器在光学零件镀膜上有什么区别?
1.5 对高斯光束用单透镜进行聚焦,聚焦光斑大小与哪些因素有关?
1.6 激光横模指什么? 如何选横模?
1.7 影响物质对激光吸收的因素主要包括哪些?
1.8 简述用于工业加工的激光器的种类。

项目 2
激光标刻设备装配调试与激光标刻加工

任务 1 激光标刻设备整体结构认识及使用维护

1.1 任务描述

掌握激光标刻机的种类及结构、开关机流程；
能够熟练进行激光标刻机的操作、水循环系统的装配维护及参数设置。

1.2 相关知识

1.2.1 激光标刻机种类及总体结构

1. 激光标刻机种类

激光标刻机的种类主要可以从设备所用激光器和光束扫描方式上来划分。

1) 按激光器的工作方式划分

按激光器的工作方式，激光标刻机可以分为连续型激光标刻机和脉冲型激光标刻机两种。

2) 按激光器的种类划分

按激光器的种类，激光标刻机可以分为固体 Nd：YAG 激光标刻机、气体 CO_2 激光标刻机、准分子激光标刻机和光纤激光标刻机四种。

3) 按激光器的波长划分

按激光器的波长，激光标刻机可以分为红外光激光标刻机、可见光激光标刻机、紫外光激光标刻机等。波长为 1064 nm 的 Nd：YAG 激光标刻机和波长为 10600 nm 的 CO_2 激光标刻机都属于红外加工的设备。在 1064 nm 的基础上进行倍频得到 532 nm 的绿光属于可见光的范围。在532 nm和1064 nm的基础上采用倍频及和频技术,可以产生355 nm和266 nm的紫外激光,紫外激光适用于精细加工。

4) 按扫描方式划分

按扫描方式,激光标刻机可以分为光路静止型激光标刻机和光路运动型激光标刻机两种。所谓光路静止型就是工件由工作台带动来进行扫描刻画。这种方式标刻的速度相当缓慢,特别是当工件体积庞大、重量较重时。因而除了在某些不要求速度和标刻切割多用的设备中外,其已经基本退出了激光标刻市场。其优点是标刻点的大小较均匀,如果排除激光器能量波动等因素,这种扫描方式刻出来的点在平面内各处是一致的。

光路运动型是目前市面上最流行的扫描方式,其特点是速度较快、灵活。光路运动型又可以分为 X-Y 扫描式和振镜扫描式(其实还有别的扫描方式,但是严格起来应该算是激光标刻机的衍生产品)。X-Y 扫描式的原理与十字绘图仪的原理相同,是利用 X-Y 轴的电动机带动导光系统在平面上运动形成标刻轨迹。其特点是速度相对较慢,但是标刻深度较深,标刻范围较大(跟 X-Y 扫描架的运动幅面大小有关)。振镜扫描式的工作原理是将激光束入射到两反射镜(扫描镜)上,用计算机控制反射镜的反射角度,两个反射镜分别沿 X、Y 轴扫描,从而实现控制激光束的偏转,使具有一定功率密度的激光聚焦点在标刻材料上按所需的要求运动。振镜扫描方式的特点是速度快,特别适用于对工效要求较高的场合。该种扫描方式配合 F-θ 场镜使用,是目前市场中占有率最大的激光标刻设备。缺点是幅面相对较小。光路运动型有一个致命的弱点是平面内各点的大小不一,目前主要通过光学系统来调整,如上面所说的 X-Y 扫描方式在离激光器近的地方标刻的点要比离激光器远的地方的点要大,振镜扫描方式则是在标刻范围的中心的点要比边缘的小。

常见光路运动型激光标刻机有灯泵浦Nd∶YAG激光标刻机、半导体泵浦Nd∶YAG激光标刻机、光纤激光标刻机和CO_2激光标刻机等。

灯泵浦Nd∶YAG激光标刻机采用灯泵浦Nd∶YAG固体激光器,其产生的激光波长为1064 nm,属于近红外光频段。灯泵浦Nd∶YAG固体激光器是目前技术最成熟、应用范围最广的一种固体激光器。灯泵浦Nd∶YAG激光器采用氪灯作为能量来源(激励器),Nd∶YAG作为产生激光的介质(工作物质),激励器发出的特定波长的光可以促使工作物质发生能级跃迁,从而释放出激光。将释放的激光能量通过声光 Q 调制后,形成对材料进行加工的激光束。灯泵浦Nd∶YAG激光标刻机因其价格便宜,在目前的激光标刻机市场中仍占有相当大的份额,广泛应用于电子、轴承、钟表、眼镜、通信产品、电器产品、汽车配件、塑胶按键、五金工具、医疗器械等的标刻加工。

半导体泵浦Nd∶YAG激光标刻机使用波长为808 nm的半导体激光二极管(侧面或端面)泵浦Nd∶YAG介质,使介质产生大量的反转粒子在 Q 开关的作用下形成波长1064 nm的巨脉冲激光输出。与灯泵浦激光标刻机相比,半导体泵浦Nd∶YAG激光标刻机具有较好的稳定性和光束模式、更优良的标刻质量、更高的电光转换效率、省电、不用换灯、无故障工作时间长等优点,在很多应用领域正逐渐取代灯泵浦Nd∶YAG激光标刻机,但其价格相对较高。

光纤激光标刻机中,光纤激光器输出波长为1064 nm的激光,经高速扫描振镜系统实现标刻功能。光纤激光标刻机电光转换效率高,达20%以上(灯泵浦Nd∶YAG激光标刻机的电光转换效率为3‰左右),整机耗电是灯泵浦固体激光标刻机的1/10左右,大大节省能耗。由于光纤激光器散热性能好,采用风冷方式冷却,不需空调和水循环系统,同时光纤可盘绕,因此整机体积小巧。输出光束质量好,可以做到基横模(TEM$_{00}$)输出,聚焦光斑直径不到20 μm,发散角是半导体泵浦Nd:YAG激光器的1/4左右,特别适用于精细、精密标刻。谐振腔无光学镜片,具有免调节、免维护、可靠性高等性能。加工速度快,是传统标刻机的2~3倍。设备使用寿命长,适用于恶劣环境工作。光纤激光标刻机现已广泛应用于塑胶按键、塑胶按钮、充电器、手机透光按键等的标刻工作,特别适用于深度、光滑度、精细度要求较高的领域,如钟表、模具行业,及位图标刻等。

市面上的CO_2激光标刻机又分为振镜扫描式和X-Y扫描式两种。振镜扫描式CO_2激光标刻机的早一代产品采用玻璃管CO_2激光器,目前已得到广泛应用。玻璃管CO_2激光标刻机的一个很大的缺点是其激光器的寿命只有1000 h,不能很好地满足大批量的生产。振镜扫描式CO_2激光标刻机采用的另一种激光器是射频激励CO_2激光器,其寿命长达2万~4万小时,并且标刻速度快、线条精细。它具有良好的性能,可配套流水线在线完成标刻作业(也就是常说的飞行标刻),大大提高了生产效率,因而得到了很快的发展。

生产厂家一般把X-Y扫描式CO_2激光标刻机称为激光雕刻机或激光雕刻切割一体机,是CO_2激光标刻机较早出现的产品。与振镜扫描式相比,其最大优势是加工幅面大(如典型加工幅面为900 mm×600 mm,远大于最常见场镜F=160 mm时振镜式标刻机110 mm×110 mm的加工幅面),标刻深度较深,同时还可用于切割加工。

CO_2激光标刻机所用CO_2激光器发出的激光中心波长为10600 nm,属远红外波段。CO_2激光器将CO_2气体充入放电管作为产生激光的介质,当在电极上加高电压,放电管即可产生辉光放电,可使气体分子释放出激光,将激光能量放大后就形成对材料加工的激光束。CO_2激光标刻机适用于绝大多数非金属材料的标刻,如纸质包装、塑料制品、标签纸、皮革布料、玻璃陶瓷、树脂塑胶、竹木制品、PCB板等。

常见激光标刻机性能的比较如表2.1所示。

表2.1 激光标刻机性能比较

项目 \ 机型	灯泵浦Nd:YAG激光标刻机	半导体泵浦Nd:YAG激光标刻机		光纤激光标刻机	CO_2激光标刻机
		侧面泵浦	端面泵浦		
用途	金属及塑胶等大多数材质。厨具、刀具等要求不太高产品。	同灯泵浦,Nd:YAG。MP3、MP4外壳等要求较高产品。	同灯泵浦,Nd:YAG。IC、手机等较高端产品。	同灯泵浦,Nd:YAG。键盘、精密IC等精细度及速度要求较高产品。	木头、亚克力、皮革、玻璃、PVC、石头等非金属。
耗材及寿命	氪灯:500 h。滤芯、水:每个月更换一次。	滤芯、水:每个月更换一次。	—	—	
激光器寿命	只需更换耗材。	半导体模块:13000 h。	半导体模块:15000 h。	光纤模块:100000 h。	射频激光器:25000 h。

续表

项目 \ 机型	灯泵浦 Nd：YAG 激光标刻机	半导体泵浦 Nd：YAG 激光标刻机		光纤激光标刻机	CO_2 激光标刻机
		侧面泵浦	端面泵浦		
标刻精细度	精细	精细	非常精细	非常精细	精细
稳定性能	差	较稳定	稳定	稳定	稳定
故障率	较低	较低	低	极低	极低
可维护性	较复杂	较复杂	简单	免维护	免维护
可操作性	容易	容易	容易	极容易	极容易

2. 激光标刻机总体结构

振镜式 Nd：YAG 固体激光标刻设备由如下九个部分组成。

(1) 激光电源：是激光泵浦源（氪灯或半导体激光二极管阵列）的电力提供系统。

(2) Nd：YAG 激光器谐振腔系统：产生加工所需的连续激光束。

(3) 冷却系统：连接到冷水机的水管分别对聚光腔或半导体泵浦模块、声光 Q 驱动开关进行冷却，使激光标刻机能更稳定、更高效地工作。

(4) 声光调制系统：将连续的激光调制成所需的高峰值脉冲激光（频率为 200 Hz～50 kHz），由于 Q 开关器件的插入损耗，激光器的平均输出功率有所下降，但峰值功率大大提高，从而改善激光标刻的效果。

(5) 振镜扫描系统：包括光学扫描器和伺服控制两个部分，是使激光按照预定轨迹运行的执行机构，它主要由高精度伺服电动机、电动机驱动板卡、反射镜及直流电源组成。其作用是产生需标刻的点、线形式的字符或图案。

(6) 指示光系统：指示光为红色光，安装于光具座的后端。早期多用 He-Ne 激光器作指示红光光源，现多用红光二极管激光器。指示光的主要作用是指示激光加工位置（与 Nd：YAG 激光同轴）和为光路调整提供指示基准。

(7) 准直聚焦系统：固体激光标刻机先使用倒置望远镜系统进行准直扩束，然后用一种特殊的透镜聚焦系统，称为平场透镜系统或 $F\text{-}\theta$ 聚焦系统，对激光进行匀光和普通聚焦。

(8) 工作台：加工工件的承载台。固体激光标刻机工作台一般为手动三维工作台，若有圆柱或圆盘工件标刻要求，还可选配旋转工作台。

(9) 计算机控制系统：是整个激光标刻机控制和指挥中心，同时也是软件安装的载体。它通过对声光调制系统、振镜扫描系统的协调控制完成对工件标刻处理。计算机配置抗干扰的电脑主板，中文操作系统，专业标刻软件，并配备有专用的 ISA 总线 D/A 控制卡，方便快捷地与振镜扫描系统进行数据传递及控制声光调制开关的启停，达到按照软件设计的要求进行标刻的目的。

图 2.1 是固体激光标刻机结构示意图，图 2.2 是固体激光标刻机原理框图。

1.2.2 激光标刻机冷却系统

灯泵浦 Nd：YAG 激光标刻机的电光转换效率只有 3% 左右，大量的电能都转换成热

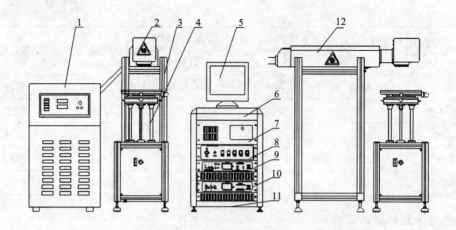

图 2.1 固体激光标刻机结构示意图

1—冷却系统；2—扫描聚焦系统；3—光基座支架；4—工作台；5—显示器；6—键盘系统；
7—计算机系统；8—控制系统；9—激光电源；10—声光电源；11—机柜；12—光基座

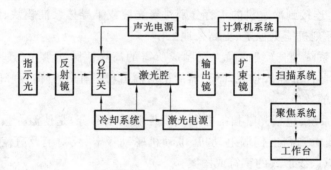

图 2.2 固体激光标刻机原理框图及各系统间相互关系

能，这部分热能对激光器件有巨大的破坏力，可能使 Nd：YAG 激光晶体及氪灯破裂、聚光腔变形失效等，所以必须有冷却系统提供冷却保障。

1. 冷却系统种类

除光纤激光标刻机外，固体激光标刻机和常用玻璃管封离式 CO_2 激光标刻机的冷却系统均采用水冷系统。考虑到激光加工系统的光学效率，激光标刻机的冷却介质一般为去离子水或蒸馏水。激光标刻机的冷却系统可分为内循环系统和外循环系统两个部分。激光标刻机的水冷机又可分为一体机和分体机。一体机的所有部分集成在一个独立的机箱内（上），分体机则将制冷机的压缩机和冷凝器与其他部分分开置于另一箱体作为室外机（与家用分体空调类似），用于激光标刻机功率较大的场合。普通用途的激光标刻机的功率一般较小，通常使用一体式水冷机，冷却系统采用空气-循环水冷却方式。内循环采用去离子水冷却激光器和 Q 开关，系统包括流量保护、水位保护、温度控制及超温报警等装置，确保激光器的稳定工作。外循环采用压缩机制冷，以确保温度的稳定。

2. 冷却系统基本结构

激光标刻机外循环冷却系统主要部件有压缩机、蒸发器、毛细管、冷凝器和散热风扇等。

激光标刻机内循环冷却系统如图 2.3 所示,其主要部件有水泵、水箱、过滤器、放水阀等。

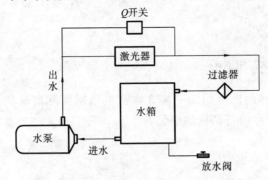

图 2.3　激光标刻机内循环冷却系统

1.2.3　激光标刻机的开关机流程

以常见的灯泵浦激光标刻机为例说明。

1. 开机顺序

先确定急停开关在弹起状态。

(1) 打开空气开关。

(2) 顺时针旋转钥匙开关到接通状态,启动水箱并等待计算机启动。

(3) 按下工控机开关,启动工控机。

(4) 工控机启动完成后,打开声光电源单元开关。

(5) 打开激光电源单元空气开关,在未报警状况下,确认激光电源单元面板显示电流 "7.0 A",若不是,则转动电位器调整到 7.0 A。

(6) 等待"READY"信号灯亮后,再按下"RUN"绿色按键,等待激光电源单元面板显示 "7.0--0.00--7.0"。

(7) 运行标刻软件。

(8) 按下振镜电源按键。

注意:在进行激光标刻机开机时要遵循"先开冷却后开电源、先开声光电源后开激光电源"的原则。实际上在激光设备上必须做到冷却正常才能正常开启其他电源,二者之间存在互锁关系。先开声光电源是为了避免激光电源打开并点灯后激光直接射出损坏工件。

2. 关机顺序

(1) 将激光电源单元面板显示电流调整到 7.0 A。

(2) 关闭振镜电源。

(3) 保存标刻文件,关闭标刻软件、计算机。

(4) 关闭声光电源单元的电源开关。

(5) 按下激光电源单元的"STOP"红色按键。

(6) 关闭激光电源单元的空气开关。

(7) 关闭水箱开关,逆时针旋转钥匙开关到关闭状态。

(8) 关闭空气开关。

1.3 任务实施

1.3.1 水循环系统装配调试

现以常规固体激光标刻机所用的一体式水冷机依据实际情况展开叙述,装配部分仅指水路和电路的连接,不牵涉设备结构的组装。

1. 安装

1) 安装条件

因激光标刻设备采用的是比较精密的光学部件,故只有在满足如表2.2所示的条件下安装,机器才能正常运行。

表2.2 激光标刻机安装条件

项 目	安装条件	备 注
环境温度	15～35℃	不允许结露
环境湿度	30%～80%	
灰尘	少于0.20 mg/m³	
油雾	不允许	
电源	单相,交流,50 Hz,≥30 A; 三相,交流,50 Hz,≥30 A; 电压,±10%以内	配电柜提供主电源
冷却水	蒸馏水或去离子水	

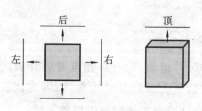

图2.4 设备周围应留有空间

安装地点及位置的选择:设备的安装地点应该选在通风良好、干燥、太阳不能直接照射、方便管路安装和接线的地方;设备四周必须留有足够的空气流通和维修保养的空间,如图2.4所示(具体间距参照设备说明书)。

2) 安装方法

(1) 水管连接。去掉水箱接头处的封口物,先在水管两端套入喉箍。按表2.3所示确定水管的连接方式。

表2.3 水管连接位置

对应关系	水 箱	激 光 头
水管1	冷水出口	入口(在氪灯负极注入冷却水)
水管2	冷水入口	出口(正极输出需要制冷的水)

用螺丝刀旋紧喉箍,如图2.5所示。

(2) 水箱到主机箱的电源线、信号线的连接。水箱的电源来自于主控箱主控单元"水冷

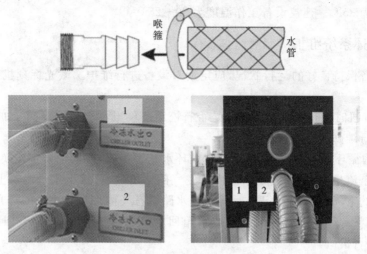

图 2.5　水管的连接示意图

电源"输出口,由主机箱的输出电缆线连接到水箱端子排 L0、N0 端。水箱保护信号与水箱电缆线使用同一条电缆线,由相应标号的电缆线接到水箱对应的端子排。

(3) 水箱加水。水管、电源线、信号线连接好后,给水箱加水。冷却水最好采用去离子水,无去离子水也可采用蒸馏水。为了充分发挥机器的制冷效果及防止"液击",水面必须稍高于蒸发器入水口,但不得溢出,回水口调节器可根据需要调节回水压力。对有水位开关的机器,水位要高于液位开关,否则机器不能正常启动。

2. 调试

在确认激光标刻机的其他系统正常的情况下,可进行冷却系统的调试。

(1) 开机再次确认电源连接是否正常、水箱是否已经装满水、有无接口漏水现象。合上标刻机空气开关,顺时针拧开钥匙开关,开启水泵开关,水箱应自动启动,运行 5~10 min,检查水管接头和激光器周围有无漏水情况。

(2) 在水管连接过程中,可能会有空气在水管内部,要检查,如果水管内部存在空气,应及时排空,根据排空水位下降情况补充冷却水。关闭水冷机做联锁实验,确定标刻机声光电源不能上电;弯折水管做水路保护实验,确定标刻机声光电源不能上电;降低高温报警温度,确定温度低于实际水温时水冷机报警且标刻机声光电源不能上电。

(3) 水温设置(通电后进行)。

① 按住水箱的"设定"键,直到"温度设定"的指示灯亮。

② 在指示灯亮的状态下,按"▼"、"▲"键修改需要设置的温度。

③ 再按一次"设定"键,指示灯移动到下一个单元,"温差设定"指示灯亮。

④ 按"▼"、"▲"键修改需要设置的温差。

设置完后,水箱控制单元可自动返回原始状态。

水温设置的原则:设定的下限温度不低于室内温度 4 ℃,否则容易结露。结露是由于内部温度远低于外部环境温度而在光学部件表面形成水珠的现象。结露的产生会造成激光功率下降或不出激光,并可能损坏光学部件。报警温度一般设置为 35~40 ℃。一体化水箱报警温度默认值为35℃。建议设备工作温度为20~25℃。

1.3.2 水循环系统维护

为了使设备保持良好的运行状况,应定期对设备进行维护。激光标刻机冷却系统维护的要求如下:

(1) 每次开机时检查水路接头部分是否有松动迹象,是否有漏水现象,如漏水则迅速按下急停开关进行维修。

(2) 保持内循环水干净,每半个月观察循环水是否变质,根据水质定期换水,更换滤芯。换水后如遇水泵流量偏小,则这是水泵内有空气闷堵所致,可按下水过滤器上的红色键,排出水路系统内的空气,待水流量正常后即可。水路混有气体将会减小水的透光率,影响激光功率,减小水流量。透明软管中有气泡或水箱回水口处有气泡时,应检查回水管路是否漏气,水箱水位是否偏低。

(3) 定期清除空气滤网的灰尘。当灰尘过多时,卸下滤网,用空气喷枪、水管等将过滤网的灰尘清除。清除完毕之后,让滤网干燥后再装回。一般2~4周清洗一次。若污垢严重,则可用中性清洗剂不定期清洗。经常清洁空气滤网可以延长冷水机的寿命,减少压缩机电能消耗。

(4) 根据使用地浮尘浓度,及时对散热器进行清洁处理。从机箱进风侧可以方便地观察到散热器上的积尘程度。

任务2 激光标刻机谐振腔及光路传输系统装调

2.1 任务描述

掌握激光标刻机谐振腔(内部)、光路传输系统结构及各组成元件的作用;
能够熟练进行谐振腔的装调、光路传输系统装调和振镜系统维修。

2.2 相关知识

2.2.1 激光标刻机谐振腔结构

在工作物质的两端,各放上一块反射镜,一块反射镜为全反射镜,另一块反射镜为部分反射镜。将两个反射镜面调整到与晶体棒的轴线同轴,这两块反射镜即构成谐振腔。

实际工作中,通常将包含在两块反射镜之间的所有部件连同光具座和指示光源作为一个整体放置于封闭的金属腔体中,整体称之为谐振腔。

1. Nd:YAG 激光标刻机谐振腔

灯泵浦 Nd:YAG 激光标刻机与半导体二极管泵浦 Nd:YAG 激光标刻机谐振腔的区

别在于泵浦部分不同,此处仅对灯泵浦谐振腔做介绍。图2.6为灯泵浦Nd：YAG激光标刻机谐振腔结构示意图。

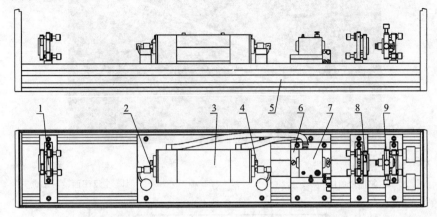

图 2.6 灯泵浦 Nd：YAG 激光标刻机谐振腔
1—输出膜片架；2—氪灯；3—激光腔体；4—激光晶体；5—光具座；
6—声光调整架；7—声光Q开关；8—反射膜片架；9—指示光调整架

(1) 输出膜片架和反射膜片架。输出膜片架的核心部件是部分反射镜,反射膜片架的核心部件是全反射镜,二者共同构成原理上的光学谐振腔。部分反射镜又称激光器窗口,是激光器的重要部件,它可以部分反射激光,从而不断引起激光器谐振腔内的受激振荡,并允许激光从部分反射镜一端输出。光学谐振腔是激光器的重要组成部分,是产生激光的必要条件,其作用是提供光学正反馈和模式选择,影响输出激光的模式和转换效率。

(2) 氪灯。激光器的泵浦源。

(3) 激光腔体。聚光腔的功能是将氪灯发射的光能会聚到Nd：YAG棒上,尽可能多地为工作物质所吸收,以激励工作物质产生激光。用于标刻机的聚光腔种类很多,如二维成像的椭圆柱聚光腔和圆柱聚光腔、三维成像的球面聚光腔和旋转球面聚光腔,以及非成像的紧包式光滑反射面聚光腔和漫反射聚光腔。所采用的反射材料有金属、玻璃、陶瓷、聚四氟乙烯等,各有优缺点。

(4) 激光晶体。掺钕钇铝石榴石(Nd：YAG)晶体,简称Nd：YAG棒,是激光器的工作物质。

(5) 光具座。安装其他激光部件的精密平行导轨。

(6) 声光调整架。调整声光Q开关的位置和角度,使声光Q开关能正常工作。

(7) 声光Q开关。将连续激光转换为高峰值功率的脉冲激光以满足标刻加工的要求。

(8) 指示光调整架。安装和调整He-Ne或半导体激光二极管指示光源。

2. CO_2 激光标刻机谐振腔

CO_2激光标刻机常用的激光器有封离式CO_2激光器和射频激励CO_2激光器,它们的结构为封闭式或准封闭式,用户不可调整。如图2.7所示的为封离式CO_2激光器实物及结构示意图。

3. 光纤激光标刻机谐振腔

它采用多个小功率风冷激光二极管作为泵浦源,将多分支无源光纤耦合进单根激光光

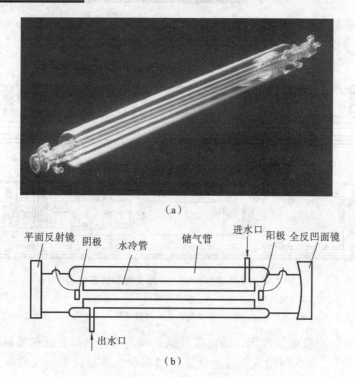

图 2.7　封离式 CO_2 激光器实物及结构示意图

纤,以掺稀土元素(Nd、Yb 或 Er)光纤作为激光介质,以反射镜或光纤光栅作为谐振腔,可以脉冲运转和连续运转。新型光纤激光器具有单模输出、效率高、散热特性好、结构紧凑等特点,特别适合用于高精度的激光标刻加工。光纤激光器没有水冷系统,这使激光标刻机整机体积大为缩小。光纤激光器的电光效率高达 70%,其驱动电源的大小与灯泵浦 Nd:YAG 激光器相比是微不足道的。图 2.8 为光纤激光器谐振腔示意图。

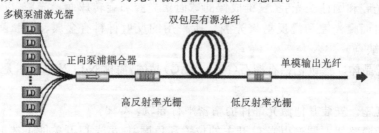

图 2.8　光纤激光器谐振腔示意图

全光纤激光器的光路全部由光纤和光纤元件构成,光纤和光纤元件之间采用光纤熔接技术连接。因此,光路一旦完成,即形成一个整体。实践证明,这样形成的连接结构和连接参数将长期保持稳定。如果光纤和光纤元件本身具有长期稳定性,则整个光路将长期稳定,无需维护。需要特别指出的是,这种免维护的特性并非不可维护和维修。在需要的情况下,整个光路维护和维修同样可以进行。因此,与气体和固体等激光器需要频繁维护和维修相比,全光纤激光器光路的免维护特性异常优异;而与半导体激光器的不可维修性相比,全光纤激光器的可维护性和可维修性又表现出明显的优势。

2.2.2 激光标刻机光路传输系统

一般将激光器输出窗口外到聚焦之前的光路称为光路传输系统,也有人将聚焦系统包含进来一起称为光路传输系统。下面采用后者含义。灯泵浦固体激光标刻机的光路传输系统较为典型,以它为例加以介绍。

灯泵浦固体激光标刻机的光路传输系统主要由准直扩束系统、振镜扫描系统和场镜聚焦系统组成。

1. 准直扩束系统

在去除性激光加工中,要求激光具有高的功率(能量)密度,小的聚焦光斑。虽然激光束的发散角很小,但仍然有几个毫弧度,发散角的存在直接影响聚焦效果。扩束器的用途是压缩光束的发散角和增大光束的直径,以减小聚焦光斑尺寸,对采用扫描振镜的系统,还可以降低振镜上的激光功率密度,防止振镜被打坏。激光标刻机多采用倒置的伽利略望远系统作为准直扩束系统,其产品称为扩束镜,如图 2.9 所示。扩束镜又分为可调倍数和固定倍数两种,灯泵浦固体激光标刻机一般采用固定倍数扩束镜。

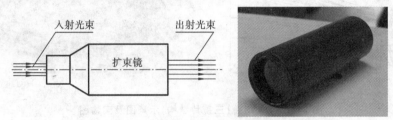

图 2.9 扩束镜结构示意图及实物图

扩束镜的主要参数有:扩束倍数,一般在 1.5 倍至 10 倍范围内选择,扩束倍数越大则对激光发散角的压缩比越大;可改善激光束的准直度数,其取决于发散角的毫弧度;适用功率。

2. 振镜扫描系统

振镜扫描系统结构如图 2.10 所示。

光学扫描器采用动磁式和动圈式偏转工作方式的伺服电动机驱动,具有扫描角度大、峰值力矩大、负载惯量大、机电时间常数小、工作速度快、稳定可靠等优点。精密轴承消隙机构提供了超低轴向和径向跳动误差;电子扭力棒取代传统弹性材料扭力棒,大大延长了使用寿命,提高了长期工作的可靠性;任意位置零功率保持工作原理既降低使用功耗,又减少器件的发热效应,省却了恒温装置;先进的高稳定性精密位置检测传感技术提供高线性度、高分辨率、高重复性、低漂移的性能。

光学扫描器分为 X 轴方向扫描系统和 Y 轴方向扫描系统,每个伺服电动机轴上固定着激光反射镜片。每个伺服电动机分别由计算机发出指令控制其扫描轨迹。

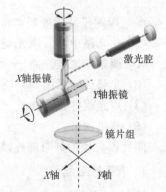

图 2.10 振镜扫描系统的组成

3. 场镜聚焦系统

激光束经过振镜扫描,若用普通透镜聚焦,则扫描的焦平面将是一个扇形面，与待加工的平面不重合。只有加平场透镜加以矫正，才能在整个扫描范围内，使聚焦光斑均匀，直径不变，在焦平面内光斑进行扫描时有足够大的视场。理想光学系统的像高与入射角的正切值成正比，通过引入桶形畸变，得到的 F-θ 镜头的像高与入射角成正比，可实现标刻速度的线性控制。平场透镜即 F-θ 聚焦透镜，简称场镜。场镜可以方便地实现等速扫描。

F-θ 聚焦透镜有单镜片、双镜片和三镜片三种结构。前两者用于 CO_2 激光器，后者用于 Nd：YAG 激光器。

典型灯泵浦 Nd：YAG 激光标刻系统采用的平场透镜焦距 $F=160$ mm，最大入射角 $\theta=30°$，入射光直径最大为 16 mm，扫描范围为 110 mm×110 mm。如图 2.11 所示，其成像光斑直径细小，能量集中，像质一致，像差小，无渐晕存在，特别适合标刻等精细加工。

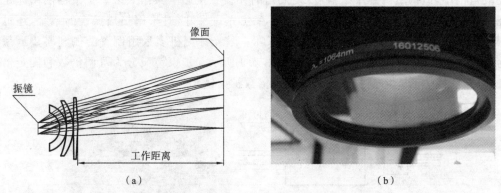

图 2.11　F-θ 透镜（三镜片结构）示意图及实物图

用户还可选配其他焦距长度的 F-θ 透镜，简单例举如下。

$F=210$ mm，扫描范围为 145 mm×145 mm；$F=254$ mm，扫描范围为 175 mm×175 mm；$F=330$ mm，扫描范围为 220 mm×220mm。

2.3　任务实施

2.3.1　激光谐振腔装调

激光标刻机装调的基本步骤如下。

（1）从光路中移开声光 Q 开关组件，首先调整指示光路（指示光源）。
（2）调整谐振腔光路（全反膜片架、聚光腔、半反膜片架），激光输出调整。
（3）光路传输系统调整（扩束镜、振镜）。
（4）声光组件位置调整。
（5）整机测试。

此处以典型的灯泵浦连续 Nd：YAG 激光器为例介绍谐振腔的装配与调试。

1. 谐振腔装配

1）Nd：YAG 晶体的安装

（1）如图 2.12 所示，用螺丝刀分别拆下两端头上的棒压盖，取出两端头的橡胶堵头。

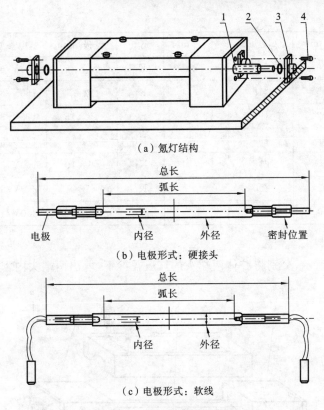

图 2.12 氪灯的结构示意图

1—晶体；2—密封圈；3—棒压盖；4—螺钉

(2) 取出置放于晶体盒中的晶体，目测检查其外观有无破损。

(3) 将晶体轻轻水平插入聚光腔内(保证两端露出部分基本等长)。

(4) 两端依次套上密封圈、棒压盖。

(5) 用螺丝刀将螺丝旋入，使压盖将密封圈均匀压紧。

安装晶体的注意事项如下。

(1) 晶体外形为圆柱形结构，棒的两个端面严格平行，与棒轴垂直，经过抛光并且镀增透膜；使用过程中要保持棒端面光洁。

(2) 激光器工作时，Nd：YAG 晶体需用水冷却至一定温度，以保持激光输出的稳定性。

2) 氪灯的安装

(1) 氪灯的结构及主要参数。

氪灯的结构如图 2.12 所示。连续激光氪灯的主要参数有最大输入功率、工作电流、工作电压、氪灯极间距、灯的直径和长度等，如表 2.4 所示。

表 2.4 连续激光氪灯的主要参数

内径/mm	弧长/mm	总长/mm	外径/mm	充气	电极/mm	电参数	备注
4	100	276	6	Kr	$\phi 4.05 \times 16$	177V/22A	滤紫外
4	100	240	6	Kr	$\phi 4 \times 15$	155V/20A	滤紫外

续表

内径/mm	弧长/mm	总长/mm	外径/mm	充气	电极/mm	电参数	备注
5	100	240	7	Kr	φ5×15	175V/30A	滤紫外
5	100	219	7	Kr	软线	162V/30A	QCW245
5	102	195	6	Kr	φ5×15	175V/30A	进口
5	102	195	6	Kr	φ5×15	175V/30A	进口
5	100	235	7	Kr	φ6×10	160V/30A	国产
6	102	200	7	Kr	φ6.3×15	200V/35A	QCW336
6	150	250	8	Kr	—	200V/40A	进口

(2)氪灯的安装。

① 如图 2.13 所示,分别将腔体两端头的灯压盖拆下,取出两端头内密封圈、压盖。

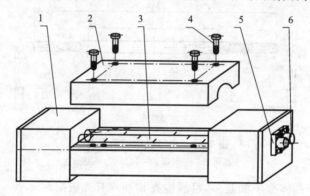

图 2.13 泵浦氪灯的安装示意图

1—端头;2—上腔体;3—滤紫外管;4—螺钉;5—灯压盖;6—棒压盖

② 将氪灯轻轻水平插入聚光腔内(保证两端露出部分基本等长)。

③ 两端依次套上密封圈、压盖。

④ 用螺丝刀将螺丝旋入,使压盖将密封圈均匀压紧。

安装氪灯的注意事项如下。

① 氪灯有正负极性,圆头为正,接红线,尖头为负,接黑线。氪灯正负极性务必与激光电源输出正负极一致,错误的接法将导致氪灯严重损坏,并有可能引发激光棒和聚光腔的损害。

② 氪灯在工作时,需用水冷却。

3)聚光腔的安装

(1)聚光腔的结构。

常用聚光腔腔体有金属腔和陶瓷腔两种,金属腔由钢材加工而成,内表面为高反射率镀金面。陶瓷腔对氪灯漫反射,对激光工作物质的照射光场更均匀,吸收率可以达到 90% 以上,可形成全截面的均匀泵浦,实现高功率泵浦输入。在可靠性和使用寿命方面,陶瓷材料抗剥落、抗氧化、易于清洁,在目前循环水冷系统不太过关的情况下,比金属镀金腔有更好的免维护性。但陶瓷腔对于陶瓷材质和腔型的设计要求比较高,其激光模式没有镀金腔的好,因为陶瓷腔泵浦效率高,达到同样的输出功率,腔长短很多,导致发散角大,价格也贵2～3倍。从应用看,使用陶瓷腔的激光器做表面处理加工工艺时,效果要比金属镀金腔的好;金属镀金腔的激光器用于去除性加工工艺时,效果则比陶瓷腔的好。

常见金属聚光腔的结构如图2.14所示。

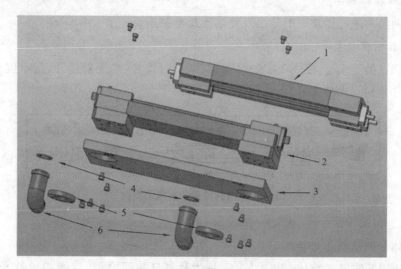

图2.14 聚光腔的结构示意图
1—上腔体;2—下腔体;3—底板;4—密封圈;5—水嘴压块;6—水嘴

(2)聚光腔的安装。

① 上腔体安装。将上腔体与下腔体合上,均衡上紧四个紧固螺钉,如图2.15(a)所示。

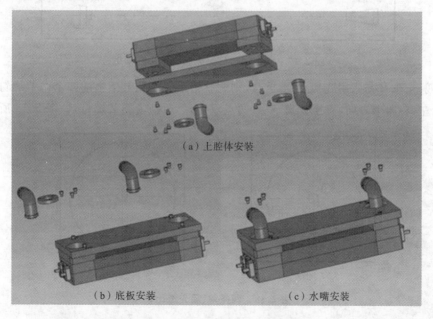

(a)上腔体安装

(b)底板安装　　　(c)水嘴安装

图2.15 聚光腔安装示意图

② 底板安装。翻转腔体使其底面朝上,将底板与腔体合上,均衡上紧四个紧固螺钉,如

图 2.15(b)所示。

③ 水嘴安装。将密封圈套上水嘴,水嘴插入底板安装孔,套上水嘴压块,均衡上紧六个(每个水嘴三个)紧固螺钉,如图 2.15(c)所示。

2. 谐振腔光路调试

谐振腔调整对激光器功率的输出及光学质量至关重要。

1) 谐振腔调试要求

谐振腔调试的要求是:使 Nd：YAG 晶体、全反射镜片、半反射镜片、指示红光及扩束镜的中心同轴并分别与光具座垂直,如图 2.16 所示。

图 2.16 谐振腔调整要求示意图

2) 谐振腔调试步骤

谐振腔体的调试具体步骤如下。

(1) 将清洁好的聚光腔体、Nd：YAG 晶体及氪灯装回原位,启燃指示红光(氦氖激光器)并将指示红光 A 对准扩束镜,调整指示红光光轴与扩束镜同轴,观察红光的反射光斑 B,如图 2.17 所示。

图 2.17 调整指示红光光轴与扩束镜同轴

若反射光斑 B 与入射光斑 A 不重合,则调整指示红光调节架上的四个调节螺钉,分别调节上、下、左、右四个方向,直至光斑 A、B 两点重合,然后锁紧调节螺钉,如图 2.18 所示。

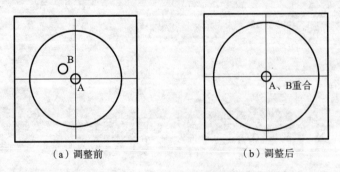

图 2.18 调整前、后光斑比较

(2) 调整指示红光(氦氖激光器)光轴与 Nd：YAG 晶体几何轴线同轴。

细微移动聚光腔体,使得指示红光从 Nd：YAG 晶体几何中心线穿过,原理及方法同步骤(1)。

(3) 安装半反镜片,使该镜片的反射光点与指示红光的光点在截光屏上重合。

在调整镜片的位置及角度时,将半反镜通过腔体对准基准红光,要注意半反镜的镀膜表面对准工作物质,再观测半反镜在基准红光表面的反射光斑,如果重合,则半反镜安装成功。

否则,反复调节半反镜的上、下、左、右四个方向旋钮,直至重合,如图 2.19 所示。

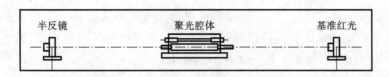

图 2.19　安装半反镜片示意图

(4) 装全反射膜片,调整全反射膜片的位置角度,使反射点与原光束点在截光屏上重合。截光屏可用一张白纸片代替,纸片与氦氖激光束呈垂直放在扩束镜的入光面。当指示光穿过全反膜片,如果膜片平面不与指示光垂直,指示光就会有折射现象,用白纸片挡在全反膜片与 Nd：YAG 晶体之间,除指示光主光点外还有折射光点在白纸上,调节膜片架上的调整螺钉使折射光点与指示光点重合。这时全反膜片的位置基本就确定了,如图 2.20 所示。

图 2.20　安装全反镜片示意图

经过上述调整后,Nd：YAG 晶体与膜片之间的位置已基本确定。

(5) 开启激光电源开关,缓慢调整电位器旋纽,取出激光倍频片(或相纸),放在半反镜与扩束镜之间,如果有激光输出,则转换片上有绿色光斑显现(或相纸上有痕迹)。分别反复调整全反射膜片和半反射模片的微调螺钉,直到激光阈值达到最低,光斑调到最大、最圆为止。此时,谐振腔光振状态的调整工作即结束。

(6) 如果没有绿色光斑显现(或相纸上没有痕迹),则可将电流加大,分别微调前后膜片架上的螺钉,看有没有绿色光斑显现(或相纸上有无痕迹)。如果还没有,则重复指示红光光调整步骤(1),最终使激光输出。

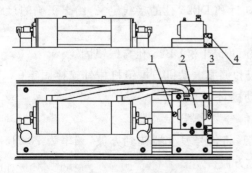

图 2.21　声光晶体位置调整示意图
1—转动轴螺钉；2—声光头；3—固定螺钉；4—调节螺钉

(7) 如果谐振腔内有声光晶体(或其他器件),调整其如图 2.21 所示。

① 激光调出后,关闭激光电源,将声光架用螺丝固定好,使指示光从声光窗口中心通过。

② 开启激光电源点燃氪灯,将一白纸片插入输出膜片后方,缓慢调整声光架上螺钉(见图 2.20),使声光绕光轴缓缓偏转,观察白纸上指示光的衍射点,当衍射点为光强均匀发布的 3～4 点时即可。

③ 按开机步骤开机，取一金属片观察光在金属片上的刻蚀情况，此时，可调整声光架上螺钉，使火花飞溅最大、声音最响的位置为最佳位置。

2.3.2 激光光路传输系统装调

1. 准直扩束镜装调

1) 扩束镜的安装

扩束镜片安装在前挡板处（也有的设备通过滑座安装在光基座上），因此固定前挡板也很重要。必须使红光正好从前挡板出光孔的正中心射出。如果不在中心，则可通过固定的螺丝进行细微调节。然后将扩束镜安装在前挡板上。

2) 扩束镜的调整

扩束镜调整的好坏对激光输出能量的大小有影响。扩束镜调整得不好会造成标刻光斑能量不均匀或不足。扩束镜的调整，要求入射光从扩束镜进光孔中心进入，出射光从出光孔中心射出。

在扩束镜筒上也有六个调节螺钉。如果扩束镜偏移量很大，无法达到上述状态，则按如下步骤进行调整。

(1) 调节后面的三个调节螺钉使激光从扩束镜筒前方出光孔正中心射出。

(2) 调节前面的三个调节螺钉使红光反射光与红光同心。当调节达到要求时，可以清楚地看到由较大的几个同心圆环组成的返回光斑照在红光激光器白色的光栅上，并且与之同心。由于其反射光斑很弱，调整时建议在光线较暗的环境下进行。

重复上述步骤，直至达到要求。

2. 激光振镜扫描头装调

激光振镜扫描头安装示意图如图 2.22 所示，其调试步骤如下：

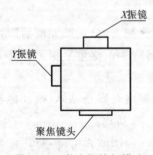

图 2.22 激光振镜扫描头安装示意图

(1) 检查驱动板和伺服电动机的编号是否配套（X 轴电动机和 X 轴驱动板，Y 轴电动机和 Y 轴驱动板编号一一对应）。

(2) 紧固振镜机械件的螺钉。

(3) 了解 DB9 针和 DB25 孔的接线定义，给出正确的接线方式。

(4) 将做好的 DB9 针和 DB25 孔与振镜固定。

(5) 将驱动板和伺服电动机与振镜机械件连接固定（X、Y 驱动板和伺服电动机对应连接）。

(6) 调试振镜（所需工具有 30 V 开关电源、信号发生器、示波器）。

(7) 检测电动机的增益（接通 30 V 开关电源，将信号发生器调到方波，频率为 28 Hz），电动机增益电压示波器显示为 15 V，波形为对称方波。

(8) 调节 X 轴、Y 轴电动机的位置。

打开振镜驱动器和启动激光电源，在激光头内，上下调节 X 轴振镜片使激光照射在振镜片的中心,左右旋转振镜头,使振镜片与激光成45°角,即让激光成90°反射;前后调节Y轴振镜片使激光照射在振镜片的中心,左右旋转振头,使振镜片与激光成45°角,即使激光从安装 $f\text{-}\theta$ 透镜的螺纹孔的中心射出。关掉激光电源,安装好 $f\text{-}\theta$ 透镜。从计算机里调出BOX文件并打标,分别测量两个横边的长度和两个竖边的长度。若两个横边的长度不相等,则左右旋转X轴振镜头,使两个横边的长度相等;若两个竖边的长度不相等,则左右旋转Y轴振镜头,使两个竖边的长度相等。

(9)装上挡光板,罩上罩子,固紧螺钉。

2.3.3 振镜系统维修

1. 振镜扫描头内部结构

典型振镜扫描头内部结构如图2.23所示。

图2.23 振镜扫描头内部结构

1—驱动板;2—振镜电动机;3—X/Y振镜片;4—振镜片输入信号线(25芯);5—驱动板输入电压线(9芯);6—支架

图2.24所示的为我国世纪桑尼公司生产的CS8720驱动板示意图。

(1)驱动板的电源输入。

CS8720驱动板需要两组电源。一组是±22 V(可允许范围是±20~±30 V),原则上不要求过分稳压,但杂波分量不应过大,并且正负两组电压一定要平衡,即$|-U|=|+U|$。通常情况下,电压越高,响应时间越短,但一定不能超过±30 V。另一组为±15 V(可允许范围是±14~±15 V),最高不应高于±15 V并且必须稳压,使纹波系数尽量减小。

该型号振镜电源:1脚为+15 V,2脚为-15 V,3脚为地,4脚为地,5脚为+24 V,6脚为-24 V。

注意:该公司在产品出厂前已配备了振镜工作时的所需电源,在无特殊用途情况下,请使用该电源,不要自行更换;如有特殊情况需要更换电源,则最好选用可以满足振镜正常工

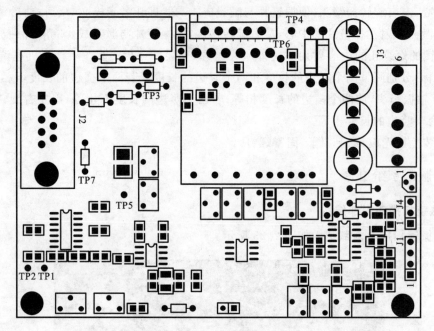

图 2.24　CS8720 驱动板示意图

作所需电流的电源,不要使用那种电流增大时电压减小的电源,否则会使振镜无法正常工作,或者导致振镜的线性度变差。

(2) 驱动信号的输入。

驱动信号通过 J1 的第 1 脚和第 3 脚输入。其中第 1 脚为信号地,第 3 脚为驱动信号。输入信号的极限值为 ±10 V,超过 ±10 V 就会产生限位保护,若此状态持续时间过长,则摆动电动机会因发热而损坏。

注意:此驱动信号为单端输入信号,信号的极性不能接反。如果出现极性接反的情况,则振镜将不能正常工作,并有可能引起 D/A 控制卡的损坏。X 轴与 Y 轴不能接反,否则打出的图形将旋转 90°。

(3) 偏移信号的输入。

如果想让系统在某一个固定角度下摆动,则可在 J1 的第 2 脚和第 4 脚输入一个偏移量来实现。其中,第 2 脚为信号地,第 4 脚为偏移信号。偏移信号极限值为 ±2 V。如果偏移量过大,则在位置输入信号相对较大时,容易发生限位保护。

(4) 指示输出信号。

CS8720 驱动板具有工作、故障指示功能,正常状态下指示灯为绿色,发生故障时指示灯变红。为方便用户的观察,特设指示输出信号,通过 J4 来实现。

J4 各引脚功能:1 脚为工作指示灯,2 脚为故障指示灯,3 脚为地。

2. 常见故障现象、原因及处理方法

振镜系统常见故障现象、原因及处理方法如表 2.5 所示。

表 2.5 振镜系统常见故障及处理方法

故障现象	原因	处理方法
驱动板无指示	电源未接通	检查电源接线
首次启动时,驱动板冒烟	电源接错或极性接反	检查电源极性,并与生产厂家联系
启动后红灯一直亮	摆动电动机与驱动板接触不良	检查电动机与驱动板的插头是否插好
启动后红灯长亮并伴有嗡嗡或吧嗒吧嗒的声音	发生限位保护	检查位置输入信号,看其幅值是否过大
	系统出现故障	请与生产厂家联系
启动后摆动电动机有啸叫声,并且驱动板与电动机都发热	用户更换过镜片	系统出厂时厂家配有镜片并调好,不能私自更换
	系统出现故障	及时与生产厂家联系进行维修
摆动电动机摆动角度小	位置输入信号小	检查位置输入信号
	±15 V 直流电源不正常	检查±15 V 直流电源
启动后摆动电动机不停抖动	干扰太大	检查周围是否有干扰源
	系统出现故障	与生产厂家联系
激光标刻直线有波纹	周围有干扰源	查找干扰源
	D/A 控制卡抗干扰能力差	与生产商联系

3. 维修案例

故障现象:机器不能正常标刻,标刻时激光只沿 Y 轴方向的一条线运行。

问题分析:根据故障情况判断,振镜只有 Y 轴在工作,X 轴有问题。

可能原因:X 轴振镜片坏;DB37 插头松动,D/A 控制卡故障,导致 X 轴没信号输出。

处理方法及步骤如下。

(1) 检查 D/A 控制卡或插头是否松动,重插卡和插头后问题没有解决。

(2) 开机检查,首先测量 D/A 控制卡的振镜控制信号,方法是在标刻软件里作一矩形,把标刻的速度设置得慢点,如 10 mm/s,开始标刻,这时可以用万用表测量振镜控制信号是否有电压,有电压则说明 D/A 控制卡给的控制信号输出正常,如没有电压,则 D/A 控制卡可能有问题(需从 D/A 控制卡的 DB37 端测量确认,看是否中间的线有问题)。经检查,振镜供电电源也正常,故障可能在振镜上。

(3) 打开振镜外壳,给振镜上电,用手轻触 X 轴振镜片,发现 X 轴不能自锁,判断 X 轴电动机或是驱动板有问题(正常时,上电后电动机振镜片是在固定的地方,处于自锁状态,用手轻碰是不会动的)。

(4) 交换 X 轴、Y 轴的驱动板,故障现象一样。判断是 X 轴电动机损坏而导致上述故障。更换一套 X 轴电动机和驱动板后问题解决。

任务 3　激光标刻机电控盒装配调试

3.1　任务描述

掌握激光标刻机的电气控制原理；
按电路图完成激光标刻机电控盒的电气安装和调试。

3.2　相关知识

3.2.1　激光标刻机电气控制原理

1. 总控制原理框图

如图 2.25 所示，激光标刻机电气控制系统主要包括主控箱、计算机、声光电源、激光电源等。主控箱是激光标刻设备主要电源提供单元的总称，提供水箱、激光电源、声光电源、振镜片、氪灯、旋转工作台、工控机箱等的电源并进行管理，提供紧急切断电源电路，具备信号保护中断功能等。计算机通过 D/A 控制卡控制振镜片运动，形成加工所需光束轨迹，控制声光晶体的通断，形成激光的适时通断和能量，二者共同形成所需加工轨迹。水箱带走激光系统工作时产生的热量，同时提供流量、液位、温度中断保护信号，及时中断激光电源和声光电源的工作。

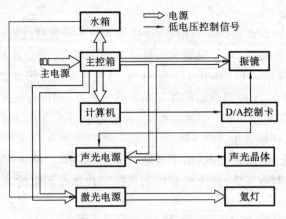

图 2.25　总控制原理框图

2. 总控制电气原理图

图 2.26 是激光标刻机的总控制电气原理图。

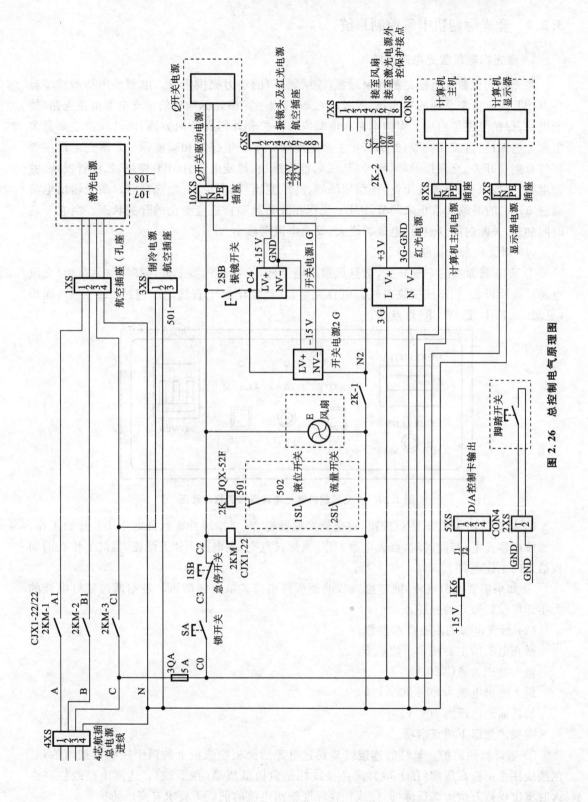

图 2.26 总控制电气原理图

3.2.2 激光标刻机电气控制系统

1. 激光标刻机激光电源系统

激光标刻机激光电源是激光泵浦源(连续氪灯)的动力提供系统。电源采用新型功率器件 IGBT 构成功率驱动的单元,电源效率在 95% 以上。激光标刻机的激光电源由主电路、控制电路、保护电路等组成。保护电路有电源内部保护和外部保护两方面:内部保护主要是欠电和失电保护、过流保护等;外部保护主要是冷却介质流量保护和温度保护。激光电源主要部件有空气开关、交流接触器、缓冲板、三相整流模块、储能电容、IGBT 模块、二极管模块、滤波电容、滤波电感、点火变压器、控制变压器、高压变压器、主控板、散热器等。激光输出电流通过 IGBT 的导通和截止来调节,IGBT 工作在开关频率自适应变化的开关状态。当它开通时间加长,关断时间变短时,电流将增大,反之电流则减小。

(1) 激光电源的控制。

① 合上前面板的空气开关,散热风扇上电旋转,控制变压器上电,同时三相(单相)交流电通过缓冲板、三相整流模块向储能电容充电,在储能电容上直流电压超过 220 V 后,面板(见图 2.27)上"POWER"灯点亮。

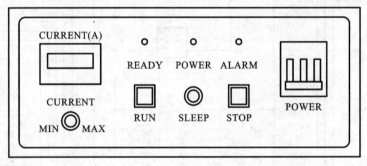

图 2.27 激光标刻机激光电源操作面板示意图

② 按下前面板的"RUN"按钮,则交流接触器吸合(短接缓冲板),同时 IGBT 开始工作,向滤波电容充电,与此同时,点火电路工作,氪灯被点亮,主电路 IGBT 续流,氪灯工作在前面板给定的工作电流上。

③ 如果需要调节电流,则直接调节前面板的电流调节旋钮即可。控制通过氪灯电流的大小即可控制激光的强弱。

(2) 激光电源的主要技术参数。

激光电源的主要技术参数如下。

输入电压为 AC220 V;

最大输出电流为 20~30 A;

最高输出电压为 400 V。

需要注意以下两点事项。

① 氪灯高压防护。氪灯的连接线是通过电源后面板绝缘板上的两个接线柱接出的,红色接线柱是正极高压端(在上端),黑色接线柱是负极低压端(在下端)。这两个接线柱在点火时将出现数万伏的高压脉冲,接线柱在保证输出电流的前提下要求有高压防护。

② 电源输出正负极性与氙灯正负极性要一致。

2. 激光标刻机声光驱动电源

声光驱动电源是专门为声光 Q 开关器件设计的高精度驱动电源。Q 开关器件驱动电源输出的射频电信号作用在声光器件的压电换能器上,通过逆压电效应原理,形成的一系列(超声)应力波沿着与激光束相互垂直的方向在超声介质内传播,在应力波的作用下,超声介质的折射率发生周期性变化,形成一系列相位光栅。这种光栅对入射的定向光束的衍射作用,使得激光腔内相当一部分激光振荡以衍射光束的形式折射出激光腔外,从而增大了内腔损耗,使激光振荡不能形成,反转粒子数得到较多的积累。在超声波场突然去除后,内腔损耗突然变小,从而可形成较强的激光振荡。一般在 Q 脉冲重复率小于 5 kHz 时,输出峰值功率约为激光器连续输出功率的 500~1 000 倍。因此,中小功率连续固体激光器在进行激光加工过程中无法解决的问题,在采用声光 Q 开关技术后就可以迎刃而解了。

声光电源操作面板(见图 2.28)功能如下。

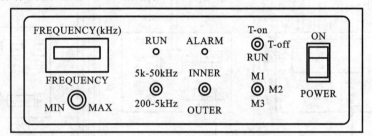

图 2.28　声光电源操作面板示意图

FREQUENCY:频率微调电位器。逆时针旋转方向调低,顺时针旋转方向调高。刻蚀金属时,频率一般为 2~3 kHz;金属相变(打黑)时,频率一般为 20 kHz 左右。

RUN:工作运行指示灯,运行时灯亮。

ALARM:报警指示灯,出错时灯亮。

INNER:内部频率控制,控制内部频率信号。

OUTER:外部频率控制,控制外部频率信号。

T-on/T-off/RUN:设备加工时采用 RUN 模式,T-on/T-off 为测试开关。

M1/M2/M3:标刻模式选择接口,M1 为脉冲操作模式,M2 为首脉冲抑制操作模式,M3 为逐脉冲抑制操作模式。

3.3　任务实施

3.3.1　激光标刻机电气控制盒安装

1. 激光标刻机接线图

某型号激光标刻机总接线图如图 2.29 所示。

2. 激光电源的电气连接

激光电源后面板如图 2.30 所示。

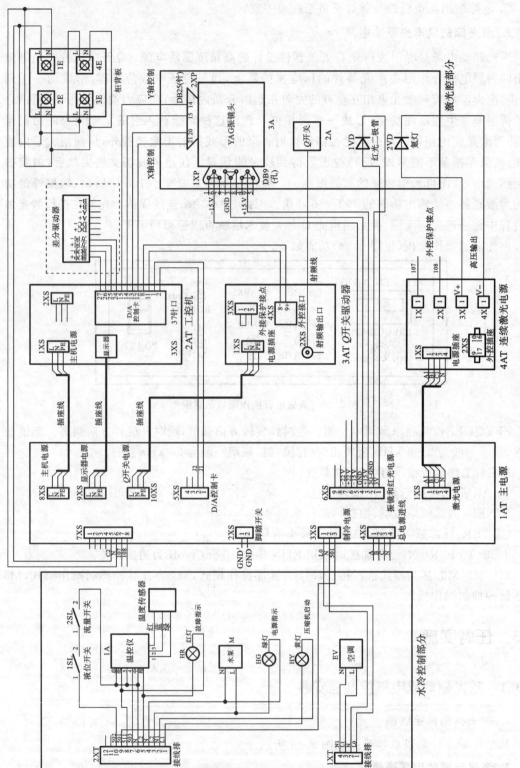

图 2.29 总接线示意图

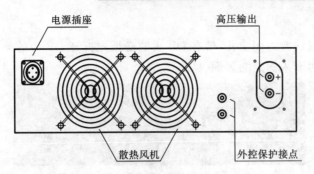

图 2.30 激光电源后面板示意图

(1) 电源线连接。

若输入电源为三相四线 AC380 V,则电源线航空插座第 1、2、3 脚分别接三相火线(无相序要求),第 4 脚接零线,如图 2.31 所示。

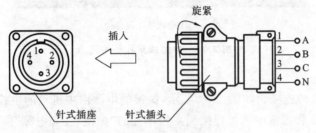

图 2.31 电源接线图

(2) 输出电极线连接。

氪灯的连接线是通过电源后面板绝缘板上的两个接线柱接出的,红色接线柱是正极高压端(在上端),黑色接线柱是负极低压端(在下端)。这两个接线柱在点火时将出现数万伏的高压脉冲,接线在保证载流量为 40 A 的前提下要求有高压防护。

注意:电源输出正负极性与氪灯正负极性要一致。

3. 激光头到控制机箱的连接

激光器的各连接线如图 2.32 所示。

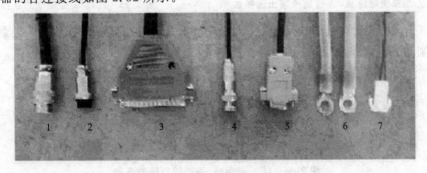

图 2.32 激光器的各连接线

1—振镜、红光电源接口端;2—D/A 控制卡输出连接线;3—D/A 控制卡接头;
4—射频线;5—声光控制接口;6—电极线;7—安全保护接口

1) 固定

先将所有的连接线穿过固定孔,带有 DB 头的必须先拆开 DB 头的盖,以便穿过固定孔,穿过固定孔后的线再套入固定圈紧固(见图 2.33)。

(a)穿过固定孔

(b)电缆线固定

图 2.33　电缆线穿孔与固定

2) 连接

(1)振镜电源线的连接。如图 2.34 所示,振镜的电源由主机箱的主控制单元提供,同时提供红光指示电源。将振镜电源线连接到主控单元的"振镜、红光电源"接口端,锁紧。

(2) D/A 控制卡输出的连接。连接位于"振镜、红光电源"下方接口处,用于脚踏输出控制 D/A 卡,从而控制标刻开始。

(3) D/A 控制卡的连接。如图 2.35 所示,用于控制计算机到振镜、声光的信号。

图 2.34　①②振镜电源、D/A 控制卡输出连接线　　图 2.35　③D/A 控制卡的连接

(4)声光控制和射频线的连接。如图 2.36 所示,声光控制线来自于 D/A 控制卡,射频线用于控制激光头内部声光晶体。

图 2.36　④⑤射频线、声光控制线的连接

不同厂家生产的不同设备,其电气原理、选用部件、线路布局等都有所不同,故不再详述其电气连接。实际接线工作中,一定要按照电气连接图,严格遵守技术规范进行激光标刻设备的电气连接。

3.3.2 激光标刻机电气控制盒调试

1. 连接主电源

确定内部接线完成并且连接正确后,连接主电源。主电源连接要特别注意火线、零线、地线之分,要保证有可靠接地点。连接主电源之前要用万用表检查一下输入电压是否符合要求,电源开关是否带漏电保护装置等。

2. 功能测试

(1) 开机前的检查及水路功能测试(如项目2任务1所述)。
(2) 按前述开机顺序开机。
(3) 激光电源的功能测试。

只有检测到外部的水冷却信号,以及确定安全开关信号正常导通,激光电源才能正常启动。激光电源的工作过程是:启动时内部点火电路工作,提供一个瞬间高压,完成击穿氪灯内部气体的过程,然后才能加上工作电流。因此,激光电源的功能测试的内容包括:氪灯是否能正常点火,氪灯电流能否可调,是否有过流保护(外控保护功能的测试在水路功能测试时已完成)。

(4) 声光电源和振镜系统的功能测试。

启动标刻软件,设置标刻样品进行测试性标刻。观察声光电源是否工作、是否报警,标刻参数是否受软件控制,是否达到最好的标刻效果。如有问题,可检查主控箱与声光电源之间的电源线连接是否牢靠,声光电源与声光晶体之间连接是否牢靠,声光电源内部设置开关的位置是否正确,振镜盒与主控箱之间的连接是否牢靠等。

主控箱的主要功能是分配各部件的电源,一般在开启激光设备时必须首先启动水箱工作电源,才能对其他部分供电,这在某种程度上可保证设备的安全性。为利于紧急情况的处理,主控箱多设置为可以立即切断所有部分电源的急停开关。同时,脚踏信号及水箱保护信号、激光头安全保护信号等都是先通过主控箱内部继电器进行信号隔离,再连接到其他部分的,所以也需要检查各继电器工作是否正常。

任务4 金属材料与非金属材料名片激光的标刻

4.1 任务描述

掌握激光标刻工艺影响因素;
熟练运用激光标刻软件进行激光平面标刻加工。

4.2 相关知识

4.2.1 激光标刻原理

激光标刻是以激光束照射被加工工件,使工件表面瞬间发生汽化、熔化、相变等物理或化学的变化,从而在工件表面留下文字、图案刻痕的标记方式。

激光标刻的物理作用原理可以分为三类。

1) 通过物质移动来标刻

原理:用峰值功率相对高的激光照射工件,加热材料至汽化、熔化,从而切移工件上的部分物质,但不对工件其余部分产生热副作用,触摸时有痕迹感和雕刻效果,如图2.37(a)所示。

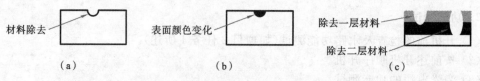

图2.37 激光标刻的物理作用原理示意图

典型产品:齿轮、连杆等金属零件,陶瓷、塑料等非金属零件的激光标记。

2) 通过材料表面颜色变化来标刻

原理:用峰值功率相对低的激光照射工件,加热材料至相变(金属材料)或变性温度(非金属材料),从而改变工件材料表面颜色,但没有切移工作物质,如图2.37(b)所示。

典型产品:金属材料的退火(Annealing)处理、塑料等非金属零件的激光标记。

3) 通过材料层次移动来标刻

原理:在涂层表面,可通过移动上层材料形成对比度,从而显示底层材料的颜色,如图2.37(c)所示。

典型产品:铝箔、多层标签的激光标记。

4.2.2 激光标刻影响因素

1. 设备参数影响

振镜式激光标刻机的主要参数有激光波长、激光功率、标刻线宽、直线扫描速度、标刻深度、重复精度、标刻范围等。设备激光功率的大小决定了设备的加工能力的大小,功率更大的设备更容易达到更高的加工要求。标刻线宽和重复精度影响激光标刻的精细度和精密度。标刻范围大的设备其适用范围更广,标刻同样大小图案的效果比标刻范围较小的更佳。更深的标刻深度对激光器提出了更高的要求,反过来说,标刻深度更大的设备更易得到良好的加工效果。直线扫描速度则直接影响加工的效率。

实际上激光标刻机所用激光器的种类对激光标刻的效果的影响是极大的,如采用同为CO_2激光的封离式与射频激励式激光器的标刻机、波长同为$1.06\ \mu m$的灯泵浦Nd:YAG激光器与光纤激光器的标刻机,两组设备中的后者的标刻效果都要优于前者。

2. 激光参数影响

激光参数是激光标刻最重要的影响因素之一,主要包括激光波长、激光功率、激光模式、光斑半径、模式稳定性等。

激光波长影响该标刻机的加工对象范围,更短的激光波长利于金属材料对其能量的吸收,同时利于聚焦成更小的光斑,得到加工所需的更大功率(能量)密度。

激光标刻更倾向于用低阶模激光,低阶模激光束犹如一把更为锋利的"激光刀",在工件表面"刻"下较深的痕迹,同时标刻的文字和图案会更精致。TEM_{00}模式是激光标刻机的最佳选择。

光斑半径越小,激光功率(能量)越集中,标刻能力越强,刻线更精细。

模式稳定性影响加工质量的稳定性。

3. 加工参数影响

标刻速度、激光器输出功率、焦点位置、脉冲频率和脉冲宽度则是影响激光标刻的加工参数。

标刻速度影响激光束与材料的作用时间,在激光器输出功率一定的情况下,过低的速度会导致热量的过量输入,从而使金属材料激光作用区产生锈蚀,非金属材料产生熔化甚至炭化,脆性材料开裂。较低的速度可以产生较大的标刻深度。

在焦点位置不变的情况下,激光器输出功率和标刻速度一起共同决定了标刻时的热输入量。

经过聚焦的激光束如图2.38所示。工件标记表面应位于焦深范围(1~2 mm)内,此时激光功率密度最高,激光刻蚀效果最好。对固体激光标刻机而言,一般调节升降台来观察金属板标刻区热辐射光的亮度和标刻声音的清脆程度,从而识别工件表面是否在焦深范围内,标刻面在焦深范围内时,光亮强且声音清脆。有些特殊的标记效果,可通过调节正离焦和负离焦来实现。

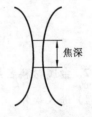

图 2.38 焦深与激光

在激光电源输出电流一定的情况下,降低声光开关的调制频率和脉宽可提高激光峰值功率(平均功率降低),激光峰值功率较高时,容易在工件表面形成"刻蚀"的效果。同样,提高频率和脉宽可以降低峰值功率(平均功率提高),激光峰值功率较低时,容易在工件表面形成"烧蚀"的效果。

4. 材料因素影响

影响激光标刻的材料因素主要有材料表面反射率、材料表面状态、材料的理化特性、材料种类。材料表面反射率、材料表面状态影响材料对激光能量的吸收,材料的理化特性,如材料的熔点、沸点、比热容、热导率等,影响激光与材料相互作用时的理化过程。

4.2.3 激光标刻质量评价

激光标刻的目的是造成一种目视反差,在多数场合,判断激光标刻质量的方法是凭肉眼观察,往往只要取得客户的认可即可。因此,迄今为止,行业内尚不见统一的激光标刻质量标准。但这并不代表激光标刻质量没有差别,无法评价。激光标刻质量大体可以从以下几个方面进行评价:一是标刻深度是否符合要求;二是边缘是否清晰;三是尺寸是否准确;四是标刻区域是否一致(如颜色、深度、边缘清晰度等),如是去除性标刻还可看标刻区新露出的材料是否新鲜等。

4.3 任务实施

4.3.1 金属材料名片的标刻加工

"名片"是自我身份的简短介绍。"彩色金属名片"更能彰显主人的实力及品位,带来更多商机。金属名片的材质多为铝镁合金,有金、银、蓝、紫等多种颜色。用激光"印制"金属名片具有采用其他方法印制名片无可比拟的优势。通常用 Nd：YAG 激光标刻机来加工金属名片。

1. 激光标刻流程

激光标刻流程如图 2.39 所示。

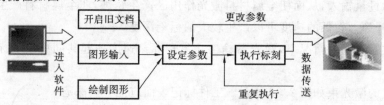

图 2.39 激光标刻流程

2. 金属材料名片的标刻加工(以 MarkingMate 软件为例)

1) 进入软件

MarkingMate 软件界面如图 2.40 所示,其界面与目前绝大多数软件的 Windows 风格图形界面相似,非常友好,本处不多作介绍。

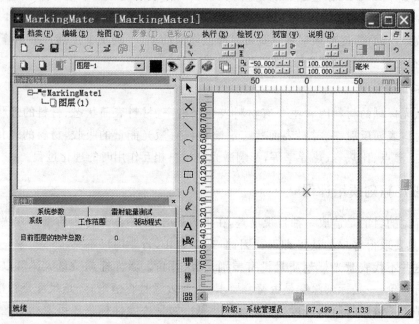

图 2.40 MarkingMate 软件界面

2) 标刻内容录入

标刻内容的录入或编辑存在三种可能情况:绘制新图形、打开已有图形和打开其他格式的图形。打开已有图形的操作步骤为档案\打开旧档;打开其他格式的图形的步骤为档案\汇入图形,后续步骤与其他软件相似。这里主要介绍绘制新图形的方法。

绘制图形的功能在"绘图"菜单,主要有三类:一类是简单图形;一类是文字;一类是条码。"绘图"菜单中的"矩阵"提供单元图形重复排列的矩形或圆形阵列,"自动化元件"提供一些控制信号。

(1) 简单图形的绘制。

简单图形包括点、线、弧、圆、矩形、曲线、手绘曲线。主要介绍线、弧、圆、矩形、曲线和手绘曲线的绘制方法。

① 线的绘制。单击"绘图"菜单,然后单击"线"。(此后简述:单击绘图\线)或单击"绘图工具列"上的"\"按钮(此后其他简单图形也有这种按钮,不再重复叙述这种方式),单击鼠标左键设定线的起点,然后移动鼠标,单击鼠标左键设定直线的终点,便可以得到一条直线;重复动作,会得到连续的线段,若想停止画线,可单击鼠标右键来停止画线的功能。亦可以按下快捷键 C 键将目前的线段变成封闭形路径,并结束操作。

② 弧的绘制。单击绘图\弧,单击鼠标左键设定弧的起点,再次单击左键设定弧上的一点,最后单击左键设定弧的终点,便可绘制一段弧。要停止画弧,可单击鼠标右键来取消画弧的功能。亦可以按下快捷键 C 键将目前的弧变成封闭形路径,并结束操作。

③ 圆的绘制。单击绘图\圆,单击鼠标左键设定圆的边界位置,再移动鼠标至圆的另一边界后,再次单击鼠标的左键,会自动画出一个填满此矩形边界区域的圆。要停止画圆,可单击鼠标右键来取消画圆的操作。此外,在画圆的同时,按下 Ctrl 键,就可得到一个正圆的图形。

④ 矩形的绘制。单击绘图\矩形,单击鼠标的左键来设定矩形的角点位置,移动鼠标达到所要的大小后,再次单击鼠标左键,两点所构成的区域,会得到一个矩形。要停止画矩形,可单击鼠标右键来取消画矩形的操作。此外,在画矩形的同时,按下 Ctrl 键,就可得到一个正方形。

⑤ 曲线的绘制。单击绘图\曲线,以鼠标左键连续点选或拖拉控制点,系统会画出通过这些控制点的曲线,欲停止绘制曲线可单击鼠标右键,并结束本操作。按 C 键即可将目前的连续线段变成封闭形路径。

⑥ 手绘曲线的绘制。

单击绘图\手绘曲线,单击鼠标左键并任意拖动鼠标,依据鼠标移动的路径,放开鼠标左键会得到一个曲线的物件。若要停止绘制曲线,则可按鼠标右键,结束操作。

(2) 文字的绘制。

① 直排文字的绘制。单击绘图\文字,在工作范围上点选所要放置文字的位置后,输入所需的文字。完成输入后,单击鼠标右键,则会得到一个文字物件并结束操作。

② 圆弧文字的绘制。单击绘图\圆弧文字,在工作范围单击鼠标左键设定圆弧路径中心位置,移动鼠标设定圆弧半径大小,再次单击鼠标左键,即可输入所需的文字。完成输入后,单击鼠标右键,则会得到一个圆弧文字物件,并结束操作。

(3) 条码的绘制。

① 一维条码的绘制。单击绘图\一维条码,会出现一维条码的对话框,在此输入条码内容后按"确定"键,在工作范围上要设置条码的位置,单击鼠标左键,会得到一维条码物件。

② 二维条码的绘制。单击绘图\二维条码,会出现二维条码的对话框,在此输入条码内容后按确定,在工作范围上要设置条码的位置,单击鼠标左键,会得到二维条码物件。

(4) 其他格式的图形的读取。

除了可以自己绘制图形外,还可以汇入其他标准格式的图像文件。可汇入的图形文件的类型有.bmp、.emf、.png、.pcx、.dxf、.cmp、.fpx、.plt、.cal、.ico、.jpg、.ps、.eps、.clp、.wmf、.tif、.cur、.psd、.tga等。汇入图形后,即可直接使用。汇入的图形若是一个群组或组合物件,可以使用解散群组或打散功能将其分离为多个物件,加以个别应用。

上述图形实质上又包括两类:一类称为影像,如.bmp、.jpg等;一类可称为线条,如.plt等。

3) 图形内容的编辑

(1) 利用"编辑"菜单命令。

① 组合。将选取的多个物件组合成一个图形单位,将其所含的所有物件当做一个物件。使用此功能,图形单位所含的物件,在填满的情况下,偶数物体重叠的部分不填满;奇数物体重叠的部分会被填满,如图2.41所示。

(a) 偶数物件重叠　　　　　(b) 奇数物件重叠

图2.41　填充物件的组合

② 打散。此功能可应用在被组合过的物件及文字上,将所选取的组合图形打散成数个物件,以便做更进一步的编辑。

③ 群组。可将选取的两个或更多物体归类,当做一个的单位。可以配合Ctrl键,任意点选群组内的物件,并修改物件个别的属性。

④ 解散群组。将选取的群组解散成原先的图形。

请注意组合与群组的区别,组合后的图形就是一个完整图形,不管组合前各物件的属性是什么,组合后的属性就是曲线,不能对组合图形中的原物件进行独立的编辑。组合图形打散后,原物件一律变成曲线。如打散后的文字不能再按对文字对象编辑的方式对其内容进行更改。而对群组图形中各图形元素可以点选一个或多个进行独立的编辑,且解散群组后原物件的属性不变。

⑤ 排序。使用此功能的最重要目的是将一个图形单位中的散乱线段(端点不相连),如图2.42(a)所示,依照端点相连的原则,连接成较少的曲线,达到排序整理的功用,如图2.42(b)所示。

⑥ 填入路径。该功能可以使文字按选取的方式(路径)排列。先选取要排列的文字,单击编辑\填入路径,此时鼠标光标旁边出现一个"A"(见图2.43),再单击欲指定为路径的图形,如直线、圆弧、曲线或其他图形。

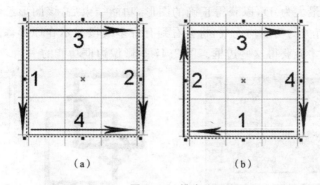

图 2.42 排序

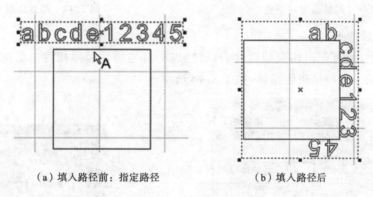

(a) 填入路径前：指定路径　　　　(b) 填入路径后

图 2.43 填入路径

⑦ 分离。将一个已经填入路径的物件的文字与路径分离。

⑧ 转成曲线。非曲线的图形物件(如文字、矩形或其他图形等)无法显示节点功能。将非曲线的图形物件转换成曲线物件后，可以利用节点功能，对其各节点做调整或直接拖拉节点，使其满足需要。转成曲线功能仅对非影像的图形有效。节点功能如图 2.44 所示(图中空心小方框即为调节节点)。

⑨ 向量组合。将选取的物件组合成一个图形单位，在所选取的图形中，相互交叠部分的线段消除，只剩下一个封闭的图形，如图 2.45 所示。本功能仅对非影像的图形有效。

⑩ 影像边框。可以撷取所选取的影像图片的图形边框，会出现如图 2.46 所示的对话框。

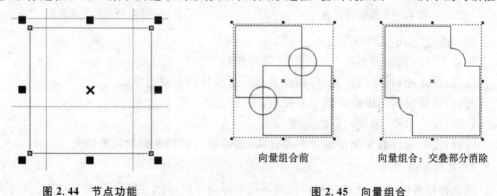

图 2.44 节点功能　　　　向量组合前　　向量组合：交叠部分消除

　　　　　　　　　　　　图 2.45 向量组合

需指定转换误差值(最大为 0),以获得正确的图形,功能结束后,该图形已经变成一般图形,原有的影像与颜色有关的功能均无效,将会看到有许多线段显示在原影像图形上,这时必须先使用打散的功能,才能获得这些边框。图 2.47 是影像边框功能的举例。

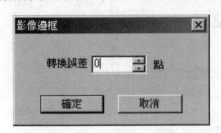

图 2.46 影像边框对话框

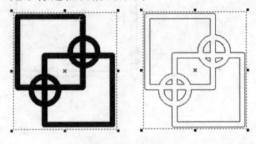

图 2.47 影像边框

(2) 利用"属性表"。

选定任一物件,可调出相应的属性表,属性表中有与物件名称相对应的标签,在该标签中可以对物件的一些特征进行编辑,如图 2.48 所示。

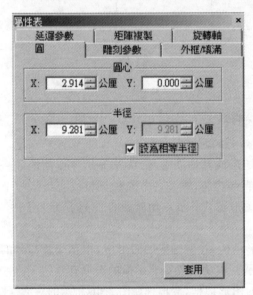

图 2.48 圆的属性表

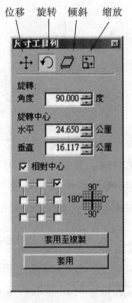

图 2.49 尺寸工具列

(3) 利用"尺寸工具列"。

尺寸工具列的画面如图 2.49 所示,其功能如下。

位移:设定相对/绝对位置,将物件复制应用或移动至设定点。

旋转:设定旋转角度及旋转中心位置。

倾斜:设定水平/垂直倾斜的角度。

缩放:设定物件放大缩小的方向及比率,该功能可以精确控制图形的大小。

4) 标刻参数设定

调出物件属性表,每个物件可以设定不同的标刻参数,每个物件可选择多次加工,每次加工的参数也可不同。需要设定的参数涉及"雕刻参数"和"外框/填满"两个标签,如图 2.50 所示。

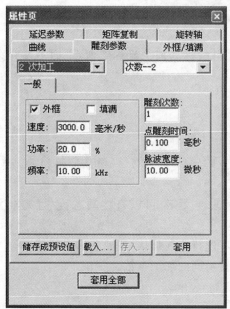 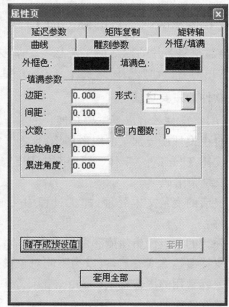

图 2.50 物件"属性页"

在"雕刻参数"标签中,可设置的标刻参数主要有速度、频率、雕刻次数、脉冲宽度,确定是否选择"外框"和"填满"标刻方式。对于影像的点雕刻方式,还要设置"点雕刻时间"。在"外框/填满"标签中,主要可设置填充边距、间距、次数及填充扫描形式。

对固体激光标刻机而言,实际上还有两个重要的标刻参数不由软件调整:一是激光功率,二是标刻焦点位置。

5) 标刻预览

确定标刻位置。

6) 执行标刻

如图 2.51 所示,注意标刻"雕刻模式"的两单选项的选择,确定雕刻物件范围。

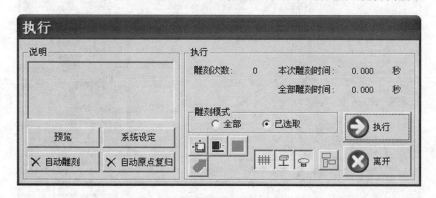

图 2.51 雕刻模式选择

7) 重复执行

根据标刻情况调节标刻参数,直至达到满意的标刻效果。

4.3.2 非金属材料名片的标刻加工

非金属材料名片的标刻加工流程与金属材料的标刻加工流程类似,下面主要介绍激光标刻机常用的另一种典型标刻软件——EzCAD2。

1. 软件的主要功能

EzCAD2 软件具有以下主要功能。

① 自由设计所要加工的图形图案。

② 支持 TrueType 字体、单线字体(JSF)、点阵字体(DMF)、一维条形码和 DataMatrix-deng 等二维条形码。

③ 灵活的变量文本处理,加工过程中实时改变文字,可以直接动态读/写文本文件和 Excel 文件。

④ 强大的节点编辑功能和图形编辑功能,可进行曲线焊接,裁减和求交运算。

⑤ 支持多达 256 支笔,可以为不同对象设置不同的加工参数。

⑥ 兼容常用的图像格式(.bmp、.jpg、.gif、.tga、.png、.tif 等)。

⑦ 兼容常用的向量图形(.ai、.dxf、.dst、.plt 等)。

⑧ 常用的图像处理功能(灰度转换、黑白图转换、网点处理等),可以进行 256 级灰度图片加工。

⑨ 强大的填充功能,支持环形填充。

⑩ 多种控制对象,用户可以自由控制系统与外部设备交互。

⑪ 开放的多语言支持功能,可以轻松支持世界各国语言。

2. 软件主界面

软件主界面如图 2.52 所示。

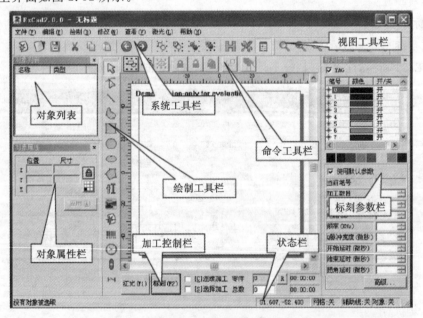

图 2.52 EzCAD2 软件主界面

3. 部分软件功能介绍

1）获取扫描图像

"文件\获取扫描图像"子菜单用于从 Twain 设备中读取图像。选择该命令后,弹出如图 2.53 所示的对话框,要求选择 Twain 设备(所列出的设备是在计算机上已经安装过的合法的 Twain 程序)。当选定了 Twain 设备后,系统会出现对应的 Twain 图像处理对话框,可以选择对应的图像输入。该对话框根据设备不同而有所不同,可参照相应的设备操作说明。

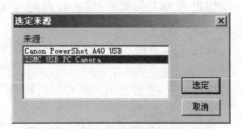

图 2.53 获取扫描图像

2）位图

如果要输入位图,在绘制菜单中选择"位图"。此时系统弹出如图 2.54 所示的"打开"对话框要求用户选择要输入的位图。

当前系统支持的位图格式有.bmp、.jpeg、.jpg、.gif、.tga、.png、.tiff、.tif。

显示预览图片:当用户更改当前文件时,预览框中会自动显示当前文件的图片。

放置到中心:把当前图片的中心放到坐标原点上。

用户输入位图后,属性工具栏显示如图 2.55 所示的位图参数。

动态输入文件:指在加工过程中是否重新读取文件。

固定 DPI 值:指由于输入的原始位图文件的 DPI 值不固定,可以强制设置固定的 DPI 值。

图 2.54 位图文件打开对话框

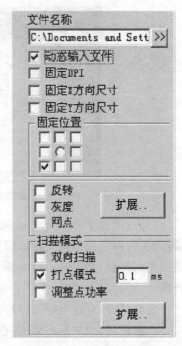

图 2.55 位图属性工具栏

DPI值越大,点越密,图像精度越高,加工时间就越长。

DPI:指每英寸有多少个点。

固定 X 轴方向尺寸:输入位图的宽度固定为指定尺寸,如果不是,则自动拉伸到指定尺寸。

固定 Y 轴方向尺寸:输入位图的高度固定为指定尺寸,如果不是,则自动拉伸到指定尺寸。

固定位置:在动态输入文件的时候,要改变位图大小,将以哪个位置为基准不变。

图像处理说明如下。

反转:将当前图像每个点的颜色值取反,如图 2.56 所示。

灰度:将彩色图形转变为 256 级的灰度图,如图 2.57 所示。

图 2.56　反转颜色,左图为原图

图 2.57　彩色图像和灰度图像,左图为原图

网点:类似于 Adobe PhotoShop 中的"半调图案"功能,使用黑白二色图像模拟灰度图像,用黑白两色通过调整点的疏密程度来模拟出不同的灰度效果,如图 2.58 所示(图中竖白条为显示问题,加工时不会出现)。单击图像处理的扩展按钮,会弹出如图 2.59 所示的位图处理对话框。

发亮处理:更改当前图像的亮度和对比度。

扫描模式:双向扫描模式,指加工时位图的扫描方向是双向来回扫描的模式,如图 2.60 所示;打点模式,指加工位图的每个像素点时,激光是一直开着,还是每个像素点在指定时间开着。

图 2.58 网点处理，左图为原图

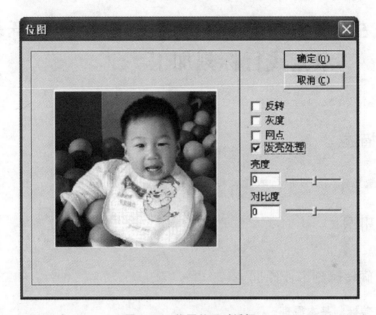

图 2.59 位图处理对话框

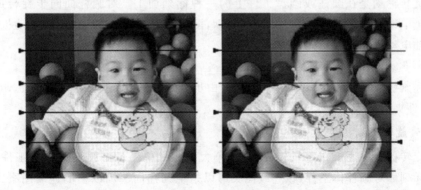

图 2.60 左图为单向扫描，右图为双向扫描

调整点功率：指加工位图的每个像素点时激光是否根据像素点的灰度调节功率。

扫描扩展参数，如图 2.61 所示。

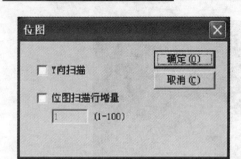

图 2.61　位图扫描扩展参数

Y 向扫描：加工位图时按 Y 轴方向一行一行扫描。

位图扫描行增量：加工位图时是逐行扫描，还是每扫描一行后隔几行数据再扫描，后一种扫描方式可在精度要求不高的时候加快加工速度。

EzCAD2 与 MarkingMate 比较，其突出的优势体现在对影像图形的标刻控制上。EzCAD2的其他功能与 MarkingMate 的相类似，读者自己研究，此处不再赘述。

任务 5　金属与非金属材料的激光旋转标刻和激光飞行标刻加工

5.1　任务描述

熟练运用激光标刻软件进行激光旋转标刻和飞行标刻加工。

5.2　相关知识

5.2.1　激光旋转标刻工作原理

1. 激光旋转标刻基本原理

激光旋转标刻是在圆柱或圆盘工件上的一种标刻加工。对圆柱面同步旋转加工，计算机控制振镜电动机的一轴转动，另一轴不转动，配合旋转电动机转动（旋转电动机相当于振镜的另一轴电动机），完成圆柱面的标刻加工。

如图 2.62 所示的是部分旋转标刻样品。

激光标刻机旋转工作台（见图 2.63）主要由步进电动机、步进电动机固定架、步进电动机驱动板、工件夹持架组成。

2. 激光旋转标刻特点

激光旋转标刻适用于在重量较轻、直径不大的圆柱体工件圆弧面或圆盘工件平面上连续图案的标刻。对圆柱体工件，该连续图案可以是绕圆柱面一周以上的连续图案，动态旋转标刻方式生成的图形连线顺滑，无断点，图像精美，速度接近平面标刻的水平。激光旋转标刻广泛用于机械、钟表、玩具、文具、电子等多个行业。旋转工作台可选用伺服电动机或步进电动机进行控制。

项目 2　激光标刻设备装配调试与激光标刻加工　65

图 2.62　旋转标刻样品

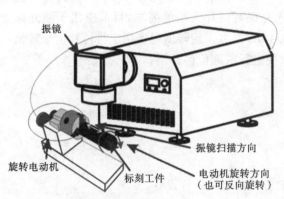

图 2.63　旋转工作台结构

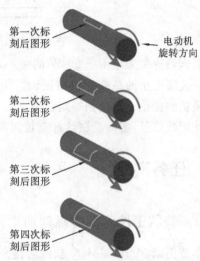

图 2.64　分步标刻

3. 旋转标刻分类

激光旋转标刻一般分为两类。

(1) 同步标刻(位图、向量图):旋转电动机转动,配合振镜一轴运动,直到文件标刻完成。

(2) 分步标刻(位图、向量图):计算机软件把标刻文件切分,比如切分为 4 部分,计算机先传输第一部分切分文件,通过振镜(X/Y)进行标刻,然后电动机旋转,电动机转动一个角度后停止,振镜(X/Y)再标刻第二部分切分文件,直到标刻文件标刻完成,如图 2.64 所示。

5.2.2　激光飞行标刻工作原理

激光飞行标刻是指对行进中的工件执行标刻。通常的激光静态高速振镜标刻系统在进行标刻时需要将工件转入静止状态,等标刻完成后再转移到生产流水线进行下一道工序,因此用户在生产流水线上必须增加停顿环节,降低了生产线的产品生产效率。激光飞行标刻采用运动跟踪技术实时对标刻图形数据进行运动补偿,在不影响生产线工件运动状态的情况下实现工件的激光在线标刻,从而提高了产品生产效率。

激光飞行标刻系统由激光器、高速振镜扫描头、旋转编码器和计算机控制系统四部分组成,如图 2.65 所示,与普通高速振镜标刻系统硬件结构相比,增加了用于工件位移反馈的旋转编码器。

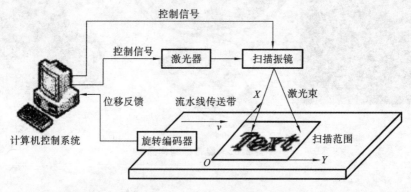

图 2.65 激光飞行标刻系统硬件结构图

激光器通常采用 10~50 W 的中小功率 Nd：YAG 或 CO_2 激光器,X、Y 扫描头需要选用定位速度更快的高性能扫描振镜。由于激光光斑对镜片大小的要求,目前应用于激光标刻的最快的振镜小角度扫描定位速度可达到 0.4 ms 左右。旋转编码器用于将位移信号转换成脉冲记数信号,实时反馈给标刻控制系统,以便进行跟踪位移补偿。

5.3 任务实施

5.3.1 管状工件的旋转标刻加工

本节仍以 MarkingMate 软件为例介绍旋转标刻的相关软件设置。

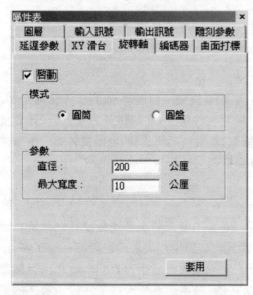

图 2.66 在图层属性页启动旋转轴功能

1. 启动旋转轴

启动旋转轴的控制方式有两种:一是对图层设定,二是对个别物件设定。

1) 对图层设定启动

在物件浏览器中单击图层物件,在"属性表"对话框中的"旋转轴"页勾选"启动",如图 2.66 所示。

旋转轴的模式分为圆筒和圆盘两种。若选择圆筒模式,则要设定旋转轴的直径与最大宽度;若选择圆盘模式,则要设定旋转角度。设定完后按"套用"按钮,即完成启动旋转轴的设定。这种方式会将整个图层做旋转轴标刻。

(1) 圆筒模式参数。

直径:工件表面到轴心的距离的 2 倍。

最大宽度:雕刻时最佳区间宽度,视直径

大小不同而改变。

(2) 圆盘模式参数。

旋转角度:每次雕刻需旋转的角度。

2) 对个别物件设定启动

对个别物件设定是否使用旋转轴标刻,先单击某一物件,在"属性表"中的"旋转"页勾选"启动",如图2.67所示。个别物件又分为"一般图形物件"与"文字物件",它们的设定参数不同。

(1) 一般图形物件。

若点选的是一般图形物件,则旋转轴的功能设定方式:先勾选"启动",再设定图形开始雕刻的位置角度。

启动:设定该物件是否要使用旋转轴雕刻。

起始位置:设定图形开始雕刻的位置角度。

(2) 文字物件。

若点选的是文字物件,则除了设定文字开始雕刻的位置角度之外,还可设定文字选项。如图2.68所示。

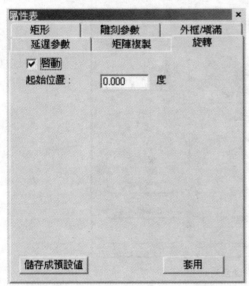
图2.67 由个别物件启动旋转轴功能

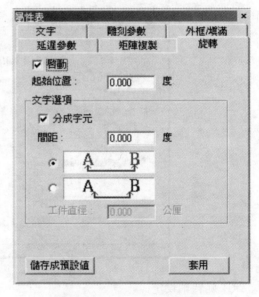
图2.68 物件启动旋转轴功能

启动:设定文字是否要使用旋转轴雕刻。

起始位置:设定图形开始雕刻的位置角度。

其中,文字选项如下。

分成字元:将整个字句,分成多个字元。

间距:设定字元与字元间的距离。同时还需点选,是以字元的中心为基准来计算间距,或是以字元的边缘为基准来计算间距。

工件直径:若间距选择以字元的边缘为基准来计算,则还需输入工件的直径,以利系统计算。

2. 旋转轴功能库

依照使用者较常应用的工作,软件提供三种旋转标刻模式,分别为刻度环/刻度盘、环状文字和图形分割,另外亦提供电动机设定功能。

开启 MarkingMate,单击执行\旋转轴功能库,会出现如图 2.69 所示对话框。

(1) 刻度环/刻度盘。

按下"刻度环/刻度盘"按钮,会出现如图 2.70 所示对话框。

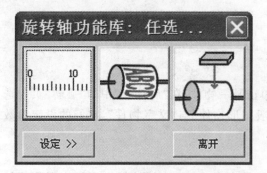

图 2.69　旋转轴功能库对话框

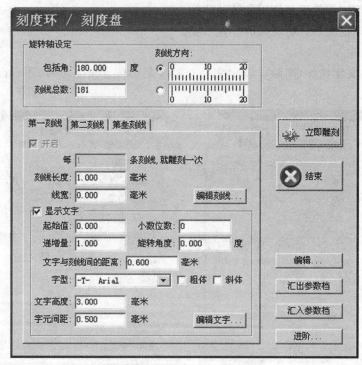

图 2.70　刻度环/刻度盘对话框

① 旋转轴设定。

包括角:设定欲雕刻刻度的总角度,也就是旋转轴的起始角度到结束角之间的角度。

刻线总数:设定在雕刻角度内,总共要雕刻的刻线数量。

刻线方向:设定刻度线的方向以及文字对应的位置,选择上选项时文字在刻度线的上方,选择下选项时文字在刻度线的下方。

② 第一刻线。

第一刻线的雕刻线数,预设为刻线总数。

刻线长度:设定刻线的长度,单位为 mm。

显示文字:勾选即启动该刻线雕刻时,会同时标刻目前数值。

起始值:设定数值的起始值,可逆向计算。

递增值:设定每次显示数值的增加值,逆向计算时,此值应为负值。

小数位数:设定数值的小数位数,其取值范围是[0,3],其他数值会发生错误,0 代表整数方式。

旋转角度:设定文字的旋转角度。

文字与刻线间的距离:设定文字的基线与刻度线的距离,数值越大表示距离越远,负值则表示与刻度线重叠。

字元间距:设定字元间距,如数值 10 的 1 和 0 之间的间距,此处可自由设定任意值,单位为 mm。

③ 编辑刻线/编辑文字。

按这两个按钮可以进一步编辑刻线或文字的属性,如图 2.71 所示。

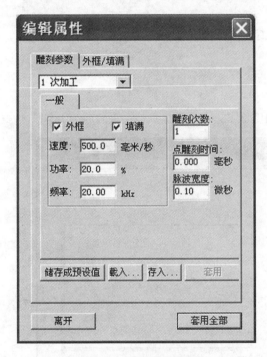

图 2.71 编辑属性对话框

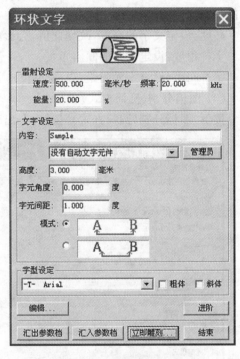

图 2.72 环形文字对话框

④ 进阶设定。

按下此按钮可以做进阶设定如下。

起始角:设定雕刻位置的起始角度。预设为 0,即在雕刻时,在 0 度位置雕刻。

中心偏移量:设定中心位置的偏移,预设为 0。

刻线层数:设定所需刻度线的层数。预设为 2,即在画面上,可看见第一刻线和第二刻线。

(2) 环状文字。

按下"环状文字"按钮,会出现如图 2.72 所示的对话框。

① 雷射设定。

速度:设定标刻速度,数值越大,激光光点移动越快,标刻时间也就越短,正常值为 500~

3000 mm/s，如果所使用的激光机可以支持更高的速度，也可以输入更适合的数值。

能量：设定激光功率百分比，若所使用激光器的功率为 20 W，则输出激光功率应该在 4 W 左右。标刻的材质有所不同时，激光功率百分比必须依照实际情况调整，正常范围为 20%～100%，若所使用的驱动程序有限制激光功率百分比的范围，则设定激光功率 20% 时，在出现超出范围的错误信息时，需改用适当的激光功率百分比。

频率：设定激光频率，以 kHz 为单位，频率越高，激光光点越密集，正常值为 5～20，必须视标刻的材质与实际情况来做调整，若所使用的驱动程序有限制激光频率的范围，在出现超出范围的错误信息时，需改用适当的激光频率。

② 文字设定。

内容：设定文字内容，目前可以输入一行文字，或者按下"管理员"按钮插入自动文字元件。

高度：设定文字的高度，改变此值，会影响文字整体的大小。

字符角度：设定文字的倾斜角度。

字符间距：设定字元间距，以°为单位。

（3）图档分割（圆筒方式）。

按下"图档分割（圆筒方式）"按钮，会出现如图 2.73 对话框。

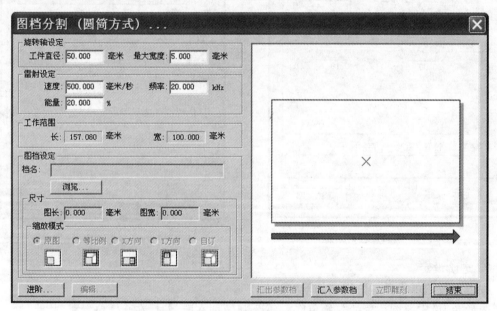

图 2.73　图档分割（圆筒方式）对话框

① 旋转轴设定。

工件直径：设定工件直径，依照此直径来推算设定中的边缘间距模式时所需要的间距。

最大宽度：雕刻时，最佳区间宽度，视轴半径大小不同而改变。

② 工作范围。

依据使用者为电动机设定所输入的轴单位，来显示旋转轴的范围。

③ 图档设定。

档名:按下浏览,选取欲雕刻图档的路径。

尺寸:读入档案后,会显示该档案的大小。

缩放模式:可选择图形的缩放模式。其中,原图表示保持原图大小。等比例表示将图形等比例放大。X 方向表示将 X 轴方向放大。Y 方向表示将 Y 轴方向放大。自订表示依使用者需求,自行设定图形的大小。

④ 预览窗格。

选取欲雕刻图文档后,在预览窗格就会显示图形。当对设定做变更时,预览窗格也会同步变更。

5.3.2 非金属材料的激光飞行标刻加工

本节仍以 MarkingMate 软件为例介绍激光飞行标刻的相关软件设置。

1. 启动激光飞行标刻

启动飞行标刻功能的方式有两种。

(1) 在"属性页"中点选"系统参数",如图 2.74 所示。若飞雕设定按钮为"×飞雕设定",表示未启动此设定;若按钮显示为"√飞雕设定",则表示完成设定。

按下此设定钮会出现选项功能的"飞雕设定"页。将相关的 X、Y 轴等参数设定正确,并按下"套用"按钮,即完成飞行标刻的设定。

(2) 可按下一级菜单"档案"中的"选项",然后从"系统"目录下点选"飞雕设定"选项,即可进入飞雕设定页。将相关的 X、Y 轴等参数设定正确,并按下"套用"按钮即完成飞行标刻的设定,如图 2.75 所示。

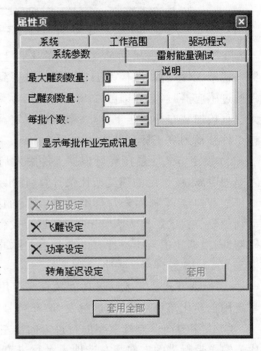

图 2.74 属性页中启动飞行标刻功能

2. 飞行标刻设定

(1) 基本设定。

X 轴:用鼠标勾选启动 X 轴飞雕功能。

X 编码器:不勾选此选项,系统会使用设定的速度来追补图元位置。

速度:设定输送带运转的理论速度值(mm/s)。

延迟:当得到启始信号时,延迟多少微秒后,才开始雕刻。

X 编码器:使用编码器的回馈值乘以比值来追补图元位置。原来的速度设定会改为比值设定;延迟的设定会由时间的单位改为脉冲的单位。

比值:编码器每单位对应传送带实际行程值(毫米/脉冲)。

延迟:当得到启始信号时,延迟多少脉冲后,才开始雕刻。

当勾选编码器选项时,应将编码器连接到激光控制器上,只有这样才能正确执行标刻。

(2) 飞雕延迟设定。

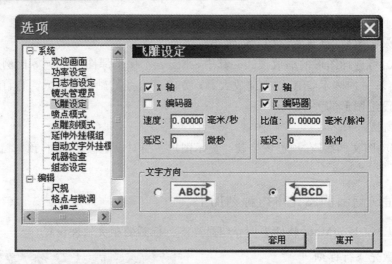

图 2.75　档案\选项中启动飞行标刻功能

飞行标刻的主要目的是在移动的工件上正确雕刻图元,实际标刻过程通常会借助感应器来检测工件位置,取代人工判断工件是否到达标刻机标刻范围,以提高标刻的精准度。工件通过感应器时,会立即触发 Start 信号,标刻机收到 Start 信号才开始标刻。但感应器通常无法直接加装在振镜正下方,飞雕延迟设定,可让标刻机在收到 Start 信号后等待一段时间,让工件移动到真正标刻范围后才开始标刻。

① 设定方式。使用者可根据工件触发启始信号,工件移动至实际标刻机雕刻位置下方之间的距离,按设定的速度或比值计算,得出所需要延迟的时间(μs)或脉冲。

如若勾选 X 轴而未勾选编码器,设定的速度为 100 mm/s,而工件从触发启始信号后移动到雕刻位置的距离为 50 mm,则延迟可设定为 $(50/100) \times 10^6\ \mu s = 5 \times 10^5\ \mu s$。若勾选 X 编码器,则根据比值与距离计算需要延迟的脉冲,若设定的比值为 10 毫米/脉冲,则延迟脉冲可设定为 50/10 脉冲=5 脉冲。

② 标刻方式。飞雕延迟功能只有在启用自动化流程功能下才有作用。因此,建议使用者启用自动化流程功能,透过触发 Start 信号的方式来执行标刻,以正确执行飞雕延迟功能。

③ 文字方向。点选文字的行进方向由左到右或由右到左。图 2.75 中,箭头所指的方向代表输送带行进的方向。左选项表示行进方向为由左到右,文字雕刻的顺序为 D→C→B→A;右选项表示行进方向为由右到左,文字雕刻的顺序为 A→B→C→D。

(3) 启动自动化流程。

飞行标刻的精准度主要取决于是否能准确地判断工件移动到标刻机标刻范围,以及工件到达标刻位置后,标刻机是否立即执行标刻。这一连串过程都需要快速反应才可达到高精准度。因此,实际飞行标刻通常会配置感应器来判断工件位置,并触发外部 Start 信号,以执行标刻。

飞雕延迟,是指当标刻机收到 Start 信号后,依设定的延迟值等待一段时间或脉冲后,才开始标刻。所以若由软件上的"执行"命令来执行标刻,系统不会接收到 Start 信号,飞雕延迟设定就无法起作用。因此,只有启用自动化流程功能,透过外部触发 Start 信号方式来执行标刻,才能正确执行飞雕延迟功能。

启用自动化流程功能方式,可按下功能表的"执行",再按下"雕刻",开启"执行"雕刻对话框,如图 2.76 所示,并按下自动化流程按钮,即启用该功能。

图 2.76 启动自动化流程功能

在启用该功能后,"执行"不再起作用,系统只能依据外部触发 Start 信号来执行标刻,如图 2.77 所示。

图 2.77 启动自动化流程功能后"执行"按钮失效

【阅读材料】

一、激光标刻主要方法

激光标刻按形成标记图案方式可分为三类:掩模式标刻、阵列式标刻和扫描式标刻。

1) 掩模式标刻(投影式标刻)

图 2.78 是掩模式 CO_2 激光标刻机的光路系统外形实物图,其技术参数如下:激光器波长为 10.6 μm,最大激光脉冲能量为 4 J,脉冲频率为 5 Hz,标记范围为 2 mm×2 mm 至 24

图 2.78 掩模式 CO_2 激光标刻机的光路系统外形实物图

mm×24 mm，标记最小刻线宽为 0.1 mm。

打开外罩，可以发现：掩模式标刻机的光路系统由激光器、掩模板和成像透镜等主要部件组成，如图 2.79 所示。

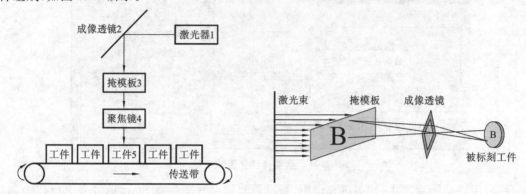

图 2.79　掩模式标刻机的光路系统示意图

掩模式标刻的工作原理：将待标刻的数字、字符、条码、图像等雕刻在掩模板上，激光器发出的脉冲激光经过扩束后，均匀地投射在掩模上，部分激光从掩模的雕空部分透射，掩模板上的图形通过透镜聚焦后成像到工件（焦面）表面上，受脉冲激光辐射的工件材料表面或被迅速加热汽化或产生化学反应或发生颜色变化形成可分辨的清晰标记，通常每个脉冲激光形成一个标记。

激光标记内容的变换，通过更换掩模板实现。

掩模式标刻采用脉冲 CO_2 激光器和脉冲固体 Nd：YAG 激光器。

固体 Nd：YAG 掩模式激光标刻适用于单个标记面积在 $\phi 7$ mm 范围内、大批量生产的产品。

CO_2 掩模式激光标刻适用于单个标记面积在 $\phi 20$ mm 范围内、大批量生产的产品加工。

掩模式标刻的特点如下。

(1) 只要使用激光器和机械送进工作台，并控制脉冲宽度，就能以手工或半自动化方式进行标记加工，不必构成整个完整的系统，费用少。

(2) 一个激光脉冲一次就能打出一个包括几种字符（或条码、图案）的标记，加工效率高。单个激光脉宽为微秒数量级，最快标刻速度可达 10^3 次/分钟（30 次/秒）。

(3) 掩模式标刻可实时标刻，满足在线生产要求。

(4) 掩模式标刻的缺点是标刻灵活性差，能量利用率低。

2) 阵列式标刻

阵列式标刻机的光路系统由工控机、驱动电路、激光电源、七个阵列小功率射频激励 CO_2 激光器和聚焦镜组成，激光束投射到在线运动的工件上，如图 2.80 所示。

将 1～7 号小功率射频激励 CO_2 激光器竖向排列，在 t_1 时刻，若工控机控制激光电源同时开启，1～7 号激光器阵列将同时发射脉冲激光，经反射镜和聚焦透镜后，这 7 个激光脉冲将在工件材料表面上烧蚀出大小及深度均匀的 7 个小凹坑，这些小凹坑构成了竖笔画 7 个点。在 t_2 时刻，若工控机控制激光电源只让 7 号激光器开启，则小凹坑只有最下面的 1 个点，同理，在 t_3、t_4、t_5 时刻都只让 7 号激光器开启，可以看出，在 t_1 到 t_5 的时间范围内形成了

项目 2　激光标刻设备装配调试与激光标刻加工

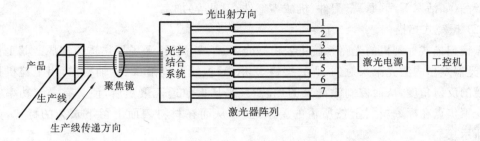

图 2.80　阵列式标刻机工作原理

一个 7×5 阵列的 L 字母图案,如图 2.81 所示。

一般地,横笔画 5 个点,竖笔画 7 个点形成的 5×7 的阵列足以形成常见的字符,精度要求不太高时 5×5 的阵列也足够。

阵列式标刻速度最高可达 6000 字符/秒,因而成为高速在线标刻的理想选择,其缺点是只能标记点阵字符,且只能达到 5×7 像素的分辨率,对汉字无能为力。

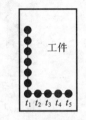

图 2.81　阵列式标刻字符形成示意图

3) 扫描式标刻

扫描式标刻机主要由工控机、激光器和扫描机构三部分组成。其工作原理是将需要标刻的图案输入计算机,计算机控制激光器开启和扫描机构运动,使激光点在被加工材料表面上扫描形成标记。

扫描机构有两种结构形式:一种是机械扫描式,另一种是振镜扫描式。

(1) 机械扫描式标刻机。

机械扫描式标刻机是通过机械运动方法对反射镜进行 X-Y 坐标的平移,从而改变激光束到达工件的位置的标刻机,其光路系统如图 2.82 所示。

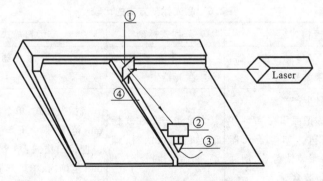

图 2.82　机械扫描式标刻原理

激光束经过反光镜①、②实现光路转折后,再经过聚焦透镜③作用到被加工工件上。其中笔臂④带着反光镜①和②沿 X 轴方向来回运动;聚焦透镜③连同反光镜②(两者固定在一起)沿 Y 轴方向运动。在计算机并口输出控制信号的控制下,Y 方向上的运动与 X 方向上的运动合成使输出激光到达平面内任意点,标刻出任意图形和文字。

机械扫描式激光标刻适用于单个标记面积在 80 mm×100 mm 范围内、单班产量在数千件的产品(如活塞等汽(摩)车配件、机械零部件、工具等)加工。

（2）振镜式扫描。

振镜扫描式标刻机的光路系统主要由激光器、X/Y振镜、平场聚焦透镜构成。其工作原理：激光器发出的激光束入射到X/Y振镜上，X/Y振镜分别沿X、Y轴扫描，用工控机控制反射镜的反射角度，从而控制激光束的偏转，经平场聚焦透镜聚焦后，使具有一定功率密度的激光聚焦点在标刻材料上按所需的要求运动，从而在材料表面上留下永久的标记，如图2.83所示。

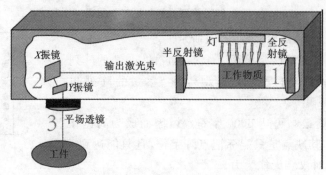

图2.83 振镜式扫描标刻机工作原理图

振镜扫描式标刻极大地提高了激光标刻的质量和速度，图案也可处理成点阵式标刻，实现在线标刻。

振镜扫描式标刻可以采用多个扫描振镜。

振镜扫描式标刻可使用连续Nd:YAG激光器，也可以使用射频激励CO_2激光器。

振镜扫描式激光标刻机适用于单个标记面积在$\phi300$ mm范围内、单班产量在数万件的产品加工。

激光标刻方式的主要加工对象和优缺点可用表2.6来概括。

表2.6 激光标刻方式的比较

标刻方式	掩模式标刻	阵列式标刻	扫描式标刻
激光器	Nd:YAG脉冲激光器，CO_2射频激光器。	小功率射频激励CO_2激光器。	射频CO_2激光器，Nd:YAG连续激光器。
加工对象	大批量生产产品。单个标记面积在$\phi7\sim20$ mm范围内，如电子元器件、塑料瓶装饮料盖、烟酒和食品包装盒等。	大批量产品在线标记，如食品、饮料、烟酒、药品等生产线。	机械扫描式：单个标记面积在$\phi1000$ mm范围内、单班产量数千件的产品。振镜扫描式：单个标记面积在$\phi300$ mm范围内、单班产量数万件的产品。
优缺点	优点：一个激光脉冲一次标刻出完整的标记。缺点：标刻灵活性差，能量利用率低。	优点：成本低、可在线标刻，标刻效果好。缺点：只能标记点阵字符，且只能达到5×7的分辨率。	优点：图形及文字处理方式用矢量处理方式，标刻质量高、速度快。缺点：一次性投入较大。

二、激光标刻技术发展趋势

随着计算机技术及其他相关学科的不断发展,激光标刻的领域也将越来越广泛。数码相机拍摄出来的照片、计算机编辑或自动生成的图形文件,均可以很方便地通过激光直接标刻出来,各种图片、曲线、防伪二维条形码,甚至是人物头像都可以标刻到传统工艺难以处理的材料表面。

激光标刻机以其卓越的性能和优势成为现代化生产线上不可或缺的加工设备。激光标刻技术也朝着高速、精细、大加工面积、彩色标刻、动态在线标刻、大深度标刻等几个方向发展。

提高激光标刻的速度是激光标刻技术的重要发展方向之一。提高激光标刻速度,一是可以从提高硬件反应速度和软件运行速度两个方面来进行。硬件方面,主要是提高振镜的反应速度,但这会大幅提高设备的成本。软件方面,还有很大的通过算法优化提升标刻速度的空间,而且这不会增加设备的硬件成本。二是采用双头甚至四头标刻设备,但这种方式并没有提高设备(单头)本身的标刻速度。

大自然是五颜六色的,人们总是希望能够将现实世界中的颜色也能通过激光标刻完美地再现出来。在某些情况下,正确操作某些激光器的输出对基材进行标刻,能使今天的激光用户在各种不同的塑料及金属材料表面获得清晰,具有高对比度的黑白或彩色印记。

跟墨水沉积技术及那些通过应用彩色粉末或薄膜的技术不同的是,激光使塑料颜色改变这一典型物理效果同聚合体在氧环境中发生热分解(高温分解)反应有关。被认为是"能激光标刻的"(可产生有对比度图案或文字)聚合物是那些能够吸收激光的波长并将光转化为热能的材料。不幸的是,大部分聚合物对传统商用激光器发出的光束都或多或少"透明"——这意味着激光束穿透材料而不被吸收。因而塑料配方设计师和母料供应商们如今开发出了许多光化学反应,允许激光束同聚合物发生有效的反应,而材料本身的物理特性不会在反应之后发生改变。在大多数情况下,这种方法都能带来具有良好对比度及锐度的标刻效果,但是,没有任何一种添加剂能解决所有的标刻需求。同样值得一提的是,即使使用了色素添加剂,也不可能在单一的聚合物上产生不同的色彩,因而最终的打标效果通常保持单色,只可能有颜色深浅的区别。

虽然受到这种限制,但一种有趣的基于获得介于黑白之间不同程度灰色调的应用,正被采用对聚碳酸酯材质的 ID 卡进行标记。在这种情况下,不同等级的灰色能通过以像素为单位精确调整激光器的参数,如脉冲能量及脉冲宽度来获得。这是一项快速发展的技术。

不同于塑料的是,对金属进行标刻能通过激光束能量的不同来改变表层材料的颜色,获得一种真实的装饰效果。这一效果能够在作阳极电镀后的表面及未被处理的表面获得。一种方式是控制激光脉冲参数能产生不同厚度的新氧化层,从而产生不同的色彩,以这种方式,能获得不超过 3 种完全不同的色彩。

相比之下,在金属原材料表面能够产生各种色彩,使激光器的使用成为一种真正的装饰工具,同使用多条激光路径作用于同一区域并设置不同激光参数,从而获得表面衍射格栅有关。用于此类应用的激光器必须能够进行广泛的频率范围、速度、功率、间距、焦距等方面的设置。

动态在线标刻技术是近年来国外新兴的一种加工手段,在国内也得到越来越多的应用。由于激光动态标刻技术具有传统方法难以比拟的优点,因而该技术成为自动化生产线上主要的标记手段。

激光束质量的提高,有可能实现微缩标刻,在光纤接插件上,或其他微小零件上实现激光标刻,这也是激光标刻的发展方向之一。

由于聚焦场镜的限制,目前对于标配的 $f=160$ mm 场镜,其标刻的有效范围仅为 100 mm×100 mm,这远不能满足某些大面积标刻场合的要求。通过计算机分割标刻内容与工作台运动控制相配合的拼图打标方法,可大大增加标刻面积,但难以消除的拼缝限制了这种方式的大面积应用。对于 CO_2 系统,可采用动态聚焦技术扩大标刻面积。

激光标刻系统是综合了激光技术和计算机技术的光、机、电一体化系统,当今计算机技术的发展为激光标刻技术的发展带来了前所未有的机遇和挑战。

目前,在振镜式扫描激光标刻系统中,硬件控制电路都是基于计算机 ISA 总线或者 PCI 总线而设计的,必须安装在计算机主板的 ISA 总线或 PCI 总线扩展槽中。这种方式一方面使得现在绝大部分情况是 1 台计算机控制 1 台标刻机。另一方面,硬件安装于计算机主板上,给整个系统的稳定运行带来影响,降低了标刻系统的稳定性,同时也增加了标刻机的成本和体积。USB 的出现和发展使得激光标刻硬件控制电路脱离计算机 ISA 总线或者 PCI 总线成为可能。USB 2.0 的传输速率可达 480 Mbps,完全可以胜任激光标刻对数据传输速率的要求,而且,它可以支持 1 台计算机同时连接 127 台设备,这样就可以用 1 台计算机同时控制几台标刻机而不必增加额外的费用,而且标刻机也可以不带计算机进行销售,从而降低了标刻机的价格。

半导体激光泵浦的固体激光器的总体转换效率可达 20% 以上,远高于灯泵浦 Nd:YAG 激光器 3% 左右的总体转换效率,因而可以大大缩小激光器冷却系统的体积,这就为激光标刻机向轻型化、小型化方向发展创造了条件,目前大有前者取代后者成为固体激光标刻机标配激光器之势。而近年来出现的大功率光纤激光器,其散热性能好、转换效率高(是半导体激光泵浦固体激光器的 2 倍以上)、激光阈值低、可调谐范围宽、光束质量好、免维护和价格低廉、制作灵活等显著优势,更加促进了激光标刻机向轻型化、小型化方向发展。

习　题

2.1 什么是激光标刻?

2.2 简述激光标刻的三种具体效应。哪种效应用得少?

2.3 简述激光标刻的两种原理。

2.4 简述激光标刻的三种基本方法。用得最多的是哪种方法?

2.5 什么是线性扫描法?

2.6 简述影响激光标刻质量的主要因素。

2.7 简述激光标刻对激光束质量的要求。

2.8 如何判断激光标刻机的激光束质量?

第 2.9～2.18 题均在 MarkingMate 软件中完成。

2.9 绘制一个外框为红色、半径为 2 mm 的圆,并将其进行平均分布的圆形矩阵复制,半径为 10 mm,物件数为 5。

2.10 绘制一个外框为蓝色、30 mm×15 mm 的矩形,圆角半径为 10%,并将其居中到工作图纸上。

2.11 绘制半径为 3 mm 的圆形,复制 6 个水平排列,并将其水平均匀分布。

2.12 绘制蓝色文字"××学院",并将其进行填充。

2.13 绘制半径为 25 mm 的圆弧文字"ABCDEFG",并将其进行水平镜像。

2.14 绘制半径为 25 mm、下凹的圆弧文字"ABCDEFG"。

2.15 绘制一维条码"自己的学号",并显示条码内容。

2.16 绘制二维条码"光电××级+学号+姓名"。

2.17 将流水号"2011020108"~"2011023008"进行标刻设置。

2.18 标刻批号"kTY2/13/2011WH"(自动文字)。

2.19 简述灯泵浦 Nd:YAG 激光标刻机组成及各部分的相互关系。

2.20 简述灯泵浦 Nd:YAG 激光标刻机谐振腔的结构。

2.21 简述灯泵浦 Nd:YAG 激光标刻机谐振腔的装配步骤。

2.22 简述灯泵浦 Nd:YAG 激光标刻机谐振腔光路的调整步骤。

2.23 简述灯泵浦 Nd:YAG 激光标刻机的控制原理。

2.24 简述激光旋转标刻功能的启动方法。

2.25 简述激光飞行标刻功能的启动方法。

项目 3
激光焊接设备装配调试与激光焊接加工

任务 1　激光焊接设备整体结构及使用维护

1.1　任务描述

掌握激光焊接设备的种类及典型结构，设备操作流程；

能够熟练进行激光焊接机水循环系统参数设置、激光电源参数设置、数控系统编程操作、设备维护及常见故障的排查。

1.2　相关知识

1.2.1　激光焊接机种类及典型结构

1. 激光焊接机种类及应用

激光焊接是激光材料加工技术应用的重要方面之一，主要分为脉冲激光焊接和连续激光焊接两种。脉冲激光焊接主要应用于厚度在 1 mm 以下薄壁金属材料的点焊和缝焊；连续激光焊接大部分采用高功率激光器，主要应用于厚度在 2 mm 以上的厚板金属材料的焊接。

激光焊接是一种无接触加工方式，对焊接零件没有外力作用。激光能量高度集中，对金属快速加热、快速冷却，对许多零件热影响可以忽略不计，可认为不产生热变形，或者说热变形极小。激光能够焊接高熔点、难熔、难焊的金属，如钛合金、铝合金等。激光焊接过程对环境没有污染，在空气中可以直接焊接，与需在真空室中焊接的电子束焊接方法比较，激光焊接工艺简便，焊点、焊缝整齐美观，易于与计算机数控系统或机械手、机器人配合，实现自动焊接，生产效率高。激光焊缝的机械强度往往高于母材的机械强度。这是由于激光焊接时，金属熔化过程对金属中的杂质有净化作用，因而焊缝不仅美观而且强度高于母材。激光焊接不仅能很好地焊接各类金属,而且能焊接非金属、半导体、陶瓷等,并具有焊后热变形小、焊缝质量好等特点。

激光焊接在汽车、电子、国防、仪表、电池、钢铁、船舶、轻工业、医疗仪器及其他许多行业中均得到了广泛的应用。

1) 激光焊接在汽车工业中的应用

汽车行业是激光加工最重要的应用部门,从如图3.1所示的汽车生产工艺可以看出,激光加工方法在很大范围内得到了成功应用。

图 3.1 激光加工在汽车生产中的应用

在汽车工业中,激光技术主要用于车身拼焊和零件焊接。激光拼焊是在车身设计制造中,根据车身不同的设计和性能要求,选择不同规格的钢板,通过激光裁剪和拼装技术完成车身某一部分的制造,如前挡风玻璃框架、车门内板、车身底板、中立柱等。激光拼焊具有减少零件和模具数量、减少点焊数目、优化材料用量、降低零件重量、降低成本和提高尺寸精度等优点,目前已经被许多大汽车制造商和配件供应商所采用。激光焊接还常用于车身框架结构的焊接,如顶盖与侧面车身的焊接,传统焊接方法中的电阻点焊已经逐渐被激光焊接所代替。用激光焊接技术,工件连接之间的接合面宽度可以减少,既降低了板材使用量,也提高了车体的刚度。激光焊接零部件,零件焊接部位几乎没有变形,焊接速度快,而且不需要焊后热处理,目前激光焊接零部件已经广泛采用,常见于变速器齿轮、气门挺杆、车门绞链等的焊接。使用的焊接机主要有 Nd：YAG 激光焊接机、高功率 CO_2 激光焊接机和光纤激光焊接机。

2) 激光焊接钢材

(1) 硅钢板上的焊接。

硅钢板,一般厚度为 0.2~0.7 mm,幅宽为 50~5000 mm,常用的焊接方法是 TIG 焊,但焊后接头脆性大,用 1 kW CO_2 激光器焊接这类硅钢板,最大焊接速度可达 10 m/min,焊后接头的性能得到了很大的改善。

(2) 冷轧低碳钢的焊接。

板厚为 0.4~2.3 mm、宽为 508~1270 mm 的低碳钢板,用 1.5 kW CO_2 激光器焊接,最大焊接速度为 10 m/min,投资成本仅为闪光对焊的 2/3。

(3) 酸洗线用 CO_2 激光焊接机。

酸洗线上板材最大厚度为 6 mm,最大板宽为 1880 mm,材料种类多,从低碳钢到高碳钢、硅钢、低合金钢等,一般采用闪光对焊。焊高碳钢时有不稳定的闪光及硬化,造成接头性能不良。用激光焊可以焊接最大厚度为 6 mm 的各种钢板,接头塑性、韧性比闪光对焊有较大改进,可顺利通过焊后的酸洗、轧制和热处理工艺而不断裂。

(4) 钢管的激光焊接。

激光焊接钢管的工艺流程,先将带钢制成管坯,再将管坯边部卷制出比激光束焦点直径还小的间隙值,激光束的焦点均匀地落在所焊管坯的边部上。由于激光束的能量密度很高,因而在保护气氛中无论是否采用焊丝,都能以较高的速度完成焊接过程。

3) 电子工业的应用

由于激光焊接热影响区小,加热集中迅速、热应力低,激光焊接在集成电路和半导体器件壳体的封装中,显示出独特的优越性,如图 3.2 所示的是航空继电器的外壳封装焊接。

图 3.2 航空继电器焊接

在真空器件研制中,显像管电子枪的组装焊接,电子枪由数十个小而薄的零件组成,传统的电子枪组装方法是用电阻焊。电阻焊时,零件受压畸变,使精度下降,并且因为电子枪尺寸日益小型化,焊接设备的设计制造越来越困难。采用脉冲 Nd:YAG 激光焊,激光能通过光纤传输,自动化程度高,易实现多点同时焊,且焊接质量稳定,所焊接的阴极芯装管后,在阴极成像均匀与亮度均匀性方面,都优于电阻焊。每个组件的焊接过程仅需几毫秒,每个组件焊接全过程为 2.5 s,而原用电阻焊需 5.5 s。

传感器或温控器中的弹性薄壁波纹片其厚度在 0.05~0.1 mm,采用传统焊接方法难以解决,TIG 焊容易焊穿,等离子焊稳定性差,影响因素多。而采用激光焊接效果很好,得到广泛的应用。激光焊接还可以用于核反应堆零件的焊接、仪表游丝的焊接、混合电路薄膜元件的导线连接等。

4)轻工业中的应用

轻工业中大量使用脉冲激光焊接方式,主要应用于电池、光通信连接器件、家用五金、首饰、IT行业构件、模具修复等领域。脉冲激光焊接样品如图3.3所示。

(a)电池安全帽

(b)不锈钢圆筒

(c)电池

(d)数码设备外壳

图3.3 脉冲激光焊接样品

用于焊接的激光器有很多种类,最常用的有Nd:YAG激光器、高功率CO_2激光器、半导体激光器和光纤激光器,常用焊接激光器及应用见表3.1。

表3.1 常用焊接激光器及应用

激光器	波长/nm	光束模式	输出功率/kW	主要应用
Nd:YAG激光器	1060	多模	0~4	航空、机械、电子、通信、动力、化工、汽车制造等行业的零部件,以及电池、继电器、传感器、精密元器件等工件的焊接。
CO_2激光器	10600	多模	0~10	金钢石锯片、双金属带锯条、水泵叶片、齿轮、钢板、暖气片的焊接。
半导体激光器	800~900	多模	0~10	塑料焊接、PCB板点焊、锡焊。
光纤激光器	1060	TEM_{00}	0~20	汽车车身焊接。

2. 激光焊接机典型结构

激光焊接设备，不管采用哪种激光器，它们的组成大都相似。一台激光焊接机通常由激光器和数控执行系统组成。下面以楚天激光 JHM-1GY-300B 型激光焊接机为例介绍激光焊接设备的典型结构。

1) JHM-1GY-300B 型激光焊接机总体结构

JHM-1GY-300B 型激光焊接机主要由电源、主机柜、冷却系统构成。其实体图及布置图如图 3.4 所示，结构框图如图 3.5 所示。

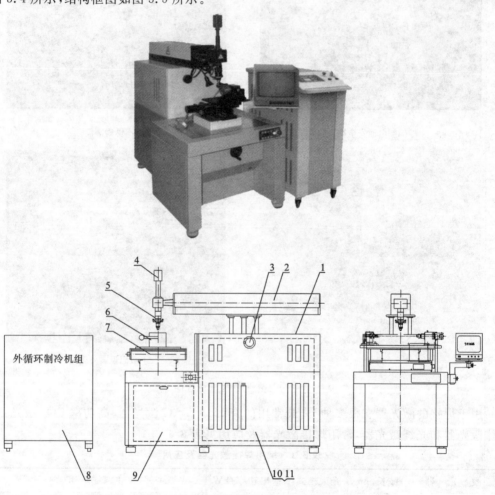

图 3.4 JHM-1GY-300B 型激光焊接机实体图及结构布置图
1—主机柜；2—激光器；3—升降机构；4—CCD 监视系统；5—导光聚焦系统；6—焊接夹具；
7—两维数控工作台；8—外循环系统；9—控制系统；10—激光电源；11—内循环冷却系统

2) JHM-1GY-300B 型激光焊接机技术指标

JHM-1GY-300B 型激光焊接机技术指标如下。

激光波长： 1.06 μm
激光输出最大单脉冲能量： ≥70 J

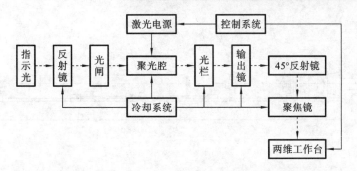

图 3.5 JHM-1GY-300 型激光焊接机结构框图

激光额定平均功率： ≥300 W
激光脉冲频率： 1～100 Hz(可调)
激光脉冲宽度： 0.1～20 ms(可调)
激光束发散角： ≤15 mrad
激光束质量： $M^2 \leq 45$
能量不稳定度： ≤±2.5%
激光连续工作时间： 16 h
聚焦镜焦距： $f = 75$ mm
聚焦光斑直径： 0.15～0.5 mm
激光聚焦物镜上下调节长度： 40 mm
指示光波长： 0.6328 μm
数控工作台行程： 100 mm×200 mm
工作台位置精度： ±0.02 mm/300 mm
工作台重复定位精度： ±0.02 mm
Z 轴升降行程： 100 mm
输入电压： 380 V±5%
环境温度： 15～35 ℃
相对湿度： ≤75%RH
环境清洁度： ≤0.01 g/m³
焊接熔深(不锈钢)： ≤1.0 mm
最大输入功率： 16 kW

3) 激光器

如图 3.6 所示，JHM-1GY-300B 型激光焊接机的激光器系统由激光谐振腔、半导体指示光、光闸、小孔光栏、扩束镜、聚焦导光系统构成，是整个设备的核心部件，所有光学元件和光轴同轴以光具座为基准安装。

(1) 激光谐振腔。

JHM-1GY-300B 型激光焊接机采用的是脉冲 Nd：YAG 固体激光器，工作介质是掺钕钇铝石榴石晶体，泵浦源为脉冲氙灯。激光谐振腔由 Nd：YAG 晶体、全反射镜和半反输出镜构成，激光谐振腔原理如图 3.7 所示。Nd：YAG 晶体和脉冲氙灯安装在聚光腔中。

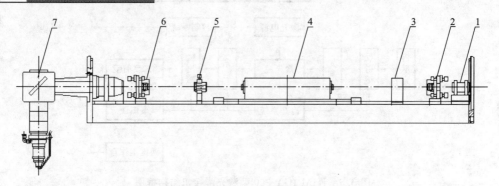

图 3.6　激光器及光路传输系统示意图

1—指示光源系统；2—全反射膜片架；3—光闸；4—聚光腔；5—光阑；6—半反射膜片架；7—聚焦导光系统

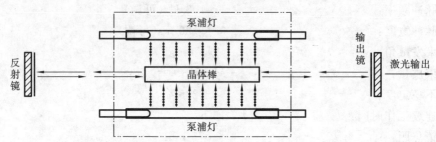

图 3.7　激光谐振腔原理图

JHM-1GY-300B 型激光焊接机的聚光腔采用的是非全腔水冷式双椭圆柱面组合结构,双灯单棒结构。该激光腔结构合理,拆卸方便,密封性好,其光电转换率高,但玻璃管容易破裂会造成冷却水外泄,操作时要格外小心,避免泵浦灯和晶体棒玻璃管的损坏。如发生玻璃管损坏,则必须立即切断电源,防止发生危险。

(2) 半导体指示光系统。

半导体指示光系统由半导体激光、电源及精密调整架组成,用于指示焊接位置,同时也作谐振腔及其他光学部件的调整基准。指示光波长为 632.8 nm。

(3) 光阑。

通过安装不同直径的小孔起到选模的作用,JHM-1GY-300B 型激光焊接机使用的晶体尺寸为 $\phi 7$ mm×155 mm,常用小孔直径有 $\phi 6$ mm、$\phi 5$ mm、$\phi 4$ mm。小孔直径越小,输出激光束的质量越好,但会牺牲相应的功率,一般在需要较小的聚焦光斑直径时使用这种选模方式。

(4) 光闸。

脉冲固体激光焊接机在连续焊或高频率焊接时,由于热透镜效应的影响,最开始输出的激光束是不稳定的,Nd：YAG 晶体从正常状态到受热变形后重新稳定大约需要 2 s 的时间,用转换片可以观察到激光光斑有一个明显的变化过程,通过机械式的光闸将最开始 2 s 的输出的激光束挡住,待输出的激光束稳定后再将光闸打开,使落在工件上的激光束保持一致,从而保证较好的激光加工质量。

(5) 导光聚焦系统。

导光聚焦系统主要由聚焦镜和 45°全反射镜组成。

聚焦是激光加工中最常见的一种光学处理,本机采用单片聚焦镜,聚焦镜焦距 $f = 75$

mm。有时为了获得更小的聚焦光斑,可采用多个镜片的复合聚焦镜。

聚焦系统安装在聚焦镜调整座上,通过聚焦镜调整座可以调整聚焦镜和工件间的相对距离,以便获得合适的离焦量,也可获得不同的光斑尺寸。

(6) 激光束的扩束。

JHM-1GY-300B 型激光焊接机输出的是多模激光,发散角较大,为减小发散角获得更小的聚焦光斑,常采取激光束经过扩束后再聚焦的光路设计方式,如图 3.8 所示。JHM-1GY-300B 型激光焊接机根据需要可加装 2.5 倍的扩束镜。

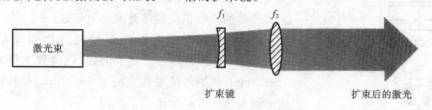

图 3.8　扩束镜工作原理

4) 激光电源

激光焊接机电源是激光焊接机的重要组成部分,它可供激光焊接机的脉冲氙灯工作。该电源为恒流型开关电源,主要原理:三相交流电经整流、滤波后变成直流,对储能电容充电,经整流逆变后,再通过大功率开关管放电,并经过高功率、精密电感变为恒流源,使氙灯放电,放电的电流、频率和脉冲宽度通过激光电源控制面板设置。

电源由主电路、触发电路、预燃电路、控制电路和保护电路组成。其原理框图如图 3.9 所示。

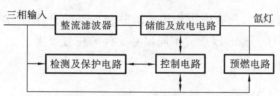

图 3.9　脉冲激光电源原理框图

5) 冷却系统

Nd:YAG 激光器将电能转换成激光,其电光转换效率只有 3% 左右,大量的电能都转换成热能。这部分热能对激光器件有巨大的破坏力,使 Nd:YAG 激光晶体及氙灯破裂,聚光腔变形失效等,所以必须有冷却系统提供冷却保障。

本系统则采用双循环制冷机组,内循环水冷却激光器,外循环系统冷却内循环水。内循环水冷却介质一般为去离子水或蒸馏水,以保证内循环系统不受污染。

6) 数控系统

JHM-1GY-300B 型激光焊接机数控系统由步进电动机驱动的二维工作台和三菱 FX2N-20GM PLC 控制系统构成,针对不同的工件配有相应的工装夹具。通过切换开关还可以控制一个旋转轴,带一个旋转夹具。激光束与工件的相对运动形式采用的是激光束不动,工件运动的方式,适合于小重量的工件,其运动惯性小。

对大重量的工件焊接或在要求很快的焊接加工速度的场合,可采用激光束运动,工件固定不动的运动方式。激光束的运动通过反射镜、透射镜或聚焦镜等光学部件的运动来实现，如振镜式激光焊接机的光路扫描结构及缸套的激光淬火加工。

对复杂形状的工件焊接可采用多维数控系统来进行控制。

7) 保护气体与喷嘴结构

激光焊接和电弧焊接一样，通常需要使用非活性气体进行保护，以防止发生氧化和空气污染。保护气体对于激光焊接来说是必要的，在大多数焊接过程中，这些气体直接通过特殊的喷嘴供应到激光的辐射区域。

JHM-1GY-300B 型激光焊接机焊接喷嘴结构如图 3.10 所示，保护气体与激光束同轴，喷嘴到工件的距离为 3~10 mm，典型的喷嘴孔直径为 2~3 mm，焊接时气体流速一般为 8~30 L/min。

有些激光焊接工艺采用侧面吹保护气的方式会取得较好的效果。

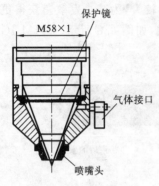

图 3.10 焊接喷嘴结构

8) CCD 同轴观察系统

激光焊接机一般通过半导体指示光指示焊接位置，而精密焊接需要更准确的定位精度，JHM-1GY-300B 型激光焊接机配有 CCD 同轴观察系统，可对焊接工件进行精确对位与观察。CCD 同轴观察系统视场为 6.5 mm，放大倍率为 40，CCD 分辨率为 600 线。通过 CCD 监视器十字叉与激光光点同心进行精确定位，并可以观察焊接表面质量。

9) 升降机构

主机柜上装有升降机构，该升降机构用来调节激光器的升降，即调节聚焦镜相对焊接工件的相对距离，行程为 100 mm，以适应不同尺寸工件的位置要求。

3. 激光焊接机的特殊结构

1) 光纤传输 Nd:YAG 激光焊接机

Nd:YAG 激光器除了可采用反射镜进行光束传输外，也可采用光纤传输。激光经过光纤传输后，对焊接难以接近的部位，可实施远距离焊接，具有更大的灵活性。光纤传输的另一个优点是可以将激光源放在离加工系统较远的地方，以适应不同的工作条件。光纤传输激光器系统结构如图 3.11 所示。

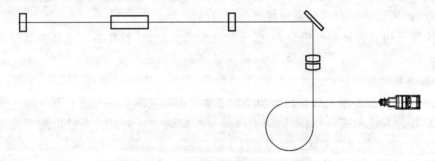

图 3.11 光纤传输激光器系统结构图

光纤是光导纤维的简称,它是一种用透明的光学材料(如石英、玻璃、塑料等)拉制而成用于传输光的圆柱型光波导。从截面上看,光纤基本由三部分组成:纤芯、包层和涂层,如图3.12所示。内层介质材料称为纤芯,其折射率为 n_1;外层介质称为包层,其折射率为 n_2。纤芯的折射率比包层的折射率大,$n_2 < n_1$,在光纤进行耦合时,激光束在光纤包层界面上的入射角大于全反射的临界角,这样,激光束在光纤端面上发生内全反射,经过多次这样的内全反射,激光束就可以从光纤的一端传到另一端,直至输出为止。

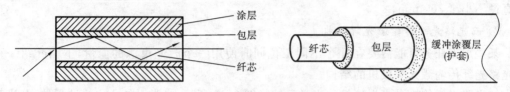

图3.12 光纤的结构

激光与光纤的耦合应满足光纤的耦合条件,如图3.13所示,即成像到光纤耦合端面上的激光光束的光斑直径和发散全角应同时满足

$$d_{\text{laser,in}} < d_{\text{core}} \tag{3-1}$$

$$\theta_{\text{laser,in}} < 2\arcsin(NA) \tag{3-2}$$

$$BPP < \frac{d_{\text{core}}\arcsin(NA)}{2} \tag{3-3}$$

式中:d_{core}、$d_{\text{laser,in}}$、$\theta_{\text{laser,in}}$、NA 分别为光纤芯径、光纤输入端面光斑直径、出射光入射光束发散角、光纤数值孔径。

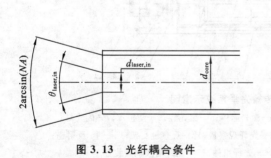

图3.13 光纤耦合条件

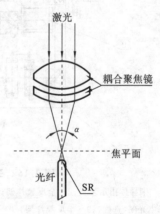

图3.14 耦合系统

因此,要将激光束耦合输入光纤,必须将激光束聚焦到小于纤芯直径的程度,如图3.14所示。通过耦合聚焦镜将输入光纤的激光束聚焦到较小直径以实现耦合。

耦合输入光纤的激光束在光纤输出端经过扩束、聚焦系统实现激光束的聚焦,如图3.15所示。

光纤输出聚焦系统由两组共4片透镜组合而成,第一组为准直透镜组,其物方焦平面与光纤端面重合,第二组为聚焦透镜组,将激光聚焦在其像方焦平面上。

光纤是一种易断材料,因此,在每次拆装光纤和使用时,切勿将光纤弯曲度低于90°,弯

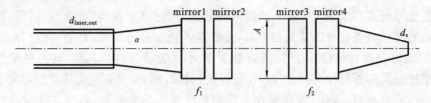

图 3.15 光纤输出聚焦系统

曲直径不小于 300 mm。

2) 三光路光纤传输激光焊接机

某些加工任务可能需要在几个不同工位同时使用一个激光束源的能量,下面介绍一种三光路光纤传输激光焊接机的结构。

三光路光纤传输激光焊接机的光学系统如图 3.16 所示,光学系统由主光路系统、分光系统、光纤传输系统、聚焦系统等部分构成。

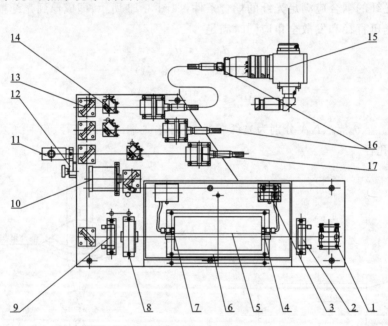

图 3.16 三光路光纤传输光学系统示意图

1—半导体指示装置;2—全反膜片架;3—电极座;4—激光晶体;5—聚光腔;6—防护罩;7—闪光灯;
8—主光闸(选配);9—半反膜片架;10—能量探头;11—光纤观察镜;12—观察镜支架;13—45°反射座;
14—分路光闸;15—光纤输出耦合装置;16—光纤组件;17—光纤输入耦合装置

分光系统主要由 3 个 45°反射座组成,其分光布置图如图 3.17 所示。

图中,a 为 $T=67\%$、45°反射膜片,b 为 $T=50\%$、45°反射膜片,c 为 $T=0\%$、45°全反射膜片。

4. 激光焊接机设备的操作流程

1) 操作面板

JHM-1GY-300B 型激光焊接机主机操作面板如图 3.18 所示。

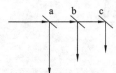 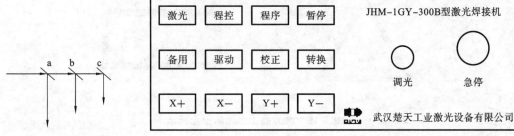

图 3.17　分光系统示意图　　　图 3.18　焊接操作面板示意图

操作面板使用说明如下。

驱动：按下"驱动"键可启动 PLC 数控系统，此时工作台的电动机带电抱紧。

校正：用于调光和指示。

激光：按下此键激光电源开始对氙灯放电，输出激光。

程序：按下"程序"键，执行 PLC 程序。

暂停：PLC 程序运行时，按下"暂停"键，程序停止，再按"程序"键，程序继续执行。

程控：PLC 程序运行时控制输出激光，"程控"键和"激光"键两者只能选其一。

切换：是根据需求对 Y 轴和旋转夹具之间进行切换。

X+、X−、Y+、Y−：对工作台进行手动调节。

2）开机顺序

(1) 接通动力电源，打开制冷机组，循环一分钟。

(2) 按下激光电源"开机"键，功能显示器上显示"P"，表示系统正常，按"选择"键，选择到"ON"，按"确认"键，预燃点灯，大约 2 分钟后，机器鸣笛一声，数码显示"P"，且 LED 预燃灯亮，表示预燃成功，设置电源参数。

(3) 打开工作台驱动电源，编程，放置工件，程序试运行，对位，完毕后按下"程控"键，准备好保护气，按下"程序"键，进行焊接。

3）关机顺序

(1) 关闭驱动电源，关闭保护气。

(2) 通过激光电源面板选择键选择"OFF"，按"确认"键，大约 1 分钟后，关闭激光电源，按"停机"按钮，最后拉下空气开关。

(3) 循环 1 分钟后关闭制冷机组，关闭动力电源。

关机的顺序和开机的顺序相反，即先开的后关。

5．安全与日常维护

1）安全防护

(1) 激光器系统为水冷却方式，激光电源为风冷却方式，若冷却系统出现故障，切勿开机工作。

(2) 切记在激光焊接时不要用眼睛正对 Nd∶YAG 激光器，以免造成激光伤害，工作时应戴激光防护镜。激光器安全标志如图 3.19 所示。

(3) 机器工作时，电路呈高压、大电流状态，非专业人员请勿在开机时维护检修，以免发

图 3.19 激光器上常见的安全标志

生触电事故。电源和激光器应接地良好。

（4）除调整激光器输出能量大小及整机光路外，排除故障时应切断电源进行。

（5）机器出现故障，如漏水、拉电弧、保险、激光器有异常响声等，应立即切断电源。

（6）当电源面板上过电压、过电流指示灯亮时，应立即关机。

2）日常维护

（1）内循环冷却水为去离子水（蒸馏水最好），夏天 2 个月换一次，春天、秋天、冬天 3 个月换一次。去离子装置每 6 个月换一次。每半年清洗一次水箱和过滤器。

（2）注意保持工作间的环境清洁，保持温度、湿度，定期检查光学器件。

（3）机器不工作时，应及时关机、断电、断水，将机罩封好，防止灰尘进入激光器和光学系统。

1.2.2 激光焊接机水循环系统

1. 水循环系统基本结构

Nd：YAG 激光器的光电转换效率一般只有 3% 左右。氙灯发光时产生的大量的热量需冷却介质冷却，否则会造成氙灯、晶体及玻璃管、腔体的损坏。考虑到系统的光学效率，冷却介质一般为去离子水或蒸馏水。

通常使用双循环冷却方式，内循环使用去离子水或蒸馏水，直接和 Nd：YAG 晶体接触，内循环水箱容量较小。外循环制冷机通过热交换器交换内循环所产生的热量。

内循环冷却系统包含水箱、过滤器、磁性泵及温控器、水流量开关等组成。其原理图如图 3.20 所示，激光器水温、水流保护都由内循环冷却系统控制。

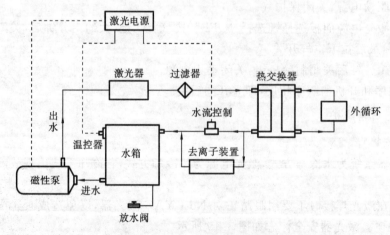

图 3.20 冷却系统主回路原理图

2. 内循环系统结构

内循环系统结构如图 3.21、图 3.22 和图 3.23 所示。

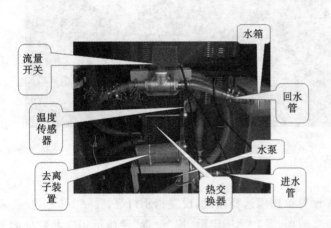

图 3.21 内循环冷却系统

图 3.22 内循环温度设定

图 3.23 内循环水流量调节

3. 外循环制冷系统操作

JHM-1GY-300B 型激光焊接机的外循环系统采用一体式制冷机制冷,外观如图 3.24 所示。外循环冷却系统由水箱、水泵、过滤器、制冷机、压力传感器及温度传感器等组成。冷却介质为去离子水或蒸馏水。

外循环冷却系统可通过其前操作面板(见图 3.25)进行设置工作温度。通过温控器设置上、下限温度,使制冷机冷却系统温度控制在合适的温度范围内。

制冷系统各种操作说明如下。

图 3.24 制冷系统外观图

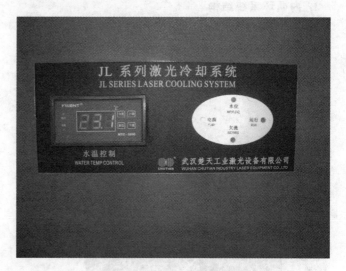

图 3.25 制冷系统操作面板

(1) 参数设定模式。

① 开机后按住"设置"键 3 s,进入设置参数项选择模式,设置指示灯亮。

② 按"上调"键或"下调"键可选择参数项,参数项选定后,按"设置"键显示相应参数项的参数值。

③ 按住"设置"键,再按"上调"键或"下调"键即可改变参数值,按住"上调"键或"下调"键不放,参数值自动快速递增或递减。

④ 参数设定后,单按"上调"键或"下调"键又可设置下一个参数项,重复上一步骤,设定所选参数项的参数值。

⑤ 所有参数设定完后,按"复位"键确认所有设定值。若不按任何键,30 s 后系统自动存储设定参数值,并回到当前温度显示状态,设置指示灯灭。

(2) 查看参数设定模式。

① 在非设置状态下,按"上调"键显示设定上限值,2 s 后显示当前温度。

② 在非设置状态下,按"下调"键显示设定下限值,2 s 后显示当前温度。

③ 在非设置状态下,按"设置"键先显示延时时间后显示超温报警设定值,各 2 s 后显示当前温度。

(3) 探头故障报警。

当感温探头出现短路、断路等故障时,控制器启动报警模式,蜂鸣器响,数码管显示"444"且闪烁,按下任意键,消除报警音。如不按任意键,则持续报警直到故障排除。

(4) 超温报警及其取消(一定查明原因再取消超温报警)。

当控制器感温探头测量值超过设定的最高温度允许值(上限值＋超温 F05＝设定值)或最低温度允许值(下限值－F05＝设定值)时,控制器立即启动报警模式,蜂鸣器响,数码管显示温度且闪烁,同时超温输出继电器断开,按任意键,消除报警音,数码管停止闪烁,退出报警状态。保持持续超温则不再报警,同时,超温输出继电器闭合,直到温度回复到所设定的超限报警值内后第二次超限时方可再次报警。如不按任意键,则持续报警直到恢复正常状态。

超限报警的超限设定范围为 0~19℃,当设定为 20℃时,则取消超温限报警功能,但探头故障报警正常。出厂 F05 设定为 19℃。

(5) 开机延时保护。

控制器程序内设定两次开机间隔时间为可调时间,调整范围为 0~9 min。当设定值为 0 时,则取消延时功能;若两次开机间隔时间大于设定值,则立即开机;若小于设定值,则等计时器计满设定值后开机。延时状态,制冷指示灯慢闪。为保护压缩机,机器出厂时开机延时保护设定为 3 min。

(6) 可设置的参数清单(见表 3.2)。

表 3.2 制冷系统参数设置

代码	功能	设定范围	出厂设定	单位	说明
F01	温度上限	−39~+50	−10	℃	本控制器可设置温度范围
F02	温度下限	−40~+49	−20	℃	
F03	温度校正	±5	0	℃	显示温度与实际温度有偏差时可进行温度校正
F04	延时时间	0~9	3	min	压缩机开机延时保护
F05	超温报警	0~20	19	℃	当水温超出设定的超温报警值时,蜂鸣器鸣响且数码管闪烁
444 (888)	探头故障报警				当探头出现短路、断路等故障时,蜂鸣器响且数码管显"444"并闪烁

注意:F03 切勿轻意调整,因为 F03 一旦调整后,温度显示小数点后的数字始终为 0。超温设定范围不允许设定为 20℃,也不允许设定得太低。如设定为 20℃,则取消超温限报警功能;如设定太低,则冬季水温太低,会造成开机即报警。建议设定值为 25~28℃。

(7) 维护保养。

制冷机组要根据使用情况和工作环境,定期清洗冷凝器、蒸发器、水箱及水过滤网。水过滤网可以用手逆时针旋下。要注意保持水箱内水质的清洁,水位偏低时要补充水,水质污染要及时更换。

1.2.3 激光焊接机电源系统

1. 电源系统工作原理

激光焊接机恒流电源系统有单灯电源和双灯电源,JHM-1GY-300B 型激光焊接机采用双灯电源,单灯电源和双灯电源原理基本类似,脉冲激光电源原理框图如图 3.9 所示。

充电电路:由整流滤波回路组成,作用是为储能单元中的大容量电容提供充电电源。根据储能电容的特点,恒流充电是最佳的充电方式。本电源采用的是一种称为 LC 恒流源的恒流充电电路,这种电路具有结构简单、控制方便、可靠性高及恒流特性好等优点。

储能单元:由电解电容通过串、并联组成,总容量为 200 μF 左右。在 2 ms 脉宽情况下,单脉冲输出能量超过 20 J。

放电电路:将储能单元中的电能可控制地施放到脉冲氙灯上。焊接机一般采用的是先进的大功率 IGBT 放电电路。

触发/预燃电路:触发电路的作用是使脉冲氙灯中的惰性气体在 1.6~2 万伏的高压下产生电离,两电极间建立起放电通道;预燃电路则是导通后的两电极间保持 100~200 mA 辉光放电电流,使触发后的放电通道能够稳定地维持下去,从而使储能电容中的电能能够有很好重复性地通过灯管放电,并且可以大大延长脉冲氙灯的寿命。本机采用的是零电压混合谐振开关预燃电源。

激光焊接机电源系统原理图如图 3.26 所示。

2. 电源系统工作工程的电气分析

开机执行过程如下。

(1) 合上空开,380 V 交流电接入电源主机。

(2) 按下开机"KJ"键,此时 J1 接触器吸合,电源控制部分得电,设备显示面板上显示"P",此后工作由单板机系统控制完成。

(3) 在显示面板上按"选项"键,面板上显示"ON",按下"确定"键,单板机控制启动。

① SW2(双向可控硅)被控制系统发出的信号打开,J3 接触器吸合,水泵启动(注意三相水泵的转向)。水泵启动后,连接在水循环回路上的水流继电器工作,并返回信号到控制系统接点,执行此过程约需 10 s。

② 控制系统接收到水流水压信号后,SW1(双向可控硅)被控制系统发出的信号打开,J2 接触器吸合,380 V 交流电经 DT1 滤波、ZL 整流,输出约 540 V 直流电,经软启动限流电阻 R1,对储能电容 C1 和 C2 充电,执行此过程约耗时 40 s。

③ C1 和 C2 充电完成后,SW3(双向可控硅)被控制系统发出的信号打开,接触器 J4 吸合(现在设备已将 J4 换为延时接触器),短路软启动电阻 R1。

④ J4 吸合后约 20 s 后,设备准备点火,SW4(双向可控硅)被控制系统发出的信号打开,接触器 J5 吸合,瞬间在氙灯上加上 10000 V 以上的高压,灯被击穿点燃,灯上维持电流约 100 mA,检测到灯的维持电流后,预燃板上继电器 J6 吸合,同时导通接触器 J7,J7 吸合,J5 断开。IGBT 打开一次,设备输出一次激光,控制系统检测到输出激光的约 30 A 的电流后确定设备正常,显示面板上预燃旁发光二极管点亮,同时蜂鸣器发出清脆的一声,设备开机过程完成。

在上述的开机过程中,接触器的吸合顺序和时间对判断设备故障有很大的帮助,接触器的吸合顺序:按下开机→J1→ON→确认→J3→10 s→J2→40 s→J4→20 s→J5→J6→J7→J5。

3. 电源系统操作与参数设置

激光电源为单片机控制,用户通过操作键对多种激光波形和参数进行编程(程序可储存 1~99 组),从而实现对工作电流、工作频率、脉冲宽度智能化控制,具有控制功能强、性能稳定、体积小、操作方便且便于维修等特点。电源控制面板有两种形式:LED 显示和液晶显示。两种控制面板、控制方式类似。下面以 LED 显示的激光电源操作为例加以说明。

脉冲激光电源内部是由单片机控制的,用户通过键盘对多种激光波形和参数进行编程,

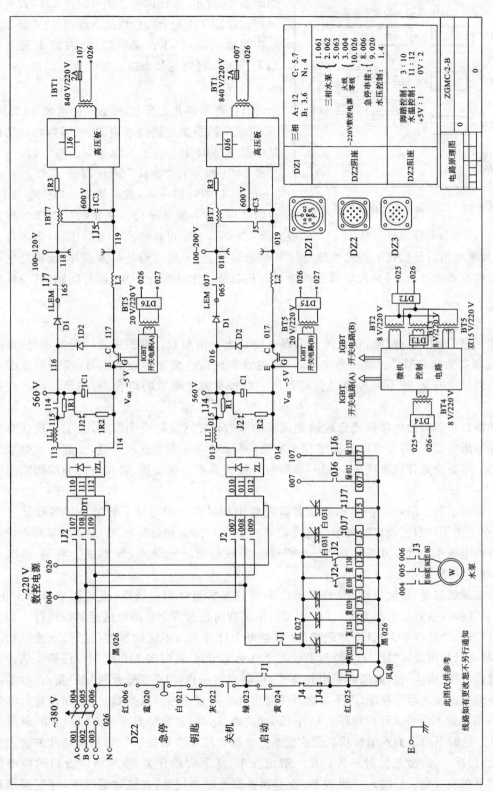

图 3.26 CTST-YAG 激光器电源

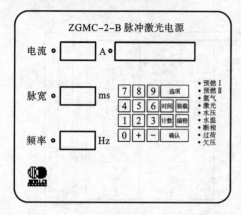

图 3.27　LED 显示激光电源控制面板

如图 3.27 所示,操作面板上有 16 个 LED 数码显示器。左边 3 排 9 个是参数显示器,右边 1 排 7 个是功能显示器,其下面是操作键,右边 1 列 6 个 LED 发光二极管是状态指示灯。

1) 开机

首先将隔离开关合上,接通动力电源,然后按下"开机"键,控制电路接通电源。此时,右边功能显示器下显示"P",表示系统正常。按"选择"键,选择到"ON",按"确认"键开高压点灯。大约 2 min 后,机器鸣笛一声,数码管显示"P",且 LED 预燃灯亮,表示预燃成功。在显示"ON"时,按数字键"1"或"2",则分别显示"U1"、"ON"或"U2"、"ON",表示可选择点一支灯工作(即单灯工作)。如果鸣笛后预燃灯不亮或是显示"ERR"错误信息,一般可能是灯未接好,或者是电极上对腔体有放电现象,可关机后排除故障再开机。重复上述操作一次,再有问题,可与供应商联系。

2) 装载

在预燃后,按"装载"键,在数码显示器上将调出一组参数。首先来看功能显示器,最左边的 L 是英文"LOAD"的第一个字母,L 旁的数字是该组激光参数的编号,编号的范围是 1~99。即是说有 99 种不同参数组合可调出。每种有激光参数的组合,可满足不同的焊接需要。

功能显示器右边的参数是合成激光波形的段数。在这里要说明一下,为了实现任意激光脉冲波形的编程,可以采取分段编程来实现,每段对应一个电流和脉宽,合起来就形成任意波形。本系统允许的段数是 1~15,如何对每段的参数编程设置,将在下面的编程功能中实现。

参数显示器上的电流栏显示的是各段电流中的最高一段电流。脉宽是指各段脉宽之和,频率是指用户自己设定的频率。电流最高为 600 A,脉宽和最高为 20 ms。如果用户想看看各段的电流和脉宽,可通过按"+,-"键将各段电流脉宽调出,频率框上将显示 P1—P"N",对应每段编号。

在装载状态下,按数字键,将分别调出不同的参数组供用户选择,直到用户满意为止。按"确认"键,在参数显示器上显示"U1,U2",系统询问是否两个灯都以这组参数运行。如果按"选择"键,则显示在 U1、U2 之间切换,即是每个灯可送入不同的参数(运行)出光。如果再按"时间"键,则显示"U1,H,U2",表示两个灯交叉出光,这时的工作频率可提高 1 倍。在上述情况下按"确认"键,就选定了出光方式,机器鸣笛一声,"L"字母旁的"点"亮,表示系统已将该组参数装入运行程序,踩下脚踏开关就出光。如果用户所设参数过限,如设置电流为 800 A,则参数不能装入运行程序,"L"字母旁的"点"不亮,且系统显示用户可设置的最高参数两次。这时只有退回到编程状态去改变参数。如果频率参数是"0",则对脚踏开关输入是"点"动,即踩一次,激光发射一次。在一般情况下,踩下脚踏开关,系统将以设定的频率出光。如果在装载确认后输入一组数字,表示预置激光脉冲记数,在这种情况下,踩下脚踏开关,出光次数到达用户设置后就停下,如果在没有到达预置数时,放开脚踏开关,则激光立刻停下,在功能显示器上显示计数值,以递减方式记数,为 0 则停止。

3) 编程

当用户要修改某组编号下的参数时,先调出该组参数,再按"编程"键,进入编程状态,这时候功能显示器上显示"L"的字母变为"P",即英文"PROG"的第一个字母。按数字键,分别调出不同的参数组,再按"确认"键,将进入激光参数编程。

按数字键,可设置不同的电流和脉宽。按"选择"键,则可设置的参数在电流、脉宽间切换。按"＋,－"键,可设置的参数在各段之间切换,在频率框上显示 P1—P2,对应各段的编号。如果用户要增加波形的段数,可按"编程"键,每按一次,将增加一段,最多允许 15 段。

如果用户要减少段数,则在相应的段上将脉宽设置为"0",在"确认"后该段将被删除;在按下"确认"键后,频率框上指示灯亮,按数字键将设置出光频率。

如果再按"确认"键,则默认显示的频率。如果需要频率低于 1 Hz,则按"＋,－"设置,工作频率范围为 0.1～0.9 Hz,按"确认"键退出。

系统再提示设置出光频率,按"确认"则默认显示频率,或者重新设置频率,退出编程状态将直接进入装载状态。

4) 计数

系统为用户设置了一个激光计数器,专门为用户记录出光次数,并且断电后仍能保持,下次开机接着计数,通过此计数器,用户大概可知道灯的使用寿命,该计数既可以隐藏,也可以实时显现。如果要实时显现,只要在装载参数确认后,再按计数键,出光时功能显示器上的计数值就可随时记录出光次数。在运行预置脉冲记数时不能实时显示出光计数,只能在停下时调出激光计数,连续按两次计数键,显示"CLEAN",如果用户再按"确认"键,则计数值就清零了。

5) 计时

系统也为用户设置了一个时间计时器,专门为用户记录开机时间,该功能的操作程序与计数的相同,在此略过。

6) 删除

在显示"ON"或"OFF"时,按"选择"键,将显示"DEL",可将某个编号中的参数及程序全部删除。按"确认"键后,进入删除状态,按"数字"键,可调出不同的参数组。按"确认"键,则将当前编号内的所有参数删除,该组参数内所有参数均是 0。完成后,按选择键退出,一旦删除将不能再记起,只能重设。

7) 关机

在高压接通的情况下,按"选择"键,在功能数码管上显示"OFF",此时按"确认"键,则关高压系统。由于灯要冷却一段时间,所以系统要在 5 s 后才关停水泵,同时机器鸣笛一声,数码管显示"P",LED 预燃指示灯熄,在此期间,系统不响应按键输入。

在主电源关闭的情况下,控制电路断电后,再拉开机器后面的隔离开关。

关机的顺序:通过"选择"键选择"OFF",按"确认"键,关闭主电源,按"停机"键关闭控制电源,最后拉下隔离开关。

8) 相序保护与缺相保护(三相脉冲激光电源)

如果面板上的门控红色指示灯亮(倒数第3个),显示缺相或相序(门控)有错误时,代表缺相或相序保护。为了保证电源能够安全、稳定地使用,电源设置了相序保护及断相保护功能。遇到相序有错误或者缺相的情况,为了提示用户,缺相保护器上红灯亮,电源无法正常工作。

所谓"相序保护"是指当三相电源的三个相线的顺序错误时,电源自动进行的保护功能。用户只需要在三个相线中任意改变两个相线的位置,缺相保护器上绿灯亮,电源可以正常工作。

而"缺相"是指因三相电源中缺少某一相或者两相,电源自动进行的保护功能。用户必须仔细检查相线连接处是否松动,检查完毕后,缺相保护器上绿灯亮,电源可以正常工作。

初装时,请注意相序,如果相序保护了,就按照上述方法改变三相的排列顺序。

9) 其他

每次开机点灯时,如预燃成功,机器鸣笛一声,且将面板上的预燃指示灯点亮,表示高压电路和主放电回路工作正常。若系统检测不到氙灯点燃,控制电路将在十几秒后再点灯触发一次,如还没有点着,则欠压指示灯亮,显示"ERR,Un"。n为1表示1路灯或是电源有问题,为2表示2路灯有问题或电源断续鸣叫。

面板上所有绿色 LED 闪亮,这是正常工作的表现;红色 LED 闪亮,这是警告故障的发生。每次开关机时,每个继电器的通断吸合是按程序执行的,用户仔细听是有一定规律的,如果在开机时听到继电器吸合不正常,如抖动或不规律等,有可能是 PCB 板没有插到位或是松动了,应插紧后再开。

4. 激光电源维护与维修

1) 充电主回路主要故障现象分析

(1) 开机过程中,J2 刚吸合,空气开关跳开:J4 接触器短路,造成 R1 软启动电路失效;滤波器 DT1 损坏或者与机体短路;三相整流模块 ZL 损坏。

(2) 开机过程中,J4 刚吸合,空开跳开:软启动电阻 R1 损坏,R1 与 R4 的链接断路,造成软启动过程中 C1 和 C2 未充上电。

(3) 设备出光过程中空开跳开:J4 接触器断路或触电接触不良。

2) IGBT 驱动放电电路主要故障现象分析

(1) 设备第一次调试安装后,在按下"开机"键未执行开机程序时,应检查 IGBT 上 E 和 G 间电压,正常状况下为 4.2 V 左右。

(2) 设备开机正常状态下出现炸灯(排除灯寿命已到):IGBT 连通(E 和 G 间电压始终为 0),IGBT 驱动板损坏。

(3) 设备开机正常,但无法出激光:IGBT 驱动电路损坏,检测板上出光的 521 光耦损坏。

3) 高压点火电路主要故障现象分析

(1) 预燃过程中,接触器 J5 无动作:接触器 J5 损坏;双相可控硅 SW5 损坏;驱动 SW5 的信号无。

(2) 预燃过程中,接触器 J5 吸合,但是灯无法点燃,接触器 J7 不吸合:灯预燃电压偏高;

预燃回路出现断路;预燃回路与机体间有电压击穿的位置;预燃电路板损坏;电容 C5 损坏或容值变小;升压变压器 BT1 损坏;SW5(现在已改为 3 A 保险)损坏。

(3) 预燃过程中,接触器 J5 吸合,灯已点燃,但接触器 J7 不吸合:电阻 R7 损坏;预燃电路板损坏;接触器 J7 损坏;IGBT 放电电路损坏(无法完成开机后的第一次放电)。

(4) 预燃工程中,接触器 J5 吸合,灯已点燃,接触器 J7 不吸合或者有断开,无法维持灯点燃状态:维持电阻 R2(10 kΩ)损坏;维持电路出现断路;预燃电路板损坏从而无法提供 DC1000 V 维持电压。

1.2.4 PLC 数控系统

1. PLC 数控系统工作原理

PLC 控制系统采用三菱 FX2N-20GM,FX2N-20GM 是可以实现两轴联动的专用定位单元,FX2N-20GM 外形如图 3.28 所示,它具有线性/圆弧插补功能,8 点数字输入,8 点数字输出,定位单元允许用户使用步进电动机或伺服电动机并通过驱动单元来控制定位。

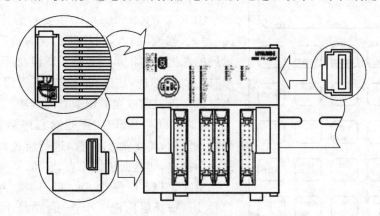

图 3.28 FX2N-20GM 定位单元

本系统 X、Y 二维工作台由 2 台步进电动机驱动,定位单元输出两路控制信号经步进电动机驱动器分别驱动 X、Y 轴步进电动机。通过切换开关还可以控制一个旋转轴,带一个旋转夹具。

2. PLC 数控编程操作

定位单元配有一种专用定位语言 COD 指令和顺序语言(基本指令和应用指令)。有两种编程方法:使用手编器编程或使用计算机编程。两种编程方法的连接如图 3.29 所示。

1) 手工编程器 E-20TP 使用

E-20TP 面板如图 3.30 所示,编程相关说明如下。

(1) 连接 FX2N-20GM 主机与 E-20TP 编程器,接通 FX2N-20GM 电源(由操作台上驱动开关控制)。编程器通电后,首先出现版权标志,几秒钟之后,出现两个选项。第 1 项,进入在线方式,此时读写的对象是 FX2N-20GM 内的 ROM 或 RAM。第 2 项,进入离线方式,此时读写的对象是 E-20TP 内的 ROM。按 1 键,选择"在线方式"。

(2) 选择了离线/在线方式后,使用功能键 RD(读)/WR(写)、INS(插入)/DEL(删除)、

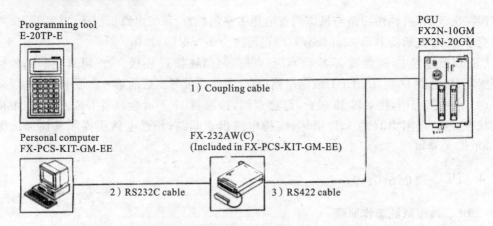

图3.29　可编程序控制器与手工编程器或上位计算机连接

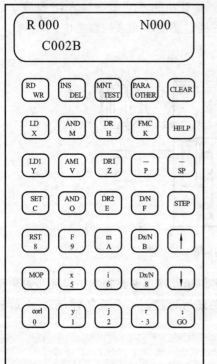

图3.30　手工编程器 E-20TP

MNT(监视)/TEST(测试)、PARA(参数)、OTHER(其他),选择相应的功能进行操作。

① RD/WR、INS/DEL:主要对程序语句进行查阅、写入、修改、插入、删除其相应的状态在编程器显示屏的左上角有指示。如按 RD 键,显示屏左上角显示"R"标志,即进入"读写"状态,可查阅程序内容,按 ↑键或↓键向前或向后逐条查阅程序。

② MNT/TEST:主要是对程序运行状态(运行到哪条语句,X、Y 轴的位置)进行监视和进行示教方式手动操作,如返回机械原点、点动。

MNT/TEST 分两项,第 1 项为状态临近(MNT),选择后出现 2 个选项:选择 1,可以监视目前运行的指令、顺序号和 X、Y 轴坐标;选择 2,可以监视或强制输出输入点(X,Y)及中间继电器(M)的状态。

③ PARA/OTHER:选择 1 进入参数设定,程序参数只有与内置参数合理搭配,才能达到预期的控制效果。

(3) 修改程序指令。

"RD"状态下按 INS 键,显示屏左上角出现"I"标志,进入"插入"状态。键入新指令,即可在光标提示符指示的指令前面插入新的内容。按 DEL 键,显示"D"标志,用↑/↓键调整光标的位置,按 GO 键删除光标指示的程序语句。

(4) 修改内置参数。

在 PARA 状态下用↑/↓键移动光标,键入新参数,然后按 GO 键,完成参数删除。

2) 常用定位指令

FX2N-20GM 的常用定位指令如表 3.3 所示。

表 3.3　FX2N-20GM 的常用定位指令

指令	说明
COD00DRV 快速进给	COD00(DRV)X×××Y××× 以 PARA4 设定的最高速向目标位置移动,停止时执行伺服终点检查后移向下一程序。
COD01LIN 直线插补	COD01(LIN)X×××Y×××f××× 以矢量速度 F××× 向目标位置移动,具有直接移向下一程序的功能。
COD02CW 顺时针圆弧插补	COD02(CW)X×××Y×××i×××j××f××× X,Y 为插补终点,i,j 为圆心与起始点的相对距离,F 为矢量速度。
COD03CCW 逆时针圆弧插补	一切情况下加减速度均根据参数来定,连续插补动作时能连续通过。
COD04TIM 暂停	COD04(TIM)K100,时间单位为 10 ms。 设定范围为 10~655 ms。
COD28DRVZ 返回机械原点	DOG 为高速返回机械原点的减速开关。将参数原点地址存入寄存器中,具有原点复归速度、加减速度、钳位速度、原点复归方向、零相脉冲计数等参数,拥有慢进给开关的搜索功能。
COD29SETR 设置电气原点	COD29(SETR)将当前坐标设置为电气原点。
COD30DRVR 返回电气原点	从当前位置返回电气原点。
COD90ABS 设为绝对地址	COD90 执行后 X、Y 为以(0,0)为参考点的绝对坐标,但圆心(i,j)、半径 r 为相对位置。
COD91INC 设为相对地址	COD91 执行后 X、Y 为以当前坐标为参考点的相对坐标。

3) 位置参数

FX2N-20GM 的位置参数如表 3.4 所示。

表 3-4　FX2N-20GM 位置参数

序号	项目	内容			备注
		机械系	复合系	电机系	单轴
0	单位类别	0	2	1	X 轴
1	脉冲速度	1~65535 脉冲/转			
2	进给速度	1~999999 μm 1~999999 mdeg/n 1~999999×10⁻⁴ inch/n		无效	X 轴
3	最小当量单位	0 10⁰(mm,deg,0.1inch) 1 10⁻¹(mm,deg,0.1inch) 2 10⁻²(mm,deg,0.1inch) 3 10⁻³(mm,deg,0.1inch)		0 1000 PLS 1 100 PLS 2 10 PLS 3 1 PLS	X 轴
4	最高速度	1~153000 cm/min		1~100000 PPS	X 轴
5	慢进给速度				
6	偏置速度	1~153000 cm/min		0~100000 PPS	X 轴

续表

序号	项目	内容		备注
7	反向间隙补偿	0~65535 μm、mdeg、minch/10	0~65535 PLS	X轴
8	加速时间	1~5000 ms		X轴
9	减速时间			
10	插补时间	1~5000 ms		X轴
11	脉冲输出形式	0:正转/反转脉冲 1:旋转脉冲或方向指定		X轴
12	脉冲旋转方向	0:正转脉冲时当前值增加 1:当前值减少		X轴
13	原点退回速度	1~153000 cm/min	0~100000 PPS	X轴
14	钳位速度	1~153000 cm/min	0~10000 PPS	X轴
15	原点返回方向	0:地址增大方向 1:地址减少方向		X轴
16	原点地址	−999999~999999		X轴
17	零点信号数	用 0~65535 计数来实现停止		X轴
18	计数开始时间			X轴
19	慢进给输入逻辑	0:ON-OFF 方式减速 1:OFF-ON 方式减速		X轴
20	极限 LS 逻辑	0:极限处 ON-OFF 1:极限处 OFF-ON		X轴
21	出错判断时间	0~5000 ms,设为 0 时不检查伺服终点		X轴
22	伺服准备	0:检查有效 1:检查无效		X轴
23	停止方式	0:停命令无效　2:减速停止后转入下一个动作 1:暂停　3:减速停止后移向结束		X轴

注意:FX2N-20GM 内置参数(出厂状态)按 0~30 项依次排列(X、Y 同值)为:1,2000,2000,2,200,1000,0,0,200,200,100,0,0,500,1000,1,0,1,1,0,0,0,0,1,1,0,0,0,0,0,0。

4)编程实例

激光焊接过程中,PLC 除了控制二维工作台运动以外,通常还需要控制激光输出、吹气电磁阀、光闸等开关量,系统分配输出端口 Y000、Y002、Y003 分别控制激光、光闸、气阀,通过下述指令进行控制。

```
SET Y000          ;出激光
SET Y002          ;光闸关断(光闸正常情况下处于打开状态)
SET Y003          ;气阀打开
RST Y000          ;关激光
RST Y002          ;光闸打开
RST Y003          ;气阀关断
```

(不同的设备对应的 Y 继电器控制功能有所区别,以实际接线为准。)

激光焊接过程中,激光器最初输出的激光是不稳定的,需要延时 2 s 才稳定,一般通过机械光闸将不稳定的激光挡住,激光焊接过程还需要吹气保护,通过吹气电磁阀控制保护气的输出。焊接工艺流程如图 3.31 所示。

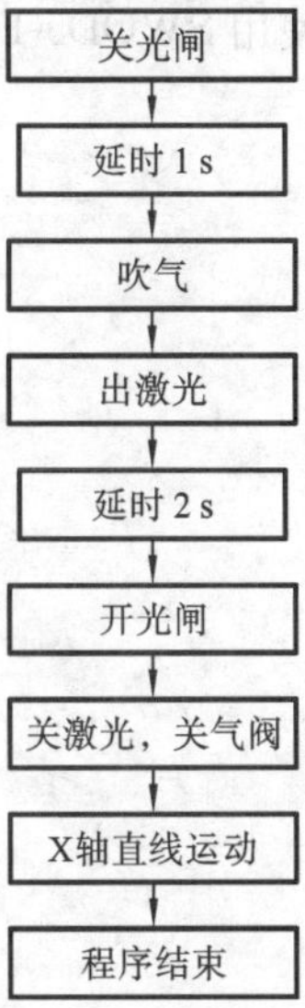

(1) 直线加工程序 PLC 指令编程。

```
N0  LD M9097
N1  SET Y001              ;启动指示灯亮
N2  SET Y002              ;关闭光闸
N3  COD04,K100            ;延时1s,等光闸定位
N4  SET Y003              ;吹气
N5  SET Y000              ;J4吸合,出激光
N6  COD29                 ;以当前坐标作为电气原点
N7  COD90                 ;以电气原点作为绝对坐标
N8  COD00,X-175           ;由电气原点快速移动到焊接地点
N9  COD04,K100            ;暂停1s
N10 RST Y002              ;开启光闸
N11 COD01,X175,F100       ;直线加工
N12 RST Y000              ;撤除激光
N13 RST Y003              ;关气
N14 COD30                 ;返回原点
N15 RST Y001              ;关"启动"指示灯
N16 M02 (END)
```

图 3.31 锂电池激光焊接流程

注意:"启动"指示灯是"程序"按键上的指示灯,表示程序处于运行状态。

(2) 直线加工程序软件编程。

SWOD5-FXVPS-E-Untitled.vps 是三菱开发的可视化位置控制器软件,为 FX-GM 系列定位单元编程提供的开发平台,SWOD5-FXVPS-E-Untitled.vps 软件可与 FX-GM 进行程序传输。

软件工作界面见图 3.32 所示。

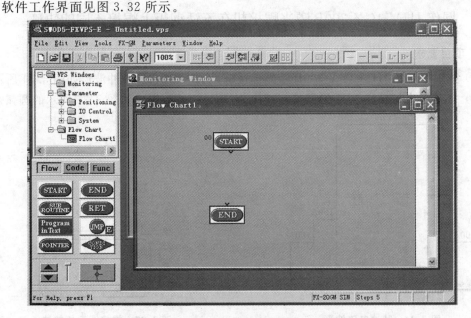

图 3.32 SWOD5-FXVPS-E-Untitled.vps 软件工作界面

使用 SWOD5-FXVPS-E-Untitled.vps 软件编直线加工程序如图 3.33 所示。

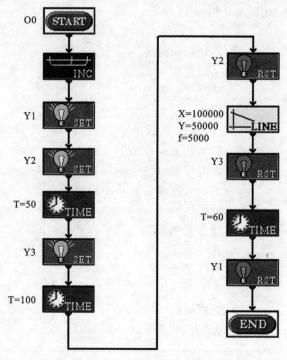

图 3.33 直线加工程序

1.3 任务实施

1.3.1 操作 JHM-1GY-300B 激光焊接机在不锈钢板上焊接不同的轨迹

1. 项目要求

(1) 按顺序启动 JHM-1GY-300B 激光焊接机,设置激光电源脉冲波形如图 3.34 所示。
(2) 打开驱动电源,通过手编器编写程序,在不锈钢板上完成如图 3.35 所示的圆弧矩轨

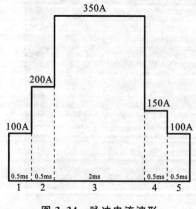

图 3.34 脉冲电流波形

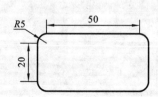

图 3.35 焊接圆弧矩轨迹

迹,单位为 mm,轨迹宽度为 0.5 mm,光斑重叠率为 70%。

2. 项目实施准备

以小组为单位,每组准备激光焊接机1台、不锈钢板1块、游标卡尺1把、相纸1张。

任务 2 激光焊接机谐振腔及光路传输系统装调

2.1 任务描述

掌握激光焊接机谐振腔及光路传输系统各组成元件的作用及安装、调试步骤;

能够熟练进行谐振腔、光路传输系统的装调。

2.2 相关知识

2.2.1 激光焊接机谐振腔装调

如图 3.36 和图 3.37 所示,将激光焊接机谐振腔安装于光具座上,谐振腔由聚光腔和全反膜片、半反膜片调整架组成。

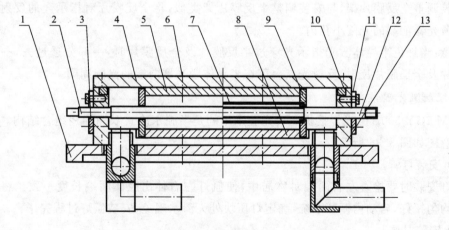

图 3.36 聚光腔结构示意图

1—底板;2—氙灯;3—灯压块;4—盖板;5—上腔体;6—螺钉;7—滤紫外管;
8—下腔体;9—挡板;10—密封圈;11—棒压块;12—Nd:YAG 晶体;13—壳体

激光焊接机谐振腔的安装、调试如下。

1) 光轴的确认

在光具座上安装好半导体激光器校正装置,按下校正开关,红色的半导体指示光通过半

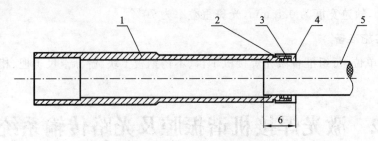

图 3.37 晶体棒套安装示意图

1—晶体棒套;2—O 形密封圈;3—隔圈;4—晶体棒压盖;5—Nd:YAG 晶体棒

导体激光器前端的小孔光阑穿出。

将两块调光板置于光具座上离半导体激光器校正装置一近一远处,因为两块调光板的中心孔位即是光轴中心位,通过两点确定一条直线的原理校准半导体激光器,调整半导体激光器校正装置,使红色的半导体指示光从两块调光板的光阑小孔同时穿出,半导体激光器调好后即为标准指示光,做为光轴的基准。

2) 调整半反膜片架

将半反膜片架装上光具座导轨,调整安装位置使红色的半导体指示光从半反膜片正中间穿过(通过膜片座小孔光阑确定半反膜片座的中心位置),调整半反膜片架的微调旋钮,将半反膜片对指示光的反射点调入半导体激光器前端的光阑小孔内,即出射光与反射光重合,锁紧半反膜片座与光具座导轨的固定螺丝。

3) 调整全反膜片架

安装调整全反膜片架,与安装调整半反膜片架类似,将全反膜片对指示光的反射点调入半导体激光器前端的光阑小孔内。

注意:当红色半导体激光指示光穿过半反膜片及全反膜片时,一部分透过去,一部分被半反膜片及全反膜片反射,反射光点会落在半导体激光器前端的光阑周围。

4) 装配激光器聚光腔

JHM-1GY-300B 激光焊接机的聚光腔采用的是半腔水冷式双椭圆柱组合结构。聚光腔结构示意图如图 3.36 所示。

(1) 安装灯管。

氪灯安装时要检查左右两端对称居中,使氪灯左右伸出腔体两端长度一致。将灯压块的螺钉均匀扭好,启动内循环系统,确定灯压块处无渗水现象,安装氪灯过程完毕。

(2) 安装晶体。

先将晶体棒套安装在晶体上,如图 3.37 所示。

小心将 Nd:YAG 晶体棒、隔圈、O 形密封圈和晶体棒套沿晶体轴向轻轻装入,小心将晶体棒套压盖与 Nd:YAG 晶体棒套旋紧,Nd:YAG 晶体棒两端各伸进晶体棒套 6 mm。小心将晶体棒套连同 Nd:YAG 晶体棒一起沿轴向轻轻装入聚光腔体,使两端伸出长度一致,将两端晶体棒压块的螺钉均匀扭好,启动内循环系统,检查晶体棒压块有无渗漏水现象。如果无渗漏水现象,则安装晶体过程完毕。

(3) 聚光腔调整。

将晶体棒套小孔光阑分别套上晶体棒套两端,调整聚光腔底板的高度和位置,使红色的半导体指示光同时透过晶体棒套两端的小孔光阑,穿过两个小孔光阑后的指示光在白纸上呈现一个均匀圆形红色光斑,然后退掉晶体棒套两端的小孔光栏,观察衍射同心圆环,看看亮点是否在中心。同时,调试过程中还要满足 Nd∶YAG 晶体棒的两个端面对指示激光的两个反射光点和半导体激光器前端的光阑小孔的出射光重合,这一过程需要精心调整聚光腔底板的高度和左右位置。

这样半反膜片、全反膜片、Nd∶YAG 晶体棒经调整后和指示光同轴且垂直,满足了激光器谐振的必要条件。

5) 调光

取下所有调光小孔光阑。

依开机步骤开机,主电源预燃成功后,将激光参数调到较低值(120 A,1.0 ms,1 Hz),按下控制盒上的激光开关,电源开始放电。微调全反膜片架,利用上转换片或曝光相纸进行观察,使激光光斑成规则的圆形(光斑直径为 7 mm)。若光斑左右存在缺隙,则调整全反膜片上右端调节螺钉。若上下存在缺隙,则调整半反膜片架上的下端调节螺钉,直到光斑较圆,且激光能量分布均匀,激光与指示光同轴,此时,激光输出效果最好。

使用相纸打光斑,相纸可用塑料袋套起来,以免相纸产生烟雾对镜片造成损伤。

注意:调整膜片架时一次调整幅度不宜过大。应在工作电流和脉宽较低时进行调整。调整激光输出时,切勿将手碰着氙灯两端的电极,以免发生伤害。

2.2.2 小孔光阑、准直扩束镜装调

小孔光阑调整座和扩束镜调整座的调整方法和上面的方法一样。

安装一个直径 1 mm 的小孔光阑在小孔光阑调整座上,调整小孔光阑调整座,使指示光从小孔光阑中心穿过,取下 1 mm 的小孔光阑,安装上实际使用的小孔光阑。出激光,微调小孔光阑调整座的螺丝使光斑至最圆,最均匀处,小孔光阑调整座调整完毕。

扩束镜调整座也是通过扩束镜输入、输出小孔光阑确定扩束镜与光轴同轴。

2.2.3 导光聚焦系统安装、调试步骤

利用聚焦镜调整光阑调整 45°反射镜座,使指示光通过 45°反射镜的反射光同时穿过聚焦镜调整光阑的两个调整光阑,确定聚焦镜与光轴同轴。

安装焊接喷嘴、吹气机构,微调 45°反射镜座,使指示光从焊接喷嘴的正中心垂直出射最佳。

可将激光参数调到(160 A,0.5 ms,20 Hz),打开激光开关,用上转换片在聚焦镜下方较远位置观察光斑(最好距聚焦镜 100 mm,且不可直接在半反膜片输出口观察光斑,因为此时激光输出功率很大,会烧毁上转换片),微调半反膜片座及全反膜片座,直到光斑较圆,且激光能量分布均匀,激光与指示光同轴。

2.2.4 光纤耦合调试步骤

1. 光纤清洗方法

在安装光纤前,必须认真检查光纤端面(可用显微镜进行目视观察,不得有任何损伤),其正确的清洗方法如下。

(1) 用吹气球吹掉光纤端面的灰尘。

(2) 用无尘擦拭纸或高级镜头纸蘸少量酒精轻轻擦拭光纤表面的污物。

每次装拆光纤时,都必须先擦洗好光纤端面,清洗时请注意不要划伤端面。

2. 光纤的安装过程

(1) 检查光纤端面,若有污染,将光纤端面清洁干净。

(2) 将光纤插头插入光纤插座,并使定位芯嵌入到定位槽,一边轻轻向前推,一边轻轻顺时针旋转光纤连接套,如图 3.38 所示。

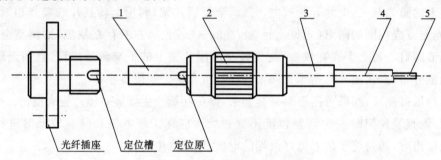

图 3.38 光纤连接结构示意图

1—光纤插头;2—光纤连接套;3—光纤固定套;4—光纤护套;5—光纤

注意:在光纤的安装和使用中不要折弯光纤,以免光纤折裂。

3. 光纤耦合输入装置的调整步骤

(1) 确认指示光与激光同轴(使用相纸在耦合座前打光斑,检查指示光点是否位于激光光斑的中心),以指示光为引导对激光和光纤进行耦合。

(2) 调节指示光,使其通过耦合座小孔光阑和耦合座尾部 $\phi 4$ mm 圆孔,并使用薄纸覆盖,观察红点是否在圆孔中心。

(3) 使用光纤观察镜观察光纤耦合端,将光纤输出端对准日光灯或其他明亮的光源。在观察镜中看到光纤端面(呈现白亮圆斑)和指示光(红光)聚焦点,调节耦合座后的 8 个调节螺钉,使聚焦红点落入光纤端面中间。

(4) 调节耦合聚焦透镜的焦平面位置,使其焦平面与光纤端面重合(在观察镜中看到光纤端面和红光聚焦点同对达到清晰)。

注意:第(3)、(4)两步骤可能需要交替调节,直至达到红光聚焦点既在光纤端面中心又清晰可观察。

(5) 调节耦合聚焦镜的焦平面位置,使其相对光纤端面正离焦 0.7~1 mm 为最佳位置。调节完毕锁紧各调节螺钉。

在正确调整的情况下，光纤输出端可看到圆形均匀的红光光斑。

2.3 任务实施

2.3.1 激光谐振腔装配调试

1. 项目要求

在指定的激光器上熟练进行脉冲氙灯的装拆，步骤正确。

在指定的激光器上熟练进行谐振腔的调试，要求按步骤完成光轴的确定，半反膜片位置调整，全反膜片位置调整，调试完成后相纸上的光斑圆且均匀，指示光和激光同轴性好。

2. 项目实施准备

以小组为单位，每组准备激光焊接机1台、相纸1人1张、内六角扳手1套、脉冲氙灯1只。

2.3.2 激光光路传输系统装调

1. 项目要求

在指定的激光器上熟练进行准直扩束镜装调、同轴监视装调、45°全反镜装调、聚焦镜装调，调试完成后，不锈钢板上的聚焦光斑圆且均匀，指示光和激光同轴度好。

能够熟练进行同轴监视系统装调，调光步骤正确。

2. 项目实施准备

以小组为单位，每组准备激光焊接机1台、相纸1人1张、内六角扳手1套、不锈钢板1块。

2.3.3 光纤传输激光光路装调

1. 项目要求

在指定的激光器上熟练进行光纤耦合的调试，调光步骤正确。

2. 项目实施准备

以小组为单位，每组准备激光焊接机1台、相纸1人1张、内六角扳手1套、不锈钢板1块、光纤观察镜1个。

任务3 激光焊接机PLC数控系统装配调试

3.1 任务描述

掌握激光焊接机的电气控制原理、PLC数控系统原理，完成激光焊接机数控盒电气安装、调试。

3.2 相关知识

3.2.1 激光焊接机电气控制原理

1. 激光焊接机的电源接口

激光焊接机的电源接口图及插座定义如图3.39和图3.40所示。

图3.39 激光焊接机电源接口

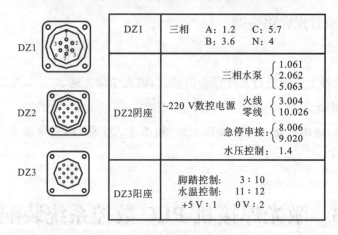

图3.40 激光焊接机电源接口定义

2. 激光焊接机的制冷系统电路

激光焊接机的制冷系统接口图及插座定义如图3.41、图3.42所示。

3. 激光焊接机的电气控制电路原理

激光焊接机的电气控制电路原理图如图3.43所示。

项目 3　激光焊接设备装配调试与激光焊接加工

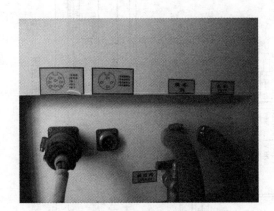

图 3.41　制冷系统电路接口

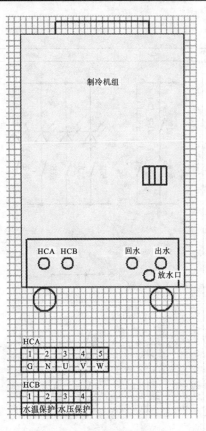

图 3.42　插座定义

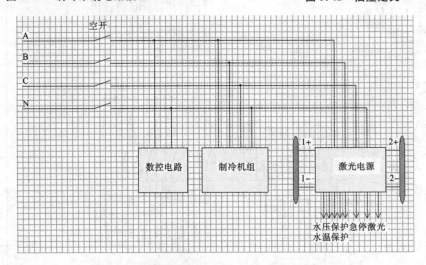

图 3.43　激光焊接机电气控制电路原理图

3.2.2　激光焊接机数控系统控制原理

激光焊接机的数控系统电路如图 3.44 所示,图中按键开关对应于图 3.18 操作面板上按键。

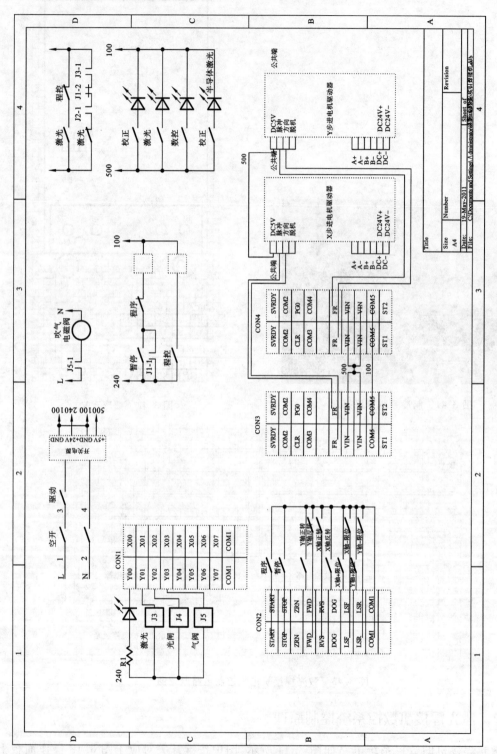

图3.44 JHM-1GY-300B型激光焊接机控制系统电路图

3.3 任务实施

1. 项目要求

按图 3.44 要求完成电路安装、接线、调试,以实现对 JHM-1GY-300B 激光焊接机的电气控制,新数控盒和原数控系统要求具有同样的控制功能。

2. 项目实施准备

以小组为单位,每组准备 JHM-1GY-300B 激光焊接机 1 台、PLC 数控盒及电气元件 1 套、接线工具、测量工具、电路图等。

任务 4　激光焊接加工

4.1 任务描述

掌握激光焊接工艺;
熟练运用激光焊接设备进行激光焊接加工。

4.2 相关知识

4.2.1 激光焊接原理

按激光束的输出方式的不同,可以把激光焊分为脉冲激光焊和连续激光焊。若根据激光焊时焊缝的形成特点,又可以把激光焊分为热导焊和深熔焊。前者的激光功率低,熔池形成时间长,且熔深浅,多用于小型零件的焊接;后者的激光功率密度高,激光辐射区金属熔化速度快,在金属熔化的同时伴随着强烈的汽化,能获得熔深较大的焊缝,焊缝的深宽较大,可达 12∶1。

1. 热传导焊接

热传导型激光焊接的过程:焊件结合部位被激光照射,金属表面吸收光能而使温度升高,热量按照固体材料的热传导理论向金属内部传播扩散。激光脉冲宽度、脉冲能量、重复频率等参数不同,则扩散时间、深度也不相同。

被焊工件结合部位的金属因升温达到熔点而熔化成液体,很快凝固后,两部分金属熔接焊在一起。图 3.45 给出了热传导焊接模式的熔池形态。

激光束作用于金属表面的时间在毫秒量级内,激光与金属之间的相互作用,主要是金属对光的反射、吸收。金属吸收光能之后,局部温度升高,同时通过热传导向金属内部扩散。

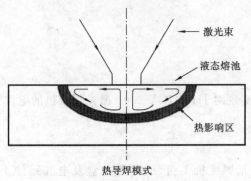

图 3.45　热传导焊接模式的熔池形态

其传播速度、传播状态可用固体热力学所讲述的热传导方程分析。

热传导型激光焊接,需要控制激光的功率和功率密度,金属吸收光能后,不产生非线性效应和小孔效应。激光直接穿透深度只在微米量级,金属内部升温靠热传导方式进行。激光功率密度一般在 $10^4 \sim 10^5$ W/cm² 量级,使被焊接金属表面既能熔化,又不会汽化,从而使焊件熔接在一起。其特点:激光光斑的功率密度小,很大一部分被金属表面反射,光的吸收率较低,焊接熔深浅,焊接速度慢,主要用于薄(厚度小于 1 mm)、小工件的焊接加工。

2. 激光深熔焊接

1) 激光深熔焊接的原理

激光束作用于金属表面,当金属表面上的功率密度达到 10^7 W/cm² 及以上,这个数量级的入射功率密度可以在极短的时间内使加热区的金属汽化,从而在液态熔池中形成一个小孔,称之为匙孔。光束可以直接进入匙孔内部,通过匙孔的传热,获得较大的焊接熔深。

匙孔现象发生在材料熔化和汽化的临界点,气态金属产生的蒸气压力很高,足以克服液态金属的表面张力并把熔融的金属吹向四周,形成匙孔或孔穴。由于激光在匙孔内的多重反射,匙孔几乎可以吸收全部的激光能量,再经内壁以热传导的方式通过熔融金属传到周围固态金属中去。当工件相对于激光束移动时,液态金属在小孔后方流动、逐渐凝固,形成焊缝,这种焊接机制成为深熔焊,是激光焊接中最常用的焊接模式。图 3.46 给出了深熔焊模式的熔池形态。

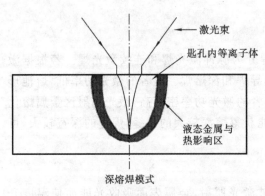

图 3.46　深熔焊模式的熔池形态

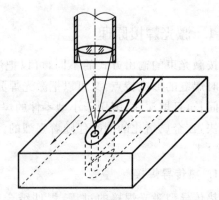

图 3.47　激光深熔焊小孔效应示意图

与激光热传导焊接相比,激光深熔焊需要更高的激光功率密度,一般需要连续输出的 CO_2 激光器,激光功率为 2000~3000 W。图 3.47 所示的是激光深熔焊小孔效应的示意图。

采用激光深熔焊时,激光能量是通过小孔吸引而传递给被焊工件的。小孔作为一个黑体,使激光束的能量传到焊缝深部。随着小孔温度升高,孔内金属汽化,金属蒸气的压力使熔化的金属液体沿小孔壁移动,形成焊缝的过程与热传导型的激光焊接明显不同。在热传导型激光焊接时激光能量只被金属表面吸收,通过热传导向材料内部扩散。

2) 激光深熔焊的特征及优点、缺点

激光深熔焊具有下述特征。

(1) 大的深宽比。因为熔融金属围着圆柱形高温蒸气腔体形成并延伸向工件,焊缝就变得深而窄。

(2) 最小热传输。由于聚焦激光束比常规方法具有高的功率密度,导致焊接速度快,热影响区和变形都比较小。

(3) 高致密性。充满高温蒸气的小孔有利于焊接熔池搅拌和气体逸出,导致生成无气孔熔透焊缝。焊后高的冷却速度又易使焊缝组织细微化。

(4) 强固焊缝。因为灼热热源和对非金属组分的充分吸收,从而降低杂质含量、改变夹杂尺寸和其在熔池中的分布。焊接过程中无须电极或填充焊丝,熔化区受污染少,使焊缝强度、韧性至少相当于甚至超过母体金属。

(5) 非接触、大气焊接过程。因为能量来自光子束,与工件无物理接触,因此没有外力施加于工件。另外,磁和空气对激光都无影响。

3. 激光焊接质量

激光焊接质量主要有两个方面。

(1) 焊接的内在质量。

包括拉力、熔深、气密性、裂纹、强度等检测指标。检测手段有拉力计、氦质谱检漏,金相分析、打压等,不同的产品对应不同的质量要求。

(2) 焊接的外观质量。

包括焊缝的光洁度、均匀性、缝宽等,一般要求焊缝外观漂亮,热影响区越小越好。

4.2.2 激光焊接工艺参数

激光焊接质量很大程度上取决于激光焊接时所选用的工艺参数和工艺方法,如图3.48所示,有以下几个参数影响激光焊接过程。

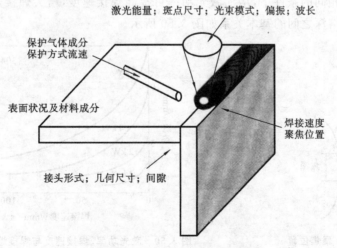

图 3.48 激光焊接过程的影响因素

1. 功率密度

功率密度是激光焊接中最重要的参数之一。功率密度过高会造成材料的气化,热传导激光焊接功率密度的范围在 $10^4 \sim 10^5$ W/cm²。

激光束照射到材料表面时,一部分从材料表面反射,一部分透入材料内被材料吸收,透入材料内部的光通量对材料起加热作用。不同材料对不同波长光波的吸收与反射,有着很大的差别。一般而言,导电率高的金属材料对光波的反射率也高,表面光亮度高的材料其反射率也高。因此实际应用中,功率密度的选取取决于材料本身的特性。除此之外尚需考虑焊接的具体要求,如薄壁材料焊接(0.01~0.1 mm),要求工件的任何位置不允许温升超过沸点,否则易使焊点成孔,功率密度不可太高。厚材料的穿透焊中(0.5 mm),为达到一定熔深,表面应维持在熔沸点之间,功率密度可相应高一些。功率密度通常通过电源的电流或电压、脉宽、频率等参数来调节。

2. 焦点位置(离焦量)

经过聚焦的激光束如图 3.49 所示,应使零件焊接面位于焦深范围内。

此时激光功率密度最高,激光焊接效果最好,一般通过调节聚焦筒来观察在激光与金属作用时产生的火花、聆听发出的声音来识别零件表面是否在焦深范围内。有时为了达到特殊焊接效果,可通过正离焦和负离焦来实现浅焊和深焊。

激光焊接通常需要一定的离焦量,因为激光焦点处光斑中心的功率密度过高,容易蒸发成孔。离焦方式有两种——正离焦和负离焦,焦点在待加工表面以上时为正离焦,焦点在待加工表面以下时为负离焦。离开激光焦点的各平面上,功率密度分布相对均匀。通过调整离焦量,可以选择光束的某一截面使其能量密度适合于焊接,所以调整离焦量是调整能量密度的方法之一。负离焦可以提高熔深,对熔深要求不高时最好用正离焦。当然,离焦量越大,焊缝也越宽。

3. 激光焊接速度

其他参数都相同的条件下,增加激光功率可提高焊接速度,增大焊接熔深。激光功率、焊接速度与焊接熔深之间的基本关系如图 3.50 所示。

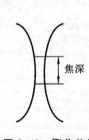

图 3.49 聚焦位置

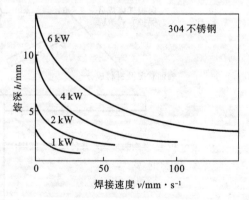

图 3.50 激光功率、焊接速度与焊接熔深之间的关系

随焊接速度的增加,熔池流动方式和尺寸将会改变。低速下熔池大而宽,且易产生下塌,如图3.51(d)所示,此时,熔化金属的量较大,金属熔池的重力太大,表面张力难以维持处于焊缝中的熔池,而从焊缝中间滴落或下沉,在表面形成凹坑。高速焊接时,匙孔尾部原来朝向焊缝中心强烈流动的液态金属由于来不及重新分布,便在焊缝两侧凝固,形成咬边缺陷,如图3.51(b)所示。在大功率下形成较大熔池时,高速焊接同样容易在焊缝两侧留下轻微的咬边,但是在熔池波纹线的中心会产生一定压力。

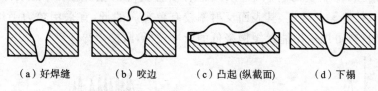

(a) 好焊缝　　(b) 咬边　　(c) 凸起(纵截面)　　(d) 下塌

图 3.51　焊接速度对焊缝的影响

4. 保护气体

激光焊接过程可以在空气环境中进行,不使用保护气体,不需要真空,很多情况下可以获得很好的焊接效果。但一些对焊接工艺要求严格的场合,如要求焊缝美观、密封、无氧化痕迹的产品,或者是易于氧化难于焊接的铝合金材料,在焊接过程中就必须施加保护气体。一种方法是使用密闭的氮气室或真空箱,室内充满氮气,激光通过玻璃照射到工件上,这种方法较烦琐。还有一种方法是利用喷嘴结构吹出一定压力、流量、流速的保护气体作用到焊缝区域,使熔化的金属不与空气中的氧气接触,保证得到高质量的焊缝。保护气体除防止氧化外,还有一个作用就是吹掉焊接过程中产生的等离子体火焰,等离子体火焰对激光有吸收、散射作用,影响焊接效果。

在激光焊接时,金属材料表面瞬间达到熔化温度,此时金属材料表面与空气中的氧发生剧烈反应而形成氧化层。为降低氧化作用,用适量的惰性气体吹拂焊接表面,使焊接表面瞬间与氧气隔离,达到提高质量的效果。

保护气体常用的有氦气、氩气、氮气。氦气成本最高,但其防氧化效果好,且电离度小,不易形成等离子体。氩气的防氧化效果也好,但是它易电离,一般如铝、钛等活泼性金属用氩气做保护气,而将氩气和氦气按一定比例混合使用效果更好。氮气成本最低,一般用于不锈钢的焊接。在要求高度密封、焊接漏气率很低的工件时,最好使用氩气。

5. 电源参数

当激光脉冲频率较低而焊接速度较高时,形成点焊,也就是说,相邻焊接斑点间首尾不能相接。由于焊接斑点直径是一定的,所以只有当激光脉冲频率与焊接速度相匹配时,才能形成满焊。近似公式如下

$$焊接速度 = 激光脉冲频率 \times 激光焊接光斑直径 \times (1 - 光斑重叠率)$$

式中:光斑重叠率为相邻两光斑在直径方向的重叠率。

1) 脉冲宽度

脉冲宽度是激光焊接中重要的参数之一,它是区别于材料去除和材料熔化的重要参数,通常根据熔深和热影响区要求确定脉冲宽度。激光焊接的脉冲必须大于1 ms,否则成为打孔。同一种金属焊接时,在其他条件相同时,其穿入深度与脉宽有关,脉宽越大,则穿入深度

越大,热影响区也越大。

2) 脉冲波形

对波长为 1064 nm 的激光束,大多数材料初始反射率较高,能将激光束的大部分能量反射回去,因此常采用带有前置尖峰的激光输出波形,利用开始出现的尖峰迅速改变表面状态。

如图 3.52 所示,在实际焊接中可针对不同焊接特性的材料灵活地调整脉冲波形。对金、银、铜、铝等反射强、传热快的材料,宜采用带有前置尖峰的激光波形。对于钢及其类似金属,如铁、镍、钼、钛等黑色金属,其表面反射率较有色金属的低,宜采用较为平坦的波形或平顶波,如对易脆材料可以采用能量缓慢降低的脉冲波形,减慢冷淬速度。

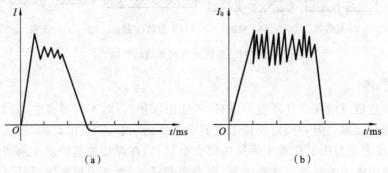

图 3.52 带前置尖峰的脉冲波形和普通脉冲波形

3) 脉冲频率

热传导焊接中,激光器发出重复频率激光脉冲,每个激光脉冲形成一个熔斑,焊件与激光束相对移动速度决定了熔斑的重叠率,一系列熔斑形成鱼鳞纹似的漂亮焊缝。一般根据生产率即焊接速度的要求选择激光重复频率。在激光密封焊接中,重叠率要求在 70% 以上。

4) 能量上升与下降方式

焊接过程中尤其是在焊接快结束的时候,调整能量下降时间和下降速度是一种非常好的控制方法,可以使匙孔坍塌引起的局部咬边降到最低程度。典型的能量上升可以在 0.0~0.2 s 内将激光功率从较低值升高到所需功率,在工件或激光束移动过程中打开光闸可使能量上升在零过渡时间内完成,输出的激光功率就是焊接功率。典型的能量下降可以在 0.3~0.5 s 内将激光能量从焊接功率降到较低值。要获得理想的匙孔坍塌形状,就要有足够长的能量下降时间,不过要注意尽可能减少焊接热循环时间。

4.2.3 激光焊接中的其他因素

1. 焊接飞溅及其防止

焊接过程中产生的飞溅堆积在聚焦镜上会严重影响焊接质量。随着焊接飞溅和其他残渣在聚焦镜和透镜表面上越积越多,镜片将会吸收能量从而产生热变形,从而降低焊接能量,减小熔深。焊接区的污染物是飞溅产生的一个来源。此外,若材料杂质含量较高或含有高挥发性元素,也会导致焊接飞溅产生。

虽然焊接飞溅有不同的产生来源和潜在的喷溅频率,但最值得关注的是它喷溅到聚焦镜上的数量。喷溅到聚焦镜上的焊接飞溅数量取决于聚焦焦距大小,聚焦镜离飞溅源越近,飞溅喷到聚焦镜上的概率就越高,对透镜表面带来热及机械方面的危害也越大。

解决这个问题,可以在聚焦镜与工件之间安装一个玻璃盖,光束可完全透过玻璃照射到工件上而没有能量损失,玻璃盖成本较低,且可任意置换,有效防止了焊接飞溅对贵重光学器件产生的损害。

2. 激光焊接的工艺方法

1) 片与片之间的焊接

片与片之间的焊接在选择激光参数时,主要是上片材料的性质、片厚和下片材料的熔点起着决定性的作用,应合理选择上片材料,如果将厚度较小、热扩散率较大的金属选为上片,则其所需的脉冲宽度和总能量相对小一些。

2) 丝与丝的焊接

适合于脉冲激光焊接的细丝,其直径可小到 0.02 mm。丝与丝的焊接,对激光能量的要求是比较严格的,若功率密度稍大,则金属就会汽化,引起断丝。

3) 丝与块状元件的焊接

丝与块状元件的焊接,若仅从焊接质量着想,最好是从侧面进行焊接,即激光对准丝与块状元件的接触处进行焊接。若条件允许,片在上、丝在下也易焊好。

如图 3.53 所示的太阳能集热板的焊接就是一种很特殊的搭接方式。

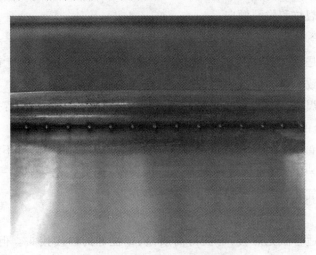

图 3.53 太阳能集热板的焊接

3. 常见金属的激光焊接特性

1) 碳钢

低碳钢和低合金钢都具有较好的焊接性能,但是采用激光焊接时,材料的含碳量(碳当量)不应高于 0.2%。碳钢的激光焊接性能概括起来有以下几点。

(1) 含碳量较低的钢焊接性较好,含碳量超过 0.3%,焊接的难度将会增加,且冷裂纹倾向也会加大。

(2) 镇静钢和半镇静钢的激光焊接性能较好,因为材料在浇注前加入了铝、硅等脱氧剂,使得钢中含氧量降到很低的程度。如果钢没有脱氧（如沸腾钢），在焊接时气体逸出过程中形成的气泡就很容易导致气孔的产生。

（3）如果含硫量高于0.04%或含磷量高于0.04%，则钢激光焊接时容易产生裂纹。

（4）表面经过渗碳处理的钢由于其表面的含碳量较高，极易在渗碳层产生凝固裂纹和收缩裂纹，通常不用激光焊接。

（5）对于镀锌钢，一般很难采用激光焊接，特别是穿透焊接，因为锌的汽化温度（903 ℃）比钢的熔点（1535 ℃）低得多，在焊接过程中锌蒸发，产生的蒸气压力使锌蒸气从熔池中大量排出，同时带走部分熔化金属，使焊缝产生严重的气孔。

2）不锈钢

不锈钢的激光焊接性能一般都比较好，不过奥氏体不锈钢 Y1Cr18Ni9、1Cr18Ni9、Y1Cr18Ni9Se、1Cr18Ni9Ti 和 0Cr18Ni11Nb 等，由于加入硫和硒等元素以提高机械性能，故其凝固裂纹的倾向有所增加。奥氏体不锈钢的导热系数只有碳钢的1/3，吸收率比碳钢高一点。因此，奥氏体不锈钢只能获得比普通碳钢稍微深一点的焊接熔深（深5%～10%）。激光焊接热输入量小、焊接速度高，非常适合用于 Cr-Ni 系列不锈钢的焊接。激光焊接铁素体不锈钢时，其韧性和延展性通常比采用其他焊接方法的要高。不锈钢中，马氏体不锈钢的焊接性能差，焊接接头通常硬而脆，并有冷裂纹倾向。在焊接含碳量大于0.1%的不锈钢时，预热和回火可以降低冷裂纹和脆裂倾向。

3）铜、铝及其合金

铜的不可焊性是因为其中锌的含量超出了激光焊接允许的范围。锌有相对较低的熔点，容易汽化，会导致大量的焊接缺陷，如气孔、虚焊。

铝合金的激光焊接需要相对较高的能量密度。这有两方面的原因：一是铝合金的反射率较高；二是铝合金的导热系数很高。

LY16、L1-L6 和 LF21 系列的铝合金能够成功地实现激光焊接，且不需要填充金属。但是，许多其他铝合金中含有易挥发的元素，如硅、镁等，因此无论采取哪一种激光焊接方法，焊缝中都会有很多气孔。而激光焊接纯铝时不存在以上问题。

4）钛及其合金

钛和钛合金很适合激光焊接，可获得高质量、塑性好的焊接接头。但是，钛对氧化很敏感，所以要特别注意接头的清洁和气体保护问题。钛及钛合金对热裂纹是不敏感的，但是焊接时会在热影响区出现延迟裂纹。氢是引起这种裂纹的主要原因。防止这种裂纹，主要是通过减少焊接接头的氢来源来实现，必要时可进行真空退火处理，以减少焊接接头的含氢量。焊接气孔是钛及钛合金焊接时的一个主要问题，消除气孔的主要途径如下。

（1）用高纯度的氩气进行焊接。

（2）焊前对工件接头附近表面，特别是对接端面必须认真进行机械处理，再进行酸洗，然后用清水清洗。

5）不同金属的焊接

焊接不同类型的金属要解决可焊性和可焊参数范围。不同材料之间的激光焊接只有某些特定的材料组合才有可能(见图3.54)。

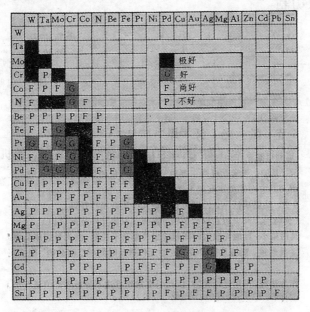

图 3.54 不同金属材料间采用激光焊接的可焊性

4.3 任务实施

4.3.1 不锈钢板拼焊

1. 项目要求

按顺序启动 JHM-1GY-300B 激光焊接机,编写程序,将两块不锈钢板拼焊在一起,要求焊接熔深 0.5 mm,焊缝表面光亮、平整。

2. 项目实施准备

以小组为单位,每组准备激光焊接机 1 台、0.5 mm 不锈钢板 2 块、游标卡尺 1 把、转换片 1 个、氮气 1 瓶、焊接夹具 1 个。

4.3.2 铝板拼焊

1. 项目要求

按顺序启动 JHM-1GY-300B 激光焊接机,编写程序,将两块铝板拼焊在一起,要求焊接熔深 0.2 mm,焊缝表面光亮、平整。

2. 项目实施准备

以小组为单位,每组准备激光焊接机 1 台、1 mm 铝板 2 块、游标卡尺 1 把、转换片 1 个、氮气 1 瓶、焊接夹具 1 个。

4.3.3 不锈钢板切割

1. 项目要求

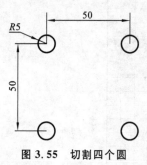

图 3.55 切割四个圆

按顺序启动 JHM-1GY-300B 激光焊接机,通过计算机编写程序,按实际尺寸在不锈钢板上切割如图 3.55 所示的图形,单位为 mm。

2. 项目实施准备

以小组为单位,每组准备激光焊接机 1 台、0.5 mm 不锈钢钢板 1 块、游标卡尺 1 把、转换片 1 个、直径 Φ5 mm 小孔光阑 3 个、切割气嘴 1 个、氧气 1 瓶。

【阅读材料】

一、激光复合焊

激光功率密度大,热作用区域很小,因而激光焊接具有很多优点。但是,因为激光焊接时产生很高的峰值温度和温度梯度,同时使母材汽化,容易生成能够吸收和散射激光的等离子体云。所以,单热源激光焊接能量转换效率和利用率低,焊接过程不稳定,接口容易错位,容易产生气孔、疏松、裂纹和变形、焊缝凹陷,等等。把激光与其他热源,如电弧、等离子弧或另外一束特殊的激光复合,共同对工件进行焊接,可以改变功率密度在时间和空间上的分布,改善热作用和影响区域的母材温度分布,减少或消除等离子云,提高工件对激光的吸收率,增大焊接熔深,改善焊缝及热影响区的冷却条件、转变组织和应力状态,有的还可以缓和对母材端面接口精度的要求。各种复合焊接方法综合发挥了激光和其他热源的长处,能够在不同方面、不同程度上减少或消除焊接缺陷,提高激光能量的利用率,是激光焊接发展的趋势。激光复合焊接主要有三种。

1. 激光与电弧复合焊接

激光焊接由于产生了等离子体云,能量利用率降低;而且等离子体对激光的吸收与正负离子密度的乘积成正比。如果在激光束附近外加电弧,电子密度显著降低,等离子云得到稀释,激光的吸收率大大提高。同时,电弧也对焊接母材进行预热,使母材温度升高,也使激光的吸收率进一步提高。所以,焊接熔深大大增加。另外,电弧的能量利用率高,从而使总的能量利用率提高。

激光焊接由于热作用区域很小,母材端面接口容易发生错位,而电弧的热作用范围较大,可以缓和对接口的要求,减少错位,同时,由于激光束对电弧的聚焦、引导作用,电弧的焊接质量和效率得到提高。

激光焊接时,峰值温度高,温度梯度大,冷却、凝固很快,容易产生裂纹和气孔。电弧的热作用范围、热影响区较大,温度梯度减小,降低冷却速度,凝固过程变得缓慢,减少或消除气孔和裂纹的生成。

由于电弧焊接容易使用添加剂，可以填充间隙，采用激光与电弧复合焊接的方法能减少或消除焊接后接口部位的凹陷。

激光与电弧复合焊接有两种：一种是激光与 TIG 复合焊接，另一种是激光与 MIG 复合焊接。激光与 TIG 复合焊接的特点如下。

(1) 利用电弧增强激光作用，可用小功率激光器代替大功率激光器焊接金属材料。

(2) 在焊接薄件时可高速焊接。

(3) 可增加熔深，改善焊缝成形，获得优质焊接接头。

(4) 可以缓和母材端面接口精度要求。如当 CO_2 激光功率为 0.8 kW、TIG 电弧的电流为 90 A、焊接速度为 2 m/min 时，可相当于 5 kW 的 CO_2 激光焊机的焊接能力。5 kW 的 CO_2 激光束与 300 A 的 TIG 电弧复合，焊接速度为 0.5～5 m/min 时，获得的熔深是单独使用 5 kW 的 CO_2 激光束焊接时的 1.3～1.6 倍。

激光与 MIG 复合焊接的特点如下。

(1) 同激光与 TIG 电弧复合焊接相似，电弧增强激光的作用，可以用小功率激光器代替大功率激光器进行焊接，提高焊接速度，增加熔深，改善焊接质量，缓和母材端面接口精度要求。

(2) 能够调整焊缝金属成分。

(3) 消除焊缝凹陷。日本四国工业技术研究所用 5 kW 的 CO_2 激光束与 400 A 的 MIG 电弧相复合，焊接速度为 800 m/min 时，可焊透 12 mm 厚的钢板。日本东芝公司用 6 kW 的 CO_2 激光束与 7.5 kW 的 MIG 电弧复合，在选择合适的电弧电流、保护气体等参数时，以 700 m/min 的速度，可以焊接(透)16 mm 厚的不锈钢板，焊缝经放射线检查结果可达 RT1 级 (JISZ3106)。

2. 激光与等离子弧复合焊接

此方法的基本原理同激光与电弧复合焊接的相似。但在激光电弧焊接时，由于反复采用高频引弧，起弧过程中电弧的稳定性相对较差；电弧的方向性和刚性也不理想；同时，钨极端头处于高温金属蒸气中，容易受到污染，从而影响电弧的稳定性。激光与等离子弧复合焊接的提出，成功地解决了以上问题。

英国考文垂大学先进连接中心采用功率为 400 W 的激光器和电流为 60 A 的等离子弧，焊接碳钢、不锈钢、铝合金和钛合金等金属材料，均获得了良好结果。对薄板焊接时，在相同的熔深条件下，激光与等离子弧复合焊接的速度是仅采用激光焊接的 2～3 倍。

3. 双激光束焊接

在激光焊接过程中，由于激光功率密度大，焊接母材被迅速加热熔化、汽化，生成高温金属蒸气。在高功率密度的激光的继续作用下，很容易生成等离子体云，不仅减小工件对激光的吸收，而且使焊接过程不稳定。如果在较大的深熔小孔形成后，减小继续照射的激光功率密度，而已经形成的较大深熔小孔对激光的吸收较多，结果激光对金属蒸气的作用减小，等离子体云就能减小或消失。因而，用一束峰值功率较高的脉冲激光和一束连续激光，或者两束脉冲宽度、重复频率和峰值功率有较大差异的脉冲激光对工件进行复合焊接，在焊接过程中，两束激光共同照射工件，周期性地形成较大深熔小孔，后适时停止一束激光的照射，可使等离子体云很小或消失,改善工件对激光能量的吸收与利用,加大焊接熔深,提高焊接能力。

有实验研究表明,用两束钕-钇铝石榴石激光对 10 mm 厚的 304 不锈钢板进行复合焊接时,其中一束为峰值功率较高的脉冲激光,另一束为调制矩形波的连续激光。在总的平均功率为 2.9 kW 和焊接速度为 5 mm/s,选择最佳脉冲能量密度时,获得的最大熔深为 7.3 mm。相比之下,当采用平均功率为 2 kW 的调制矩形波连续激光和功率为 1 kW 的连续激光相配合时,总的平均功率也为 2.9 kW,得到的最大熔深不超过 5 mm。观察发现,在形成较大深熔小孔后,停止高峰值功率的脉冲光束的照射,在连续激光束继续作用的过程中,激光火焰熄灭;最大熔深和激光火焰熄灭时间之间存在着严格的关系。这种现象说明,较高峰值功率的脉冲激光和连续激光复合焊接时,在形成较大深熔小孔后,较高峰值功率的脉冲激光停止照射,功率密度减小,可使等离子体云消失。因此,较高峰值功率的脉冲激光的辅助作用能够加大焊接熔深,提高焊接能力和激光能量利用率,同时改善焊接的稳定性。

二、热缩性材料的激光焊接

激光焊接塑料技术是很专业化的黏结技术。当要求高速焊接及要求精密焊接或无菌条件焊接时,就可以发挥出激光焊接的优势。该技术曾经受制于价格因素,但是随着设备价格的不断下降,已经在很多应用领域比超声波焊接及热板焊接更具竞争力。主要的应用领域有医疗、汽车、电子和包装等行业。

1. 材料

几乎所有的热塑性塑料和热塑性弹性体都可以使用激光焊接技术。

(1) 常用的焊接材料有 PP、PS、PC、ABS、聚酰胺、PMMA、聚甲醛、PET 及 PBT 等。

(2) 其他的一些工程塑料如聚苯硫醚 PPS 和液晶聚合物等,由于其具有较低的激光透过率而不太适合使用激光焊接技术。因此,常常在其底层材料上加入炭黑,以便使其能吸收足够的能量,从而满足激光透射焊接的要求。

(3) 未填充的或玻纤增强的聚合材料都可以用于激光焊接。但是,过高的玻纤含量会散射发出 IR 激光,降低光束通过聚合物的穿透力。有色塑料也可以用于激光焊接,但随着颜料或染料含量的增加,激光束通过塑料的穿透能力会有所下降。

2. 塑料激光焊接设备

目前,国内塑料激光焊接设备才开始起步,大多处于摸索阶段。如武汉华工激光工程有限责任公司就推出了采用半导体激光器作为光源的塑料焊接机,分别有:基于振镜运动方式的塑料激光焊接机,主要用于平面焊接;基于电动工作台三维运动的塑料激光焊接机,主要用于三维曲线的焊接。

3. 焊接类型

塑料激光焊接可按焊接方式划分为以下五种类型。

(1) 顺序型周线焊接(contour welding)。激光沿着塑料焊接层的轮廓线移动并使其熔化,将塑料层逐渐地黏结在一起;或者将被夹层沿着固定的激光束移动达到焊接的目的。

(2) 同步焊接(simultaneous welding)。来自多个二极管激光束被引导到沿着焊接层的轮廓线上,并熔化塑料,从而使得整个轮廓同时熔化并黏结在一起。

(3) 准同步焊接(quasi-simultaneous welding)。该技术综合了上述两种焊接技术。利用反射镜产生高速激光束(至少 10 m/s 的速度),并沿着待焊接的部位移动,使得整个焊接处逐渐发热并熔合在一起。

(4) 掩模焊接(mask welding)。激光束通过模板进行定位、熔化并黏结塑料,该模板只暴露出下面塑料层的一个很小的、精确的焊接部位。使用这种技术可以实现低至 10 μm 的高精度焊接。

(5) Globo 焊接(Globo welding)。这种焊接是沿着产品的轮廓周线进行焊接的,它是瑞士莱丹(Leister)公司的专利技术。激光束经由气垫式、可无摩擦任意滚动的玻璃球点状式地聚焦于焊接界面,该玻璃球不仅仅进行聚焦,而且充当机械夹紧夹具。当该球在表面上滚动时,为接合面提供了持续压力。这就确保了在激光加热材料的同时有压力夹紧。该玻璃球取代了机械夹具,同时扩大了激光焊接在连续三维焊接中的应用范围。

4. 塑料激光焊接技术的利弊

塑料激光焊接技术是用通常存在于电磁光谱红外线区的集束强辐射波,熔化接头区塑料的技术。所用激光的类型和塑料的吸收特性决定可能焊接的程度。

塑料激光焊接技术的优点如下。

(1) 激光焊接极大地减小了制品的振动应力和热应力,意味着可以使制品或装置内部组件的老化速度更慢。这个特点为将激光焊接应用于易损坏的制品(如电子传感器)提供了一个机会。

(2) 很多种类不同的材料能够用激光焊接在一起,激光焊接使用近红外线激光(NIR),波长为 810~1064 nm。首先,两种制品在低压力下被夹紧在一起,近红外线激光穿过一个制品(近红外线激光透射),然后被另外一个制品吸收(近红外线激光吸收)。吸收近红外线激光的制品将光转化为热,然后在制品的接触面处熔化。同时,热也传导到透射近红外线激光的制品的表面,形成一个焊接区。

(3) 焊接缝的强度能够超过原始材料的强度。如激光焊接将能透过近红外线激光的聚碳酸酯(PC)和 30% 玻纤增强的黑色聚对苯二甲酸丁二酯(PBT)连接在一起。其他的焊接方法不能将这两种在结构、软化点和增强材料等方面如此不相同的聚合物连接起来。

(4) 激光焊接最擅长于焊接具有复杂外形(甚至是三维的)的制品,能够焊接其他焊接方法不易达到的区域。

激光焊接没有残渣。这一优点也使它比较适合应用于以下制品:由政府行政监督管制的医药制品、汽车制品和其他的电子传感器。

塑料激光焊接对一些材料而言也存在着局限性。

(1) 一些高性能聚合物,如 PPS、聚 PEEK 和 LCP,对近红外光的透射率很低,因而不适合激光焊接方式。

(2) 当两种材料中都填充炭黑时,由于两种材料都是黑色,它们是不能被焊接在一起的。这对于汽车外壳下的设备和其他黑色的装置采用激光焊接来说是一个障碍。现在很多材料公司也推出了激光可焊接的黑色塑料,如激光可焊接黑色 PC、黑色 PA66,等等。

(3) 两种对近红外线激光都透射的材料(通常是透明的或者白色的),由于其对近红外光的吸收很少,所以也不能用激光焊接起来。这对于医药、包装和消费产品来说是一个很大的缺点，因为这些产品都要求透明。

(4) 许多由矿物填充的化合物能够吸收近红外线激光，通常不适合用激光焊接。高填充的玻纤增强物能够改变近红外线激光的透射率，降低焊接效率，不过原料供应商的配方中的玻纤含量通常不会超过这个限度。

5. 塑料激光焊接技术的应用

(1) 在汽车工业领域的应用。塑料激光焊接技术可用于制造很多汽车零部件，如燃油喷嘴、变挡机架、发动机传感器、驾驶室机架、液压油箱、过滤架、前灯和尾灯等。其他汽车方面的应用还包括进气管、光歧管的制造及辅助水泵的制造。

(2) 在医学领域的应用。塑料激光焊接技术可用于制造液体储槽、液体过滤器材、软管连接头、造口术袋子、助听器、移植体、分析用的微流体器件等。

(3) 塑料激光焊接技术是一项无振动技术，特别适合用于加工精密的电子元器件，如鼠标、移动电话、连接器件、自动门锁、无钥匙进出设备及传感器等。

(4) 激光还可以将塑料薄膜焊接在一起，它沿着薄膜的边缘移动，通过黏结作用形成一个包装用的封体结构。操作过程可以完成得非常快。根据 TWI 公司的资料，它使用 100 W 的 CO_2 激光可以以 100 m/min 的速度焊接 100 μm 厚的聚乙烯薄膜。

习　题

3.1 简述激光焊接设备的种类和应用领域。

3.2 试画出激光焊接设备的典型结构图，并分析各部分工作原理。

3.3 简述激光焊接设备的典型光路系统。

3.4 简述激光焊接机谐振腔装调要领。

3.5 简述激光焊接机光路传输系统装调要领。

3.6 简述 JHM-1GY-300B 型激光焊接机的操作过程。

3.7 简述激光焊接设备操作的安全注意事项。

3.8 简述光纤传输激光焊接机光纤耦合装置的工作原理。

3.9 简述光纤传输激光焊接机光纤耦合调光步骤。

3.10 简述激光焊接的主要优点。

3.11 分别说明深熔焊接和热传导焊接的工作原理。

3.12 简述影响激光焊接效果的工艺参数。

3.13 简述激光焊接机电源波形设置的意义。

3.14 简述常用金属材料的激光焊接特性。

项目 4
激光切割设备装调与激光切割加工

任务 1　CNC2000数控激光切割机使用

1.1　任务描述

掌握中小功率激光切割机的种类及结构；
能够熟练使用 CNC2000 数控激光切割机；
学会 CNC2000 数控激光切割机的日常维护及参数设置。

1.2　相关知识

1.2.1　中小功率激光切割机种类及总体结构

1. 中小功率激光切割机种类

中小功率激光切割机以 Nd：YAG 固体激光切割机为主，按其运动方式分为以下几种。

1）定光路激光切割机

定光路激光切割机中最常见的是十字滑台激光切割机，它是光路固定不变，通过工作台的运动来实现二维切割。这种运动方式可以减少激光器和传输光路的振动，提高切割的质量。精密激光切割机大多采用这种传动方式。

2）半飞行光路激光切割机

定光路激光切割机最大的缺点是很难解决落料问题，容易发生作业故障，而且 Nd：YAG 固体激光器输出光斑的模式是准基模，不适合全飞行光路。所以，实际中大多采用半飞行光路激光切割机，俗称龙门式激光切割机。激光器在龙门臂上做一维方向的运动，装载有激光器的悬臂采用丝杆螺母或齿条传动的方式做另一维方向的运动。这样，光路只在龙门臂的有限行程内有所变化,既能保证激光的稳定输出,又能解决落料问题。较大幅面的薄板激光切割机常采用这种方式。

3) 全飞行光路激光切割机

全飞行光路激光切割机对激光的光束质量要求很高,固体激光器一般不采用,而 CO_2 激光切割机大多采用这种方式实现二维切割。

4) 激光切割机器人

日本研制的多关节型 Nd：YAG 激光切割机器人的结构如图 4.1 所示。多关节型 Nd：YAG 激光切割机器人是用光纤把激光器发出的光束直接传送到装在机器人手臂的割炬中,因此比 CO_2 气体激光切割机器人更为灵活。这种机器人是由原来的焊接机器人改造而成的,采用示教方式,适用于三维板金属零件,如轿车车体模压件等的毛边修剪、打孔和切割加工。

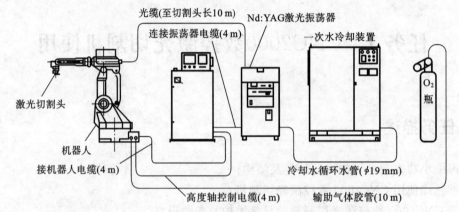

图 4.1　多关节型 Nd：YAG 激光切割机器人的结构

2. 中小功率激光切割机总体结构

激光切割设备,主要由激光器光源、导光系统、数控运动系统、供气系统、除尘系统等组成。对于中小功率激光切割机而言,其与激光焊接机有很多相似之处,但与之不同的是,为了达到较高的切割精度,一般会采用复合镜进行聚焦。数控运动系统包括数控卡,数控机床等。数控软件 CNC2000 经数控卡发出指令,通过电动机驱动器控制电动机的运动来实现曲线切割。供气系统是用来保证同轴吹气的气流和辅助气缸的用气。一般用杜瓦罐储存切割用的氧气和氮气等,也有的用空压机产生的高压空气替代。但是,不论哪种气体都含有水汽和油污等杂质,影响切割的效果,污染光学镜片。为了解决这个问题,一般将气体通过冷干机除污干燥后再使用。

1.2.2　CNC2000 数控程序

1. CNC2000 简介

CNC2000 数控系统软件(见图 4.2 和图 4.3)基于 Windows,采用 DSP 技术开发,硬件采用 PCI 接口,具有 4 轴联动功能。系统主要功能如下。

● 联动轴数:4 轴 4 联动。

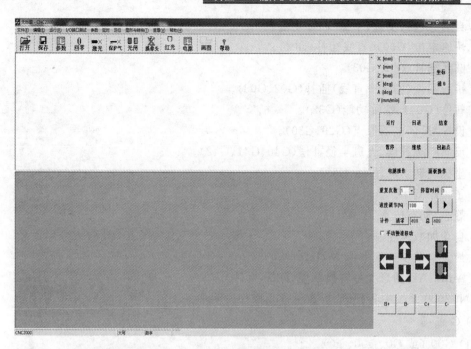

图 4.2 软件主界面

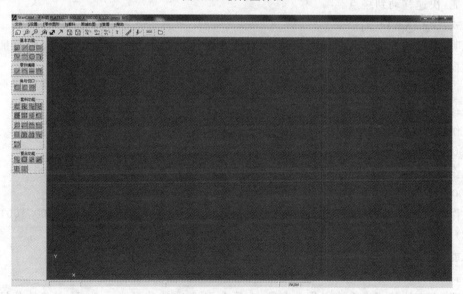

图 4.3 StarCAM 主界面

- 程序校验功能。
- MDI 功能。
- 绝对/增量编程(G90、G91)。
- 英制、公制、脉冲数编程(G20、G21、G22)。
- 镜像功能(G24、G25)。
- 缩放功能(G50、G51)。

- 自动、点动、步进、手摇、回零功能。
- 快速定位(G00)、直线插补(G01)。
- 圆弧插补(G02、G03)。
- 扩展圆弧(圆弧+直线)插补(G02、G03)。
- 暂停(G04)、螺纹功能(G33)。
- 设置/返回电器原点(G29、G30)。
- 反向间隙补偿、光斑半径补偿(G40、G41、G42)。
- 坐标旋转功能(G68、G69)。
- 子程序调用。
- 静态/动态仿真。
- 自动加减速控制。
- 最大空载步进频率：1 MHz。
- AutoCAD 图形文件转换功能(DXF 文件)。

CNC2000 系统中各代码、参数设置及操作说明如下。

1) G 代码

(1) G00（或 G0、g00、g0）。

功能：快速移动到终点。

格式：G00 Xa Yb Zc

说明：由直线的起点向终点作一向量，向量在 X 方向的分量为 a，在 Y 方向的分量为 b，在 Z 方向的分量为 c，所以 a,b,c 是带符号的（单位：mm）。

编程时可以省去 Xa、Yb、Zc 中为零的项。

例：G00　X100

工作台以运动参数设置中所设置的上限速度从点(0,0,0)运动到点(100,0,0)。

G00　X100　Y100

工作台以运动参数设置中所设置的上限速度从点(0,0,0)运动到点(100,100,0)。

G00　X100　Y100　Z100

工作台以运动参数设置中所设置的上限速度从点(0,0,0)运动到点(100,100,100)。

(2) G01（或 G1、g01、g1）。

功能：直线插补

格式：G01 Xa Yb Zc [Ff]

说明：由直线的起点向终点作一向量，向量在 X 方向的分量为 a，在 Y 方向的分量为 b，在 Z 方向的分量为 c，所以 a,b,c 是带符号的（单位：mm）。

f 是可选项，f 为工作台的运行速度，单位为 mm/min。如果在这一条代码指令前执行的代码指令规定了速度值，而此时不改动的话，本项可省略。

编程时可以省去 Xa、Yb、Zc 中为零的项。

例：G01　X100　F1000

工作台以 1000 mm/min 的速度从点(0,0,0)运动到点(100,0,0)。

G01　X100　Y100　f2000

工作台以 2000 mm/min 的速度从点(0,0,0)运动到点(100,100,0)。

G01　X100　Y100　Z100　f1500

工作台以 1500 mm/min 的速度从点(0,0,0)运动到点(100,100,100)。

(3) G02（或 G2、g02、g2）。

功能：顺时针圆弧插补。

格式：G02 Xa Yb Id Je [Ff]

说明：X、Y、F 三项同 G01，由圆弧起点向圆心作一向量，向量在 X 方向的分量值为 d、Y 方向的分量值为 e。

例：G91

G02　X0　Y0　I2　J0　F1000

工作台以 1000 mm/min 的速度顺时针走半径为 2 mm 的整圆。起点坐标为(0,0)，终点与起点重合，所以，X、Y 坐标差为(0,0)；圆心坐标为(2,0)，所以，从起点到圆心的向量在 X、Y 方向的分量 I、J 分别为(2,0)。

G91

G02　X100　Y100　I100　J0　f2000

工作台以 2000 mm/min 的速度从点(0,0)运动到点(100,100)，顺时针走半径为 100 mm 的 1/4 圆。终点与起点 X、Y 坐标差为(100,100)；圆心坐标为(100,0)，从起点到圆心的向量在 X、Y 方向的分量 I、J 分别为(100,0)。

(4) G03（或 G3、g03、g3）。

功能：逆时针圆弧插补。

格式：同 G02。

说明：同 G02。

(5) G04（或 G4、g04、g4）。

功能：插入一段延时。

格式：G04 Tt

说明：t 为延时时间，单位为 ms。

例：G04　T1000

停留 1 s。

(6) 绝对、相对坐标编程 G90 、G91（或 g90 、g91）。

功能：G90——绝对坐标编程。

　　　G91——相对坐标编程。

格式：G90

　　　G91

注意：无论是绝对坐标编程，还是相对坐标编程，I、J 的值始终为从圆弧起点到圆心的相对坐标。

2) M 代码

M00　程序停止。

M02　程序结束。

M17　子程序返回。

M07、M08　控制出光/关光。

M09、M10　气阀通/断。

M92、M91　光闸开/关。

注：M03/M04、M07/M08、M91/M92等允许的最大电流为200 mA。

3）参数设置

参数设置口令为2000，屏幕上弹出运动参数设置对话框，如图4.4所示。

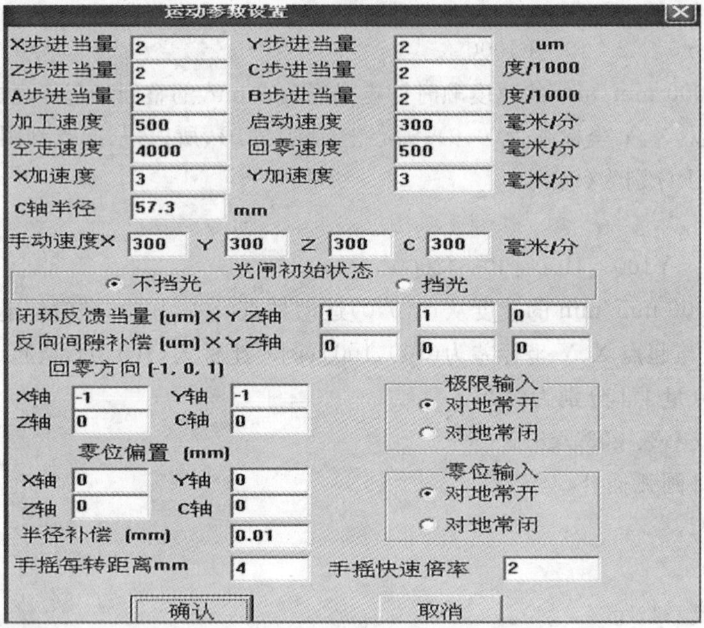

图4.4　"运动参数设置"对话框1

图4.4中，各参数说明如下。

步进当量的单位0.001毫米/脉冲（即微米/脉冲），由步进电动机驱动电源的细分数和滚珠丝杆螺距决定。如细分为10，即步进电机每转为2000个脉冲，丝杆螺距为4 mm，则步进当量为2 μm（4×1000/2000），单位为度/脉冲。

C轴步进当量的为0.001度/脉冲。

加工速度即设置程序自动运动时的默认速度，其单位为mm/min。当编程时程序中没有给定速度，采用这一速度。如果程序中给定有加工速度，以给定速度为准。

启动速度即设置程序自动运动时的启动初始速度，其单位为mm/min。由工作台的惯性和步进当量决定，一般取200～1000 mm/min。

加速度即设置程序自动运动时的加速度，其单位为mm/min。由工作台的惯性和步进当量决定：一般取2～10 mm/min。

极限速度（空走速度）即设置程序自动运动时的最大速度，也就是G00速度，其单位为mm/min。由工作台的惯性和步进当量决定，一般取4000～10000 mm/min（即4～10 m/min）。

C 轴半径的单位为 mm。在程序中旋转轴是按角度编程的,其速度是度/分钟。但在实际加工中,为了焊接或切割均匀,要求加工沿工件轨迹按相同线速度运行,设置旋转轴半径就是为了解决这一问题。程序根据 C 轴半径,自动调节旋转速度(半径大时转慢一点,半径小时转快一点),从而保证线速度与 X、Y、Z 直线运动速度相同。

当半径设为 57.3 mm(或＜＝0 时,默认为 57.3 mm)时,圆周长为 360 mm,数值上与 360°相同,每分钟旋转的角度(°)与每分钟旋转的周长(mm)相等。

回零速度即设置工作台回零时的运动速度,其单位为 mm/min。

反向间隙补偿可分别设置 X、Y、Z 轴的传动齿轮或丝杆间隙,其单位为 mm/min。

手动时运动速度即设置手动连续运动方式时的运动速度,其单位为 mm/min。由于手动移动工作台时无自动加减速,所以该参数不能太大,一般取 200~1000 mm/min。

X、Y 轴回零方向:−1 表示负方向回零;1 表示正方向回零;0 表示该轴不回零。

编程零点偏置(与机械零点距离 X、Y):为了定位方便,回零时可回到机械零位(零位开关处),也可直接回到加工起点。设置编程零点与机械零点距离 X、Y,则直接回到加工起点;当设置为(0,0)时,则回到机械零位。

光闸初始状态:光闸线圈无电流时光闸挡光或不挡光。

确认:设置生效,并保存参数,退出对话框。

极限和零位输入:低电平有效,即对 24 V 地导通有效。对地常开表示没有碰到极限或零位时对 24 V 地断开,建议采用对地常开方式。

取消:设置无效,退出对话框。

4) 延时参数设置

程序中可以在任意位置用 G04 语句插入延时。为了简化编程,可将延时集中设置,如图 4.5 所示,相关参数说明如下。

出激光前延时:程序中有些空行程很短,从上次关激光到下次开激光之间的时间非常短,脉冲激光电源的充电时间不够,因此出激光前需要增加延时。

出激光 M07 延时:出激光后,延时,工作台再运动。在激光切割中,出激光后,要先穿孔,工作台再运动,因此出激光后需要增加延时,时间长短与板材厚度、激光功率等有关。

关激光 M08 延时:在大多数情况下,关激光不需要延时;但有部分厂家生成的机器采用中间继电器控制开/关激光,由于中间继电器关激光存在延时,因此需要设置关激光延时。

吹气、开/关光闸采用中间继电器控制,都需要设置延时。

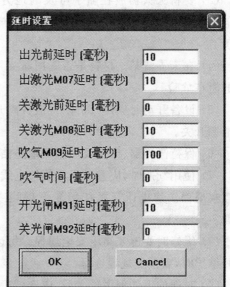

图 4.5 延时设置对话框

5) 操作说明

(1) 简易操作说明。

① 用"打开"命令调入编好的程序。

② 按 F4 键或按"运行"命令运行程序。

③ 按回车键或按自动运行中的"运行"命令自动执行程序。

④ 选择面板操作时,每次按 START 键运行程序,按 +/−、X、Y、Z 键手动移动工作台。

(2) 自动编程简易操作说明。

① 用"图形与转换"菜单下的"自动编程"命令进入自动编程系统。

② 按工具栏上的"打开.dxf"图标,调入 AutoCAD 生成的 dxf 图形文件。

③ 用左边"套料功能"中的图标"恢复零件"、"重排序等"规划切割顺序。

④ 按工具栏上的"保存.n"图标,自动将图形转换为数控程序。

1.3 任务实施

1.3.1 CNC2000 数控激光切割机的使用

1. CNC2000 数控激光切割机操作与编程

1) 激光切割机安全操作规程

(1) 遵守一般切割机安全操作规程。严格按照激光器启动程序启动激光器。

(2) 操作者必须经过培训,熟悉设备结构、性能,掌握操作系统有关知识。

(3) 要将灭火器放在随手可及的地方;不加工时要关掉激光器或光闸;不要在未加防护的激光束附近放置纸张、布或其他易燃物。在激光束附近必须佩带符合规定的防护眼镜。

(4) 在未弄清某一材料是否能用激光照射或加热前,不要对其加工,以免产生烟雾或蒸汽的潜在危险。

(5) 设备开动时操作人员不得擅自离开岗位或托人代管,如的确需要离开时应停机或切断电源开关。

(6) 保持激光器、床身及周围场地整洁、有序、无油污,工件、板材、废料按规定堆放。

(7) 使用气瓶时,应避免压坏焊接电线,以免漏电事故发生。气瓶的使用、运输应遵守气瓶监察规程。禁止让气瓶在阳光下爆晒或靠近热源。开启瓶阀时,操作者必须站在瓶嘴侧面。

(8) 维修时要遵守高压安全规程。每运转 40 小时或每周维护、每运转 1000 小时或每六个月维护时,要按照规程进行。

(9) 对新的工件程序输入后,应先试运行,并检查其运行情况。

(10) 工作时,注意观察机床运行情况,以免切割机走出有效行程范围或两台切割机发生碰撞造成事故。在加工过程中发现异常时,应立即停机,及时排除故障或上报主管人员。排除故障后重新启动整个切割系统。

2) 激光切割机操作流程

(1) 检查配电箱、冷水机、抽风机、空干机、空压机、控制系统等的电源及连线和地线,确认一切正常。拉上总开关,合上配电箱空气开关,接通动力电源。

(2) 开启计算机,注意控制柜上的钥匙开关一定要在合上配电箱空气开关之后才能开启,应严格遵守操作顺序。

(3) 开启控制柜上的钥匙开关,接通控制电路。

(4) 启动控制台上的伺服开关,开启 CNC2000,输入口令调节参数,手动使伺服电动机预工作,注意开启速度不宜过快,一般为 300 mm/min 左右。

(5) 合上激光冷却系统的空气开关,让冷却系统最先开始工作。

(6) 开启空压机和空干机,接通气动系统。

(7) 合上激光电源的空气开关,开启钥匙开关,按下"开机"按钮,显示屏显示 P,此时按"选择"键,选择 ON 后确认开机。机器几声鸣笛后,预燃指示灯亮,表明氙灯已正常被预燃,通过"编程"键选择调节合适的加工参数,确认即可。

(8) 全面检查整个切割系统,确认无误后,开始装夹工件,定位,校正,试气,试光,编写载入加工程序。

(9) 单击"开始"进行正式切割加工。

(10) 加工完毕后,先关闭 CNC2000 和供气系统,接着关闭激光电源。按下关机按钮,最后关闭钥匙开关和激光电源空气开关。待温度降至 25℃时,关闭激光冷却系统的空气开关。将工作台回零后,关闭伺服开关和钥匙开关。关闭总开关。

3) CNC2000 自动编程

(1) 根据所需加工的图纸或电子档文件,利用 Coreldraw 和 CAD 软件进行相关的编辑处理,处理完毕后保存为后缀为 DXF 的文件,如图 4.6 和图 4.7 所示。

图 4.6　处理完毕的 CAD 文件

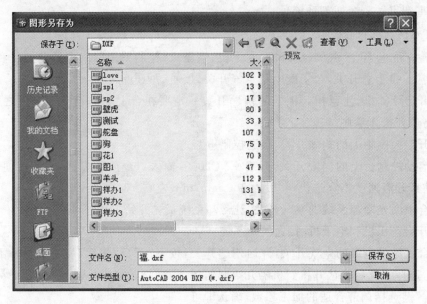

图 4.7 保存为 DXF 文件

（2）双击 CNC2000 图标，运行 CNC2000 软件，如图 4.8 所示。

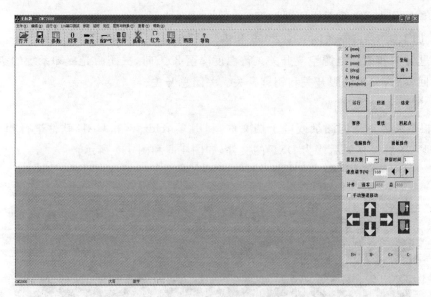

图 4.8 CNC2000 操作主界面

（3）双击软件主界面中的"画图"菜单栏或者单击图形与转换中的图形自动编程，连续单击"确定"，将 DXF 文件导入套料界面，如图 4.9 所示。

（4）利用 StarCAM 界面中的套料功能对切割进行优化，如图 4.10 所示。

（5）切割仿真，如图 4.11 所示。

（6）保存为后缀为 .n 文件后自动导入 CNC2000，界面自动跳转至软件主界面，如图 4.12 所示。

项目 4　激光切割设备装调与激光切割加工

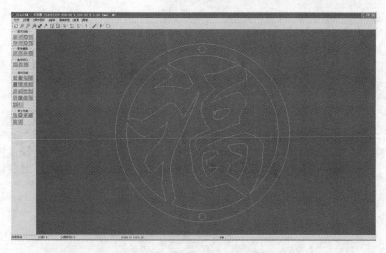

图 4.9　StarCAM 操作主界面

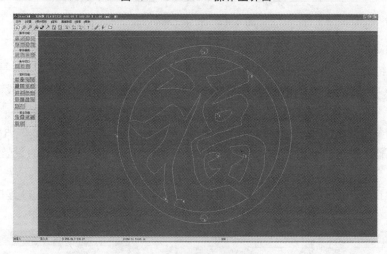

图 4.10　套料功能的运用

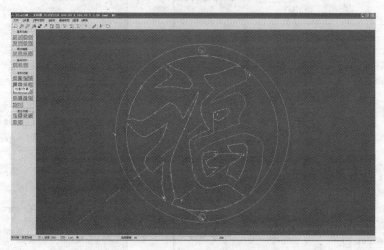

图 4.11　切割仿真

图 4.12 软件工作界面

(7) 切割定位。切割前必须设置好切割的起点。切割定位的方法有两种：一种是机械定位，将机床移动至工件指定位置，坐标清零后，准备加工；另一种是软件定位，寻找切割材料的合适定位点，根据加工图纸的相对位置，在源程序中增加"G00 X Y"程序段，实现自动定位。批量生产可以考虑做专门的夹具。有些设备还配备了自动寻边的功能。

(8) 切割参数设置。在主界面中，单击参数图标，输入口令 2000，弹出对话框，根据切割材料的特点，配合激光功率设置一组合适的切割参数，单击确定完成参数的设置。如图 4.13 所示。

(9) 延时设置。兼顾切割的效果和切割的速度，结合材料的特点进行延时设置，如图 4.14 所示。

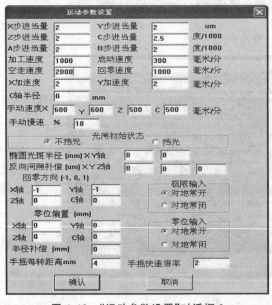

图 4.13 "运动参数设置"对话框 2

图 4.14 延时设置窗口

(10) 坐标清零后,确认其他相关设备无误后点开始执行程序。

2. 数控软件使用技巧

(1) DXF 文件保存在 CNC2000\DXF 中可以提高编程的效率和曲线的平滑度。

(2) 主界面中的程序可以直接修改,也可以保存为 TXT 文件输出,便于程序的修改。

(3) 编辑程序或修改程序后,应"保存"程序,保存后程序才生效。

(4) 如果运行大程序时中途出现问题,则可以利用从光标所在行往下执行命令进行补救。

(5) 密孔加工时,可以中途不开关气体。

(6) 在套料功能里面具有激光切割长度的自动计算。

(7) 切割定位之后,进行坐标清零,便于机床回起点。

(8) 利用 I/O 端口测试,检测设备的一般故障。

(9) 精度补偿可以改善切割的圆度,提高切割的精度。

(10) 在编写程序时一般遵循"先吹气、后出光,先关光、后关气"的原则。

3. 激光工艺品的制作

(1) 在 AutoCAD 上勾画工艺品图形并排版,如图 4.15 所示。

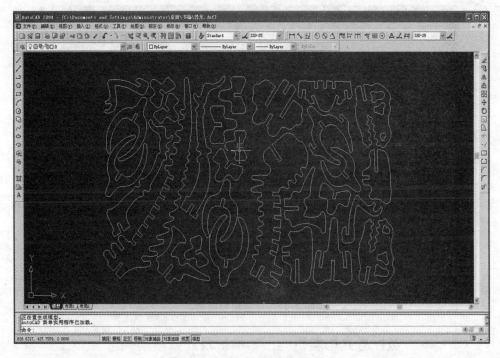

图 4.15 激光工艺品的图形文件

(2) 将 CAD 图形文件导入套料界面并优化,如图 4.16 所示。

(3) 进行相关参数设置,如图 4.17 所示。

(4) 进行工件加工,如图 4.18 所示。

(5) 切割完成,组装成品,如图 4.19 所示。

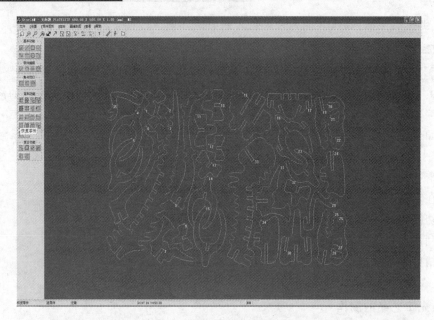

图 4.16　导入套料界面进行切割优化

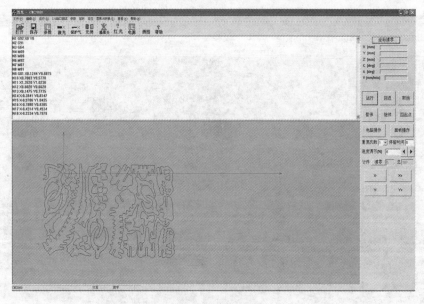

图 4.17　设置相关参数

1.3.2　CNC2000 数控激光切割机的日常维护及注意事项

1. 常见故障维护

现象一：工作台移动正常，不出激光。

可能原因：水温水压是否正常；激光电源是否正常预燃；数控卡有没有激光输出信号；激光器是否正常工作；光路是否正常；光学器件是否损坏。

现象二：工件切不透。

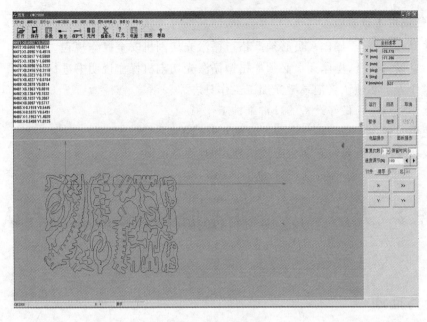

图 4.18 开始加工

图 4.19 将切割的零件组装成立体模型

可能原因:延时设置不当;工作时电流及其他参数设置不当;工件太厚;离焦量不对;激光头内镜片破损,激光无法聚焦;工件进给速度太快;光路不正常;气压太小。

现象三:工作台无响应。

可能原因:检查伺服有无报警,如有,则是电流过载、温度过高、电流过低或者短路等造成的,重启电源即可;如没有报警,则控制系统线缆及接头出现了问题;伺服电动机电源线接触不良;如有一轴正常,另一轴不能正常工作,可以考虑替换法。

现象四:切割工件毛刺大,截面粗糙。

可能原因:电流及其他参数设置不当;气体压力太小;切割速度太快或者太慢;光路不正常;镜片污染或者破损。

2. 设备使用注意事项

(1) 注意人身安全,操作人员必须严格遵循激光切割机安全操作规程。
(2) 注意设备安全,操作人员必须严格遵循激光切割机操作说明书进行操作。
(3) 操作人员必须认真记录激光加工工作日志。
(4) 操作人员必须做好设备的日常维护工作。
(5) 使用过程中要密切关注激光冷水的运作情况。
(6) 设备使用场所要做好防尘防震措施,并且注意通风。

任务 2　大功率激光切割机结构及装配过程认识

2.1　任务描述

掌握大功率激光切割机的种类及结构;
能够深刻认识大功率激光切割机的装配过程。

2.2　相关知识

2.2.1　大功率激光切割机种类

大功率激光切割机相对中小功率激光切割而言主要是激光功率相对较大,其切割加工能力相对较强。其数控机床结构分类与中小功率激光切割的相似。按激光器来分,主要包括大功率 Nd:YAG 激光切割机、轴快流 CO_2 激光切割机、扩散冷却 CO_2 激光切割机和大功率光纤激光切割机。

2.2.2　大功率激光切割机总体结构

以武汉奔腾楚天激光设备有限公司激光切割机为例说明其总体结构(设备实物如图 4.20 所示)。整个系统主要由机床主机部分(机械部分)、激光器(加外光路组成光部分)和数控系统及操作台(电气控制部分)这三大部分,再配上辅助配套设备,如稳压电源、冷水机组、气瓶、空压机、储气罐、冷干机、过滤器、抽风除尘机、排渣机等即构成全套设备的系统集成,如图 4.21 所示。

1. 激光发生器

该公司采用电光转换效率较高的快速轴流 CO_2 激光器(见图 4.22),其他厂家也有采用 Nd:YAG 激光器、光纤激光器、扩散冷却激光器等作为激光光源的,这要根据用户使用具体情况而定。激光发生器的核心是产生激光束的谐振腔,激光气体是二氧化碳、氮气和

图 4.20 大功率激光切割机实物图

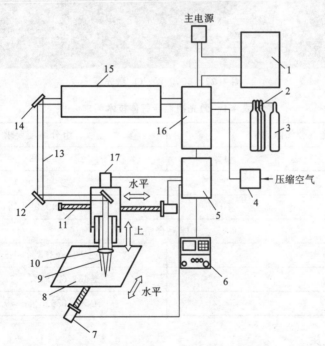

图 4.21 典型 CO_2 激光切割设备的基本构成

1—冷却水装置；2—激光气瓶；3—辅助气体瓶；4—空气干燥器；5—数控装置；6—操作盘；
7—伺服电动机；8—切割工作台；9—割炬；10—聚焦透镜；11—丝杆；12—反射镜；13—激光束；
14—反射镜；15—激光振荡器；16—激光电源；17—伺服电动机和割炬驱动装置

氦气的混合气体，其技术要求见表 4-1。真空泵抽真空，涡轮风机使气体沿谐振腔的轴向做高速运动。气体在热交换器中冷却，有利于高压单元和气体之间的能量交换。气体流动方向与谐振腔轴向一致。轴向流动的气体可以得到有效的冷却，因此能优化谐振腔内的能量转换过程。

图 4.22　6000 W CO_2 激光器

表 4-1　激光器混合气体技术要求

激光混合气体比例		组分纯度要求
二氧化碳(CO_2)	4%	≥99.995%
氮气(N_2)	26%	≥99.999%
氦气(He)	70%	≥99.998%
气体混合精度		
二氧化碳(CO_2)		±10%(3.6%～4.4%)
氮气(N_2)		±5%(24.7%～27.3%)
氦气(He)		±5%(76.5%～79.5%)

2. 数控切割机床

数控切割机床由三部分组成,即工作台(一般为精密机床)、光束传输系统(有时称外光路,即激光器发出的光束到达工件前整个光程内光束的传输光学、机械构件及激光切割头)和微机数控系统。其结构分为龙门式和悬臂式。悬臂式结构,刚性好;传动采用了传统的丝杆螺母传动,传动可靠、精度高、低噪音。龙门式结构,采用齿条传动,飞行光路,技术最成熟;速度快,精度高,结构刚性好,稳定性高,速度快,检测方便;该结构在当今最为流行。

3. 光束传输系统

激光机床系统的切割工具是激光束,激光器固定放置,通过反射镜片组,根据"悬浮光学

(floating optical)"系统原理,将光束传导到工件处。反射镜片固定安装在机床的运动坐标轴上,这能确保从激光发生器到切割头的光路稳定。激光切割头是光束传输系统最后的器件,有如下特点。

(1) 固定在切割头架上,也称为 Z 轴,里面的镜片向下垂直反射激光束,做上下垂直运动,保证切割头下方的喷嘴与板材表面的恒定距离。

(2) 一般放置焦长为 7.5 英寸或 5.0 英寸或 10.0 英寸的聚焦镜片。

(3) 由冷却水压缩空气对其进行冷却保护。

(4) 切割头底部是电容传感器,用于感应金属、测量喷嘴与板材上表面的电容值,通过 Z 轴移动,将喷嘴与工件之间的间距调整到预设值上。

(5) 喷嘴固定在切割头下方,作业时激光束和辅助气体同轴从喷嘴垂直射出。

4. 冷却装置

激光器消耗的大部分电能转换成了热能,因此必须对谐振腔、激光气体和整个光学系统进行冷却。一般采用水冷机组,为激光器和外光路提供温度为 19~22℃ 的恒温水。机组多采用风冷式冷凝器设计,冷却循环水采用封闭循环,内置大容量循环水箱,全自动运行。一次加水后可长期运行,高精度恒定出水温度控制,有效地保证了仪器内部的清洁度及长期运行的稳定性,较好地满足了节水和冷却两方面的要求。不同功率的激光器所产生的热量不同,一般说来,激光器的功率越大产生的热量越高,选择冷水机组的功率就越大。

5. 微机数控系统

微机数控系统可以传输机床指令、编程数据,是人机对话终端的一个平台。

6. 空压机

压缩空气从储气罐出来后要经过冷干机进行冷却除水、除油,再经过专用的滤油滤水的滤芯到达设备外部的空气过滤系统,再一次过滤之后,分别输送到激光器(内部过滤)、外光路(内部过滤)、工作台。在激光切割机中很多地方都要用到压缩空气,如某些材料利用压缩空气作为辅助气体进行切割既经济有方便,又如气动夹紧装置、气动吸盘上料、开/关光闸、光路保护防尘、交换台升降等都会用到压缩空气。所以,空压机是辅助配套设备中必不可少的。目前,激光切割机大多配置螺杆式无油空压机。

7. 除尘系统

随着我国工业的飞速发展,激光切割机在金属加工工业中的应用越来越广泛,但也带来了越来越严重的环境污染。在激光切割机切割工作时,无论切割什么材料,都会产生粉尘,或者产生烟尘,这些都会对人体或环境带来不利的影响。在激光切割中产生的大量金属氧化物大多以游离状态存在于空气中,极易被人体吸收,危害性极大,治理切割烟尘越来越迫切。因此,对每一台激光切割机而言,选配一台抽风除尘机是必不可少的。

目前,激光切割烟尘净化通常采用干式处理方式,在切割工作台内设置若干个吸尘小室,吸尘小室内侧开有风门,通过阀门控制风门开启。在切割中,与切割头位置相对应的小室风门处于开启状态,而其他小室风门处于关闭状态,因此降低了吸风量,节省了设备投资。各尘风小室与吸风管道相连,吸风管道与净化器相连,将切割中产生的烟尘吸入净化器主机净化后排除。

2.3 任务实施

2.3.1 大功率激光切割机装配过程认识

1. 机械装配简介

机床在安装前,用汽油或煤油浸湿过的干净布头,首先从机床表面上清除防护油及污物,注意汽油或煤油不要落在油漆表面上。然后对机床各部分进行擦拭,并且涂油,防止生锈。机床床身水平安装调试,机床床身的纵向、横向同时用水平仪检测,每隔250 mm检测一次,使其X、Y双向均在标准要求的范围以内。

2. 光路装配简介

1) 激光器的安装调整

在激光发生器安装过程中,为了保证系统操作的正确性和维护的方便性,务必按照下述要求进行操作。

(1) 激光器必须垂直放置。

(2) 激光器工作环境要求如下:温度从5 ℃到40 ℃,湿度低于95%。

(3) 确保激光器区域附近无振动。

(4) 为了确保光束质量稳定,应尽量减少激光发生器和光路的相对移动。

(5) 搬运激光器须使用叉车。

(6) 将激光器放置在激光器座上,通过调整垫铁调节激光器的高度,通过激光器的红光指示,检查激光器的出光口和第一个镜座的中心是否一致,同时激光器应放置水平。调整完后,锁紧调整垫铁的调节螺母。

2) 光学镜片的安装

在光学镜片更换的过程中,光学镜片的放置、检测、安装时都要注意使镜片免于受损和受污染。一个新的镜片安装上后,应定期地进行清洗。这个过程比较简单,但很重要。正确的操作方法将延长镜片的寿命,并降低成本。

在激光束对材料进行切割或焊接时,工件表面会产生大量的气体和飞溅物,这些气体和飞溅物都将会对镜片造成伤害。当污染物落在镜片表面时,就会从激光束里面吸收能量,导致热透镜效应。如果镜片还没有形成热应力,那么操作者可以将其拆卸并清洗干净。

(1) 操作总则。

在镜片的安装和清洗的过程中,任何一点污物,甚至指甲印和油滴,都会使镜片吸收率提高,降低使用寿命。所以必须采用下面的预防措施。

① 千万不要用裸指安装镜片,应戴上指套或橡胶手套。

② 不要用吸力器械,以免引起镜片表面刮伤。

③ 取镜片时不可接触到膜层,而是拿着镜片的边缘。

④ 镜片应放在干燥、整洁的地方来检测和清洗。一个好的工作台表面上应有数层清洗纸巾或拭纸,并有几张清洗透镜棉纸。

⑤ 使用者应避免在镜片的上方说话,并让食物、饮料和其他潜在的污染物远离工作环境。

(2) 正确的清洗方法。

清洗镜片的过程中,唯一的目的就是将镜片的污染物去除,并且不要对镜片造成进一步的污染和损坏。为了达到这一目的,往往应采用风险相对较小的方法。下面的操作步骤就是为了这一目的而设立的,使用者应当采用。

① 用空气球将镜片表面的浮尘物吹掉,特别是表面有微小颗粒或絮物的镜片,这一步是必要的。但是,千万不要使用生产线上未经处理的压缩空气,因为这些空气中会含有油污或水滴,这都会加重对镜片的污染。

② 用丙酮对镜片作轻微清洗。应该使用分析纯级别的丙酮,这可降低镜片污染的可能性。棉花球蘸上丙酮必须在光照下清洗镜片,并做环状移动。棉签一旦脏了,必须更换。清洗要一次完成以避免产生波痕。如果镜片有两个镀膜表面,如透镜,每个面都需要以这种方法清洗。

③ 如果丙酮不能将所有的污染物去除,接下来可使用醋酸清洗。醋酸清洗是利用醋酸对污染物的溶解来达到清除污染物的,它不会对光学镜片造成伤害。这种醋酸可以是实验级别的醋酸(浓度稀释到50%),也可以是家庭用的含6%乙酸的白醋。清洗的程序与丙酮清洗一样,然后再用丙酮来去除醋酸和擦干镜片,这时要频繁地更换棉球以完全地吸收掉醋酸和水合物。

④ 如果镜片表面还没有完全清洗干净,这时候就得采用抛光清洗。抛光清洗就是用精细级(0.1 μm)的铝抛光膏。这种白色液体用棉球蘸着使用。因为这种抛光清洗是机械研磨,所以在镜片表面清洗时要缓慢、无压力地交错环行,不要超过30 s。然后用蒸馏水或用棉球蘸水将其表面冲洗干净。

⑤ 在抛光物去掉后,镜片表面要用异丙基乙醇清洁。异丙基乙醇将剩下的抛光物和水聚集在一起并使之保持一种悬浮状,然后用棉球蘸满丙酮将这些悬浮物去掉。如果表面还有残余物,则用酒精和丙酮再次清洗,直到清洗干净为止。当然,某种污染物和镜片损伤无法通过清洗去除,特别是因金属飞溅和污垢引起的膜层烧环,要想获得良好的性能,唯一的办法就是更换镜片。

(3) 正确的安装方法。

在镜片安装过程中,如果方法不正确,就会使得镜片被污染。因此,先前所讲的操作规程必须要遵守。如果有大量的镜片需要安装和拆卸,就有必要设计一种夹具来完成任务。专一的夹具可以降低与镜片接触的次数,从而减少镜片被污染或被损坏的危险。另外,镜片安装方向应该正确,最终的聚焦透镜的凸面应该对着腔内,透镜头的第二面要么是凹面,要么是平面,这一面应该对着工件。如果安装反了,将会导致焦平面光斑变大。在切割应用中,导致切缝变大,切割速度和质量明显下降。反射镜安装也是非常关键的。当然,对反射镜很容易辨别反射面。很明显,镀膜的一面对着激光。一般而言,制造商会在边缘做出记号来帮助辨别表面。一般这种记号是箭头,箭头对着其中一面。每一个镜片制造商都有一个关于镜片标记的系统。一般而言,对反射镜和输出镜,箭头对着高反面;对透镜,箭头对着凹面或平面。有时镜片标签会提醒标记的意义。

2.3.2 大功率激光切割机聚焦构件装调

大功率激光切割技术日臻完善，设备稳定性越来越好，但在实际生产中会因为切割板材厚度的不同或其他原因经常更换清洗聚焦镜片。因此，激光切割头聚焦构件（见图4.23）的调试成为了一项非常重要且具有技术含量的岗位工作。

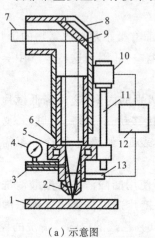
（a）示意图

（b）实物图

图 4.23 聚焦构件

1—工件；2—切割喷嘴；3—氧气进气管；4—氧气压力表；5—透镜冷却水套；6—聚焦透镜；7—激光束；8—反射镜冷却水套；9—反射镜；10—伺服电动机；11—滚珠丝杆；12—放大控制及驱动电路；13—位置传感器

1. 聚焦构件调试步骤

（1）从激光割矩（见图4.24）中松开聚焦构件。

图 4.24 激光割炬图

(2) 从聚焦构件中取下聚焦镜片,并用分析纯丙酮清洗刚取下的镜片或清洗更换的镜片待装(见图 4.25)。

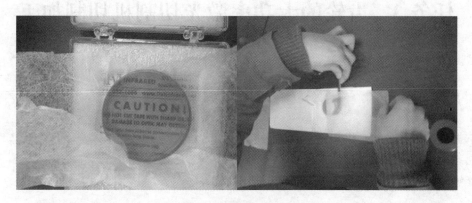

图 4.25 聚焦镜片清洗

(3) 将聚焦镜片装入聚焦构件中,再将聚焦构件装入激光割矩,并锁紧固定。

(4) 装上喷嘴开启指示光,调节聚焦构件中的调节螺钉,使指示光基本上从喷嘴中心射出。

(5) 在喷嘴处紧贴一小块透明胶带,调节激光功率,点动出激光,取下透明胶带观察胶带上两圆的同心度,调节聚焦构件中的调节螺钉直至两圆同心。

(6) 微调离焦量(见图 4.26),使喷嘴处透明胶带中心出现既小又清晰的圆点。

(7) 切割头标定。按 F3 键,选择工具菜单栏 MACRO\capacitive head calibration (M30HC1)\START,用板材试切,直至达到理想的切割质量。

图 4.26 离焦量调节旋钮

任务3　齿轮的大功率激光切割机切割加工

3.1　任务描述

掌握大功率激光切割机切割质量的影响因素；
熟悉激光切割质量评价体系；
能够熟练使用大功率激光切割机进行切割加工。

3.2　相关知识

3.2.1　激光切割原理与主要特点

在20世纪五、六十年代，板材下料切割的主要方法中：对中厚板采用氧乙炔火焰切割；对薄板采用剪床下料；对大批量的成形复杂零件采用冲压；对单件采用振动剪。20世纪70年代后，为了改善和提高火焰切割的切口质量，又推广了氧乙烷精密火焰切割和等离子切割。为了减少大型冲压模具的制造周期，又研发出数控步冲与电加工技术。各种切割下料方法都有其有优缺点，在工业生产中有一定的适用范围，如图4.27所示。

20世纪90年代以后，激光切割以其高速度、高精度及高切口光洁度和高效率而著称。配合先进的数控系统及机床，激光在二维、三维切割中有着非常优异的表现。因此，激光切割正在逐步取代传统的金属板材下料方法，在工业制造的各个领域得到了广泛的应用。

激光切割技术相比其他方法而言，其明显优点如下。

(1) 切割质量好。

切口宽度窄(一般为0.1~0.5 mm)、精度高(一般孔中心距误差0.1~0.4 mm，轮廓尺寸误差0.1~0.5 mm)、切口表面粗糙度好(一般R_a为12.5~25 μm)，切缝一般不需要再加工即可焊接。

(2) 切割速度快。

例如，采用2 kW激光功率，8 mm厚的碳钢切割速度为1.6 m/min；2 mm厚的不锈钢切割速度为3.5 m/min，热影响区小，变形极小。

(3) 易于自动控制。

激光束可以在平面和立体形状的工件上自由灵活切割，尤其对一些形状复杂的图形，如小孔、尖角等，传统方式很难实现，而激光却易于反掌，自动排料系统使排版更加科学合理，节省材料和能源。

(4) 清洁、安全、无污染，很大程度的改善了操作人员的工作环境。

就精度和切口表面粗糙度而言，CO_2激光切割不可能超过电加工；就切割厚度而言难以

 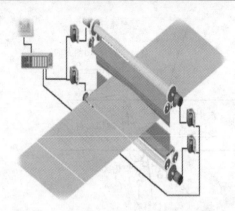

(a) 氧乙炔火焰切割　　　　　　　　　(b) 剪床下料

(c) 冲压　　　　　　　　　　　　　(d) 振动剪

图 4.27　传统板材下料方法

达到火焰和等离子切割的水平。但是，以上显著的优点足以证明：CO_2 激光切割已经开始取代一部分传统的切割工艺方法，特别是各种中薄板金属材料的切割。它是发展迅速、应用日益广泛的一种先进加工方法。

激光切割是激光加工技术在工业上广泛应用的一个方面，因此其加工过程既符合激光与材料的作用原理，又具有自己的特点。

激光切割是利用经聚焦的高功率密度激光束照射工件，使被照射处的材料迅速熔化、汽化、烧蚀，并形成孔洞，同时借助与激光束同轴的高速气流吹除熔融物质，随着激光束和工件的相对运动，最终使工件形成切缝，从而实现割开工件的一种热切割方法。

激光切割过程如图 4.28 所示，切割过程发生在切割终端处的一个垂直表面，称之烧蚀前沿。激光和气流从该处进入切口，激光能量一部分被烧蚀前沿所吸收，一部分通过切口或经烧蚀前沿向切口空间反射。激光切割装置如图 4.29 所示。

从切割过程不同的物理形式来看，激光切割大致可分为汽化切割、熔化切割、氧助熔化切割和控制断裂切割四类，其中以氧助熔化切割应用最为广泛。

1) 汽化切割

当高功率密度的激光束照射到工件表面时，材料在极短的时间内被加热到汽化点，部分

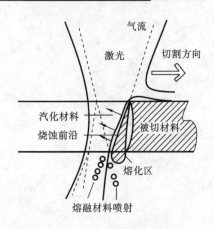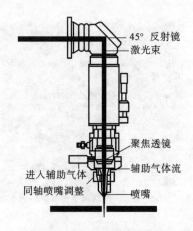

图 4.28　激光切割区示意图　　　图 4.29　激光切割装置示意图

材料化作蒸气逸去,部分材料以喷出物形式从割缝底部被辅助气体驱除。汽化切割的激光功率密度一般为 10^8 W/cm² 量级。汽化切割是大部分有机材料和陶瓷材料所采用的切割方式,飞秒激光切割任何材料都属于这种切割机制。汽化切割的具体机理可描述如下。

(1) 照射到工件表面的激光束能量部分被反射,部分被材料吸收,反射率随着工件表面被持续加热而下降。

(2) 表面材料温度升高到沸点温度的速度如此之快,足以避免热传导造成的熔化。

(3) 汽化材料以近声速从工件表面飞快逸出,其加速力在材料内部产生应力波。当功率密度达到 10^9 W/cm² 时,应力波在材料内的反射会导致脆性材料碎裂,同时也升高蒸发前沿压力,提高汽化温度。

(4) 蒸气随身带走熔化质点和冲刷碎屑,形成孔洞。在汽化过程中,60% 左右的材料是以熔滴形式被气流驱除的。

在汽化切割过程中,如激光功率密度过高,来自孔洞的热蒸气由于过高的电子密度,会反射和吸收入射激光束,随着激光功率密度超过相应材料的最佳功率密度,蒸气吸收、阻挡了所增加的功率部分,吸收波开始从工件表面向激光束方向移开,造成汽化切割的不稳定。

对某些局部可透激光束的材料,热量在材料内部吸收,蒸发前沿发生内沸腾,材料在表面之下以爆炸形式被驱除。

2) 熔化切割

利用一定功率密度的激光照射工件表面使之熔化形成孔洞,同时依靠与激光束同轴的非活性辅助气体把孔洞周围的熔融材料吹除,形成割缝。其所需功率密度在 10^7 W/cm² 左右。熔化切割的机理可概括如下。

(1) 照射到工件表面的激光束功率密度超过某一阈值后,被照射点材料开始蒸发并形成小孔。

(2) 一旦小孔形成,它作为类黑体几乎吸收所有激光束能量,小孔被熔融金属壁所包围,同时高速流动的蒸气流维持熔融金属壁的相对稳定。

(3) 熔化等温线贯穿工件,辅助气流喷射压力将熔化材料驱除。

(4) 随着激光束扫描,小孔横移形成切缝,烧蚀前沿处熔化材料持续或脉动地从缝内被内吹除。

3) 氧助熔化切割

激光将工件加热到其燃点,利用氧气或其他活性气体使材料燃烧,产生激烈的化学反应而形成除激光以外的另一种热源,在两种热源共同作用下完成切割,称为氧助熔化切割。氧助熔化切割的机制较为复杂,简要描述如下。

(1) 材料表面在激光束照射下被迅速加热到其燃点,随之与氧气接触发生激烈燃烧反应,放出大量热量。在此热量作用下,材料内部形成充满蒸气的小孔,小孔周围被熔融金属壁所包围。

(2) 随激光束扫描的蒸气流运动使周围熔融金属壁向前移动,产生热量和物质转移,形成割缝。

(3) 最后达到燃点温度区域的氧气流,作为冷却剂减小工件的热影响区。

燃烧物质转移成熔渣和氧气扩散穿过熔渣到达点火前沿的速度,控制了氧和材料的燃烧速度。氧气流速越高,燃烧化学反应和熔渣去除的速度就越快。但是,氧气流速过高,也会导致切缝出口处的反应物快速冷却,影响切割质量。

在氧助熔化切割的两个热源中,据粗略估计,切割钢时,热反应提供的能量要占全部切割能量的60%左右,切割活泼金属时,这一比例会更高。因此,与熔化切割相比,氧助熔化切割具有更快的切割速度。

在氧助熔化切割中存在着两个切割质量区域,如果氧气燃烧速度高于激光束扫描速度,割缝就宽而粗糙;反之,割缝就窄而光滑。这两个质量区域间的转折是一个突变。

4) 控制断裂切割

对易受热破坏的脆性材料,利用激光束加热进行高速、可控地切断,称为控制断裂切割。其切割机理可简述为:激光束加热脆性材料的小块区域,在该区引起极高的热梯度,产生严重的机械形变,使材料形成裂缝。只要保持均衡的加热梯度,激光束可以引导裂缝在任何需要的方向上产生。控制断裂切割速度快,只需很小的激光功率,功率过高反而造成工件表面熔化,破坏切缝边缘。控制断裂切割的主要控制参数是激光功率密度和光斑大小。

3.2.2 激光切割质量评价体系

1) 激光切割的尺寸精度

激光切割的尺寸精度是由切割机数控机床性能、光束质量、加工现象而决定的整体精度,包括定位精度及重复精度等静化精度和表示随切割速度而变化的加工形状轨迹精度,即动化精度。光束质量对加工精度的影响来自于光束的圆度、强度的不均匀性及光轴的紊乱。加工现象决定的精度与氧化反应热混乱产生的异常燃烧、热膨胀、切割面粗糙及材质等被加工件的物理性质有关。在一般材料的激光切割过程中,由于切割速度较快,工件的热变形很小,通过对设备的精确调试和必要的程序补偿,激光束质量和加工现象对加工尺寸精度的影响可以降低到较小的程度,此时切割工件的尺寸的精度主要取决于切割机数控工作台的机械精度和控制精度。

在脉冲激光切割加工中,采用高精度的切割机床与控制技术,工件的尺寸精度可达 μm 量级。在连续激光切割中,工件尺寸精度一般在±0.2 mm,高的可达到±0.1 mm。

简单分析激光切割机状态的方法是在加工平台的四角和中央5个位置分别切割一个八角形加一个内圆形状的试件。采用八角形可以确认全方位切割的方向性,并且不会因受热集中而造成切割质量恶化。可从对边尺寸(A、B、C、D)、圆度(A′、B′、C′、D′)、切割面粗糙度和倾斜度等方面来评估试件样品。为更加简单地判断加工精度,可将激光切割机维修后加工的同样试件作为极限样本进行保存,定期确认切割精度。

2) 切口宽度

激光切割金属材料时的切口宽度,与光束模式和聚焦后的光斑直径有很大的关系。CO_2 激光束聚焦后的光斑直径一般为 $0.15\sim0.3$ mm。激光切割低碳钢薄板时,焦点一般设在工件上表面,其切口宽度与光斑直径大致相等。随着切割板材厚度的增加,切割速度下降,就会形成如图 4.30(a)所示上宽下窄的 V 形切口,且上部的切口宽度也往往大于光斑直径。一般来说,在正常切割时,CO_2 激光切割碳钢时的切口宽度为 $0.2\sim0.3$ mm。

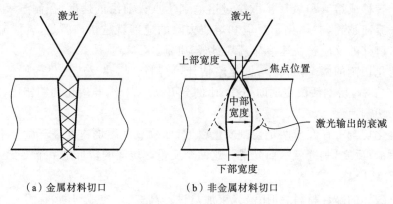

图 4.30 切口的形状

3) 切割面的粗糙度

如图 4.28 所示表示了切割不同板厚碳钢时的切割面粗糙度,切割面的粗糙度几乎与板厚的平方成比例恶化,而且在切割面下部这种倾向更为明显。影响切割面粗糙度的因素较多,除了光束模式和切割参数外,还有激光功率密度、工件材质和厚度等。对于较厚板料,沿厚度方向切割面的粗糙度存在较大差异,一般上部小、下部大。采用聚光性高的短焦距透镜和尽量大的切割速度,有利于改善切割面的粗糙度。

4) 切割面的倾斜角

在激光切割金属和非金属材料时,切口形成的机理不同,切割面形状也不同,如图 4.30 所示。图 4.30(a)显示了切割金属材料时切口内的激光传播特性。激光在切口壁之间的多次反射,向板厚方向传播的能量逐渐减弱,靠近中心部位的激光才能达到足够的功率密度。图 4.30(b)显示了切割非金属材料时切口内的激光传播特性。在切口壁上几乎没有激光反射,焦点下方的切口形状随光束的扩展而膨胀,但随着板厚方向输出能量的减弱,切口宽度会变窄。工件切割实验表明,切割面倾角的大小同激光功率密度、焦点位置、切割方向、切割速度等因素有关,但一般都在1°以内,基本上看不出明显的倾角。切割面的粗糙度与板厚的关系如图 4.31 所示。

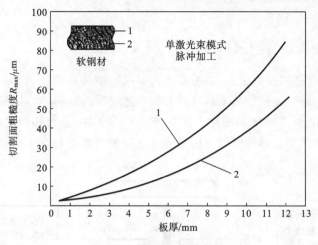

图 4.31 切割面的粗糙度
1—上部粗糙度;2—下部粗糙度

5) 热影响区

在激光切割钢材过程中,切割面处于被切割材料熔点以上温度,光束离开后就会迅速冷却(工件本身的热传导)。由此造成钢材一部分呈现淬火状态,激光切割部分就无法进行钻孔等后续加工,如果在切割部分进行弯曲加工,则会出现龟裂现象。淬火硬度与材质的含碳量成比例关系,所以低碳钢材质不硬化,而中高碳钢材料则会完全硬化。

6) 粘渣

粘渣是指激光切割中在被加工件背面切口附近附着的熔融金属飞溅物,如图 4.32 所示。粘渣的出现受切割条件及被加工件的材质、材料厚度等因素影响。对碳钢而言,如果设定的加工条件适当,就会很少有发生粘渣的现象。在厚板切割时会出现粘渣,但很容易清除。氧助熔化切割不锈钢板时,很难避免粘渣的发生,而且产生的粘渣也很硬,很难清除。但板厚大于 6 mm 时,被氧化的粘渣有变脆的倾向。用氮气进行无氧切割不锈钢板时,可大幅降低粘渣量。

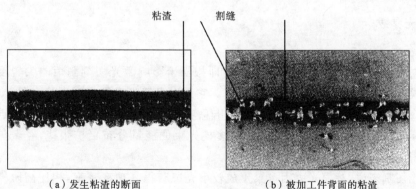

(a) 发生粘渣的断面   (b) 被加工件背面的粘渣

图 4.32 激光切割中的粘渣

通常在激光切割薄板时,切口宽度、切割面粗糙度等容易满足要求,用户最关心的是切口上的粘渣。但是,粘渣是一个难以量化的指标,主要通过肉眼观察切口粘渣的多少来判断切割质量的好坏。

3.2.3 激光切割质量影响因素

影响激光切割质量的因素很多,其主要因素可以归纳为两类:一类是受加工系统性能和激光束品质的影响;另一类是受加工材料因素和工艺参数的影响,如图4.33所示。还有一些因素是要根据具体的加工对象和用户的质量要求作出选择,进行相应的调整。作为一个完整的系统,必须对激光切割可调因素与加工质量之间的关系进行深入的研究,建立相应的数据库。

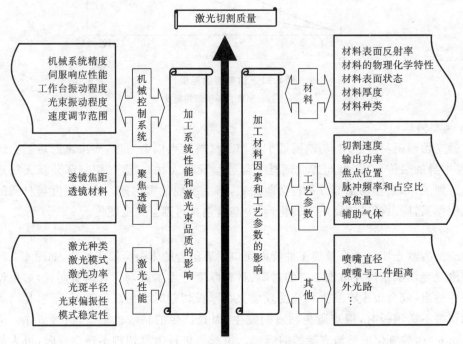

图4.33 影响激光切割的因素

1. 激光参数

1) 激光模式

激光模式直接影响激光束的聚焦能力,即相当于影响激光切割割炬的尖锐度。最低阶模是基横模 TEM_{00},光斑内能量呈高斯分布。它几乎可把光束聚焦到理论上最小的尺寸,如几个微米直径,形成极高的功率密度。在输出总功率相同的情况下,基模光束焦点处的功率密度比多模光束高两个数量级。而高阶或多模光束的能量分布更扩张些,经聚焦的光斑较大而功率密度较低。

对激光切割来说,基模光束因可聚焦成较小光斑获得高功率密度,相比高阶模光束更为有利。用基模激光切割材料时,可获得窄的切缝、平宜的切边和小的热影响区。

光束的模式越低,聚焦后的光斑尺寸越小,功率密度和能量密度越高,切割性能也就越好。在切割低碳钢时,采用基横模 TEM_{00} 时的切割速度比采用 TEM_{01} 模式时高出10%,而其切割面的粗糙度 R_a 则要低10 μm,如图4.34所示。在采用最佳切割参数时,切割面的粗糙度 R_a 只有

0.8 μm。如图 4.35 所示为激光切割 SU304 不锈钢板材不同模式对切割速度的影响,从中可以看出,采用基横模激光的切割速度要高于同样功率的复式模激光的切割速度。

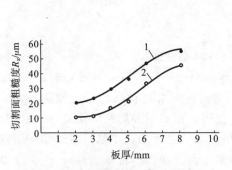

图 4.34　光束模式对切割面粗糙度

1—TEM_{01} 模式;2—TEM_{00} 模式

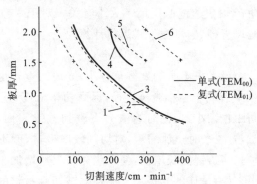

图 4.35　不同光束模式的切割速度比较

(材料为 SUS304 不锈钢)

1—300W 复式;2—500W 复式;3—300W 单式;

4—500W 单式;5—800W 复式;6—1000W 复式

2) 激光束的偏振

激光切割的切缝质量与光束的偏振性密切相关。几乎所有用于切割的高功率激光器都是平面偏振,因而造成切割过程中光束的偏振面与光束运行方向夹角不同时切缝质量的差别。这种现象在切割大多数金属和陶瓷材料时体现得更为明显。如图 4.36 所示,光束运行方向与光束偏振面平行时,光束能量被最好地吸收,此时切缝窄,切边平直,切割速度快。当切割方向偏离光束偏振面时,能量吸收减少,最佳切割速度降低,切缝变宽,切边逐渐变得粗糙且不平直,切口纵深有一斜度。一旦切割方向与偏振面完全垂直,切口纵深不再倾斜,切速更慢,切缝更宽,切割面更为粗糙。

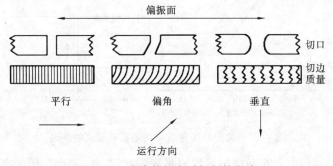

图 4.36　光束偏振态对切割的影响

实际切割中,对复杂工件来说,很难始终保持切割方向与光束偏振面平行。现代激光切割系统一般在光束聚焦前通过圆偏振镜将激光器出射光束转换为圆偏振光束,从而消除线偏振光束导致切割质量不良的方向效应,在不同切割方向让获得均匀一致的高质量切缝。

3) 光斑直径

激光切割的切口宽度与光束模式和聚焦后光斑直径有很大的关系。照射激光的功率密度和能量密度都与聚焦激光光斑直径 d 有关，为了获得较大的功率密度和能量密度，在激光切割加工中，要求光斑直径 d_0 尽可能小。光斑直径的大小与激光器输出光束直径 D 及发散角 θ、聚焦透镜的焦距 f 大小有关。对于一般激光切割中应用较广的 ZnSe 平凸聚焦透镜，其光斑直径 d_0 可由下式近似计算

$$d_0 \approx 2f\theta \tag{4-1}$$

激光束本身的发散角越小，光斑的直径也会越小，就能获得好的切割效果。减小透镜焦距 f 有利于缩小光斑直径，提高功率密度，适合于薄板高速切割。但 f 减小，透镜与工件的间距也缩小，切割时熔渣会飞溅到透镜表面，影响切割的正常进行和透镜的使用寿命。同时，f 减小时焦深缩短，对切割较厚板材，就不利于获得上部和下部等宽的切缝，影响切缝质量。当透镜焦长增加，使聚焦光斑尺寸增加 1 倍，焦深可随之增加到 4 倍。对于实际切割应用来说，最佳的光斑尺寸应根据被切割材料的厚度来考虑。在切割较厚板材时，为了获得最佳切割质量，光斑尺寸也应适当增大。

2. 工艺参数

1）激光输出功率

激光输出功率是与熔融被加工材料能力有直接关系的参数，而影响的程度则依被加工材料对激光的反射率、熔点、耐氧化性的不同而有所不同。对特定材料，激光输出功率越大，所能切割的材料厚度也越厚。激光功率增加，切割速度变大时切割质量仍然很好，切割速度的变化范围也随之扩大，这样也就提高了切割的质量稳定性和效率。激光输出功率变化，在其他条件不变时，激光功率密度变化。激光功率密度 P_0 与切割面粗糙度 R_z 的关系如图 4.37 所示，随着激光功率密度的提高，粗糙度降低。当功率密度 P_0 达到某一值后，粗糙度 R_z 不再减小。

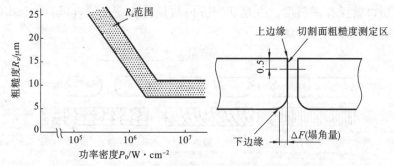

图 4.37 激光功率密度与切割面粗糙度的关系

可以根据加工过程中火花和加工后的切割面的情况，来判断使用的激光功率是否合适。如图 4.38 所示，激光输出功率远大于标准值时，切缝周围的热影响区（烧痕）增大，转角部位出现熔损，切割面条痕变粗，且从上部垂直延伸至下部。

如果激光输出功率远小于标准值时，切缝下部就显著变粗，成为凹进去的状态，而且，沾渣的附着量增多并很难去除。切割过程中的火星明显滞后于切口前端。

合适的加工激光功率存在于一定的范围内，被加工板材越薄，功率调节范围就越宽。在适当的激光功率条件下的加工，切割面的条痕细，下部相对于光束部位稍有滞后。

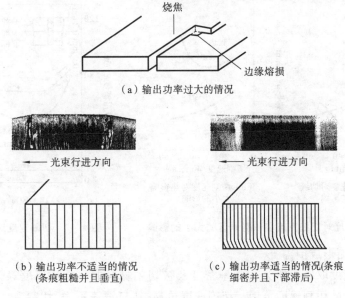

图 4.38 输出功率对加工的影响

2)切割速度

激光输出功率和切割速度一起决定被加工件的热输入量,激光切割速度直接与有效功率密度成正比。而激光功率密度与又激光输出功率、光束模式和光斑尺寸有关。除此之外,切割速度还与材料密度、材料起始蒸发能和材料厚度有关。

对金属材料,在特定工艺条件下,切割速度存在一个合理的调节范围,如图 4.39 所示。曲线上限表示允许的最高切割速度,下限表示防止材料切割时发生过烧的最低切割速度。如图 4.40 所示的为钢在某一功率条件下,材料厚度和切割速度的关系曲线。

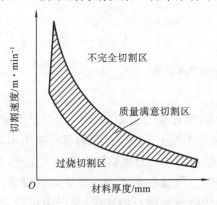

图 4.39 切割速度与材料厚度关系

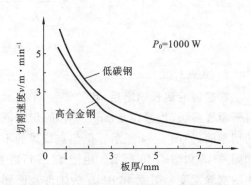

图 4.40 钢板切割速度与材料厚度关系

切割速度对切缝宽度、热影响区大小和切口粗糙度有较大影响。如图 4.41 和图 4.42 所示,随着切割速度增加,切缝顶部宽度和热影响区大小都单一减小,而切缝底部则都存在最小值。切割速度与切口粗糙度关系如图 4.41 所示,速度过低时,切口宽度增大,切口波浪形比较严重,切割面变得粗糙。随着切割速度的加快,切口逐渐变窄,直至上部的切口宽度相当于光斑直径。此时切口呈上宽下窄的 V 形。继续增加切割速度,上部切口宽度仍然减小,

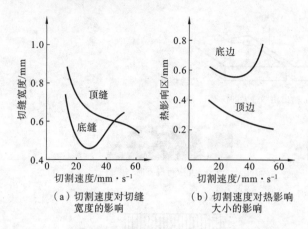

图 4.41 切割速度对切缝宽度和热影响区的大小的影响　　图 4.42 切割速度对切口粗糙度

但下部相对变宽而形成倒 V 形。

总之,切割速度取决于激光的功率密度及被切割材料的性质和厚度等。在一定的切割条件下,存在最佳的切割速度范围。切割速度过高,切口清渣不净;切割速度过低,则材料过烧,切口宽度和热影响区过大。要获得最佳切割效果,就要保持恒定的最佳切割速度。实际切割中,激光切割头有一定的惯量,在启动、停止,或者加工到轨迹图形的拐角处时存在一个加速和减速的过程。对于质量要求较高的切割,必须调整其他参数(如减小激光功率或转换成脉冲输出),或者在程序设计时设置辅助切割路径(见图 4.43),把加速或减速段放到工件以外,避免被加工件尖角部位因热集中而烧蚀,从而保证加工的质量。

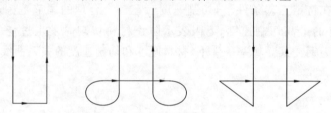

图 4.43　工件拐角处的切割编程方法

3) 焦点位置

在透镜的焦长确定后,焦点与工件表面的相对位置对激光切割的质量产生很大影响。对于金属薄板(板厚在 6 mm 以内)的切割,焦点在材料表面上下一定范围内都可获得不沾渣的切割面,如图 4.44 所示。但焦点位置的不同对切缝宽度和切割面粗糙度有较大影响,分别如图 4.45 和图 4.46 所示。由图 4.45 可以看出,当焦点位置在工件表面以下时可以获得最小的割缝宽度。图 4.46 中 a_b 为工件表面到聚焦透镜距离与焦长的比值,从图中可以看出,当 $0.998 < a_b < 1.003$ 时,切口最好。

大多数情况下,焦点位置设置在工件表面,或者稍微低于工件表面。对于不同的激光切割机及不同的切缝宽度和质量要求,具体的焦点位置应由实验确定。有时,在切割过程中透镜因冷却不良而产生热形变,从而引起焦长的变化,以及切割进行中的气流密度梯度场造成的再聚焦作用,都会导致焦点位置的变化,因而带来切割质量的变化,这就需要及时调整焦点位置。

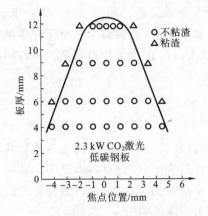
图 4.44 切割质量与焦点位置的关系

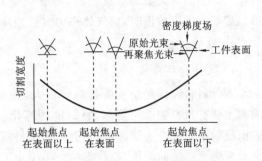
图 4.45 焦点位置对切缝宽度的影响

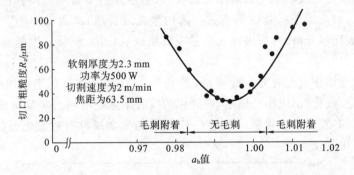
图 4.46 焦点位置对切割面粗糙度的影响

4) 辅助气体

一般情况下,激光切割都需要使用辅助气体。辅助气体对激光切割质量的影响来自两个方面:一是辅助气体的种类,一是辅助气体的压力。在激光切割加工中,辅助气体的主要作用是驱除熔渣、保护透镜不受污染、冷却切缝邻近区域以减小热影响区。如果是非活性气体,还起到排开空气中氧气以保护被切割材料不被氧化或过度燃烧的作用;如果是活性气体,还起到与金属产生放热化学反应,增加切割能量的作用。一般来说,辅助气体与激光束同轴喷出。

如何确定辅助气体的种类,牵涉到有多少热量附加到切割区的问题。如分别使用氧气和氩气作为辅助气体切割金属时,热效果就会出现很大的不同。对大多数金属一般采用氧助熔化切割,即使用活性气体(主要为氧气)。据估计,氧助切割钢材时,来自激光的能量仅占切割总能量的30%,而70%的能量来自于铁与氧气产生的放热化学反应。附加能量能将激光切割速度提高 $1/3 \sim 1/2$。但对活泼金属的氧助熔化切割,由于化学反应太激烈,引起切割面粗糙,宜用低氧浓度辅助气体,或者直接使用空气。如果要获得高的切边质量,如切割钛,也可使用惰性气体。

非金属激光切割对辅助气体密度和化学活性没有金属那样敏感,一般使用压缩空气。

对确定的辅助气体,气体压力大小也是影响激光切割质量的重要因素。激光切割对辅助气体的基本要求是进入切口的气流量要大,速度要高,以便有充足的气体透过氧化物到达切口前沿与材料进行充分的放热反应,并有足够的动量驱除熔渣。辅助气体压力过低,不足以驱除切口处的熔融材料;压力过高,易在工件表面形成涡流,也会削弱气流驱除熔融材料的作用。当高速切割薄形材料时,需要较高的气体压力以防止产生切口粘渣。当材料厚度增加或切割速度较慢时,则气体压力宜适当降低。

3. 其他因素

1) 工件材料特性

工件材料特性对切割质量影响很大,甚至决定能否被切割。影响激光切割质量的材料因素主要有材料表面反射率、材料的物理化学特性、材料表面状态、材料厚度等。其中材料表面反射率是一个关键因素,它直接影响材料对激光束能量的吸收率,而对激光能量的吸收是实现激光加工的前提,吸收率的大小决定了激光加工的能量利用率。

固体金属对激光的吸收率与入射激光波长、入射激光功率密度、材料电导率、材料温度、材料表面状况、入射光的偏振特性等有关。入射激光波长越长、激光功率密度越低、材料电导率越大、材料表面越光滑、材料表面无能量吸收层或氧化层、材料温度越低,则材料反射率就越高。

尽管大多数金属在室温时对 10600 nm 波长的 CO_2 激光的反射率一般都超过 90%,然而,金属一旦熔化、汽化、形成小孔以后,对光束的吸收率急剧增加。非金属材料对 CO_2 激光的吸收较好,即具有较高的吸收率。如图 4.47 所示的为金属材料对激光吸收率随表面温度和功率密度的变化曲线。

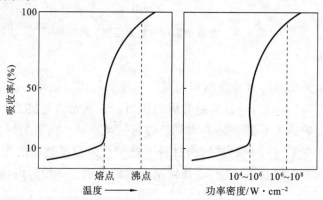

图 4.47 金属材料吸收率与表面温度及功率密度的关系

2) 喷嘴

辅助气体的气流及大小与喷嘴的结构形式紧密相关,喷嘴喷出的气流必须与去除切缝熔融材料和加强切割的要求相匹配。喷嘴孔尺寸必须允许光束顺利通过,避免孔内光束与喷嘴壁接触。目前,激光切割用喷嘴常采用锥形带端部小圆孔的简单结构。实际应用中,为了减小光路调试时激光对喷嘴的损坏和减小反射激光对喷嘴的损坏,喷嘴一般用对激光反射率较高的紫铜制造。由于是易损零件,常设计成易于更换的小体积部件。在切割加工时,从喷嘴侧面通入一定压力的气体(称为喷嘴压力),气流从喷嘴小孔喷出,在空气中膨胀,速度增大,经一定距离到达工件表面的气流压力(称为切割压力)已经减弱。若切割压力太小,则影响激光切割质量和切割速度。

在一定的辅助气体压力下,影响切割压力大小的因素有喷嘴直径大小和喷嘴与工件之间的距离大小。如图 4.48 所示的为在一定的激光功率和辅助气体压力下,喷嘴直径大小对 2 mm 厚低碳钢板切割速度的影响。可以看出,存在一个可获得最大切割速度的最佳喷嘴直径值。不管是用氧气还是用氩气作为辅助气体,这个最佳值都在 1.5 mm 左右。对切割难度较大的硬质合金,其最佳喷嘴直径也与上述结果极为接近,如图 4.49 所示。

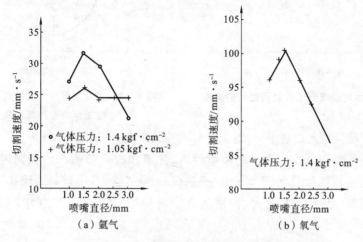

图 4.48 切割速度与喷嘴直径的关系

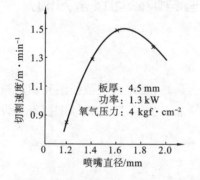

图 4.49 硬质合金的激光切割速度与喷嘴直径关系

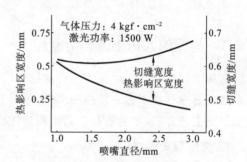

图 4.50 喷嘴直径对切缝质量的影响

喷嘴直径大小还影响切缝宽度和热影响区等切割质量要素。由图 4.50 可见,随着喷嘴直径增加,因从喷嘴喷出气流对切割区周围母材冷却作用的加强,热影响区变窄。同时,随着喷嘴直径增大,切缝变宽。常用喷嘴直径为 1~1.5 mm。

在喷嘴直径一定,喷嘴压力小于 300 kPa 时,切割压力与喷嘴到工件表面距离的关系如图 4.51 所示,存在若干高切割压力区。第一高切割压力区紧邻喷嘴出口,距离喷嘴 0.5~1.5 mm,切割压力大而稳定,实际激光切割中常采用此工艺参数。第二高切割压力区出现在距离喷嘴 3~3.5 mm 处,切割压力也较大,同样可以取得好的切割效果,并有利于保护透镜。其他高压力区由于距离喷嘴太远,聚焦激光易被喷嘴阻挡而不被采用。

当喷嘴压力大于 300 kPa 时,会产生正激波。切割压力与喷嘴到工件表面之间的距离的关系如图 4.52 所示,不再有明显的周期性压力变化,高切割压力出现在距喷嘴出口非常近的区域,其他区域切割压力很低。

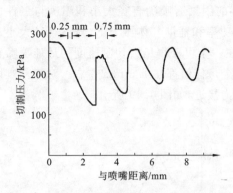
图 4.51 切割压力与喷嘴到工件表面距离的关系

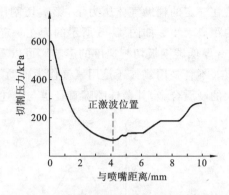
图 4.52 具有正激波气流的切割压力喷嘴到工件表面距离的关系

采用锥形喷嘴的激光切割中,控制工件与喷嘴的距离一般为 $1\sim 2$ mm。

为了同时获得高切割压力和大的喷嘴距离,必须在提高喷嘴压力的同时避免正激波。这就要求采用一些特殊形状的喷嘴,如拉伐尔(Laval)喷嘴,其出口处为渐扩管,直径较大,出口处为超音气流,切割压力较大,特别适合于高功率 CO_2 激光切割较厚钢板的宽切逢应用。

3.3 任务实施(以武汉奔腾楚天激光设备有限公司设备为例)

3.3.1 齿轮的大功率激光切割加工

大功率激光切割在钣金加工行业应用广泛,发展前景好,操作大型数控激光切割机进行钣金加工是一项技术含量较高的工作,做到熟练掌握其加工技术,需要熟练掌握有关设备知识和加工工艺方法,学会进行工艺流程整体设计。

1. 岗位职责描述

1)编程人员职责

(1)根据客户及图纸的技术要求绘制图纸,对图纸疑问,及时与客户沟通,获得客户认可。

(2)根据切割机的实际情况编制加工方案,设置激光补偿、切割路径、引线等。

(3)根据来料科学合理的排料,保证加工的可行性和合理性,保证切割作业过程的顺利进行。

(4)将切割文件交给切割组,注明加工文件的相关事项,以方便操作员合理地组织生产。

(5)根据加工工件的特殊要求,合理地制定、修改加工工艺,以满足客户工件的加工需求;对于有严格公差要求的,要事先切割放样。

(6)有义务协助客户做好加工工件的首件检查,对加工的参数提出参考意见。

(7)根据客户及行业的不同,对工件图纸进行归档、存储、备份,便于查找,并有保密的义务。

(8) 日常不断学习,弥补不足,对工作中疑问及掌握的技巧相互沟通,对 Lantek 及相关软件的应用要求精益求精。

2) 切割机操作员

(1) 遵守公司的员工手册中的各项制度。

(2) 注重加工质量和工作效率,有团队协作精神。

(3) 根据生产计划,合理有序的执行生产活动。

(4) 耐心解答客户及来访人员的提问,对涉及加工工艺问题要谨慎,不可泄密。

(5) 遵照设备日常维护制度,进行合理的切割操作。

(6) 生产人员根据生产具体情况确定进行轮班或倒班。

(7) 现场设备操作人员,原则上实行轮换制。

3) 当班人员职责

(1) 本周当班人员负责切割机操作区域内的卫生清洁和床身的清洁并记入员工考核项目。

(2) 要求每天提前 15 分钟到岗,确保 8:00 开机之前做好切割机区域内的卫生清洁和床身的清洁工作。直接操作当班期内的绝大部分操作,对本周的加工质量具有直接责任。负责当天的操作工作,并负责填写工作记录。

(3) 其他人员协作操作人员,进行下一加工任务的准备工作及当前加工完工件的清理、检验、标识,并登记记录工作。在当班周内,独立对切割机进行至少一次的彻底清洁卫生和润滑保养,并记入员工考核项目。

(4) 包括机床电控柜、导光臂、悬臂、激光发生器外表、气体控制柜、导轨、水冷机、除尘系统、空压机、床身及门窗的清洁卫生和润滑保养工作。

(5) 根据本周的生产安排,组织加工材料的场地安置,合理摆放,对突发的加工保持足够的应变能力。做好交接班的记录,保证下一班的加工连续性。

(6) 如实详细交接客户的工艺要求及生产加工注意事项。能够识别加工过程中产生的各种警报分析原因,并进行适当的处理,对意外的报警,应填写在工作记录中并及时上报组长。有意外报警、故障情况应第一时间向上反映。协助绘图员制定工件的切割工艺,对机床的操作和维护提出合理的方案及改进建议。如有些工件的穿孔方式,切割顺序等,要有利与加工作业过程的顺利实施。无夜班时,做好下班后的安全工作。关好水、电、气、门窗并检查确认。

4) 非当班人员职责

(1) 负责保持切割机车间的场地卫生,协助当班人员做好工件的摆放。

(2) 保持场地干净整洁、材料表面意外(脚印、油污)痕迹、辅助工具清理归原位。

(3) 辅助当班人员顺利完成应有的辅助加工,做好准备工作。对工艺提供指导建议。

(4) 如有的材料需要除锈、涂油、去膜以及工件去毛刺等。

(5) 对客户的来料进行适当的标记,组织现场的摆放。并协助其提货的安排。

(6) 对表面有特殊要求的材料摆放要安全合理。

(7) 批量材料摆放要有序合理。
(8) 零散加工工件摆放要确保不丢失和相互混乱。
(9) 如实行倒班生产,则与当班人员一样负有质量责任。
当班人员与非当班人员作业指导单如图 4.53 所示。

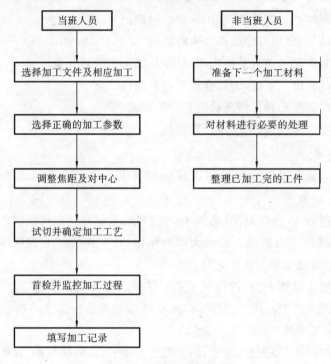

图 4.53 切割作业流程图

2. 切割作业流程

切割作业注意事项如下。

(1) 所加工材料的厚度、材质、加工方向、纹路及是否需要对其表面进行处理。

① 在更换不同加工的材质时,加工前要求进行试切放样,确定正确的工艺参数。

② 有公差要求的工件,需要试切放样测量尺寸,配合编程人员制定补偿参数。

③ 正确放置加工板材并测量尺寸,满足工件加工条件。

④ 有纹路要求的工件,要正确放置并予以确认。

⑤ 同种工件加工数量在 10 件以上的,视为批量作业。

⑥ 务必坚持工件首检制度。

(2) 对于加工完的工件要进行整理并归堆放置,对工件表面有要求的要作好保护措施。

① 工件面积小于 100 mm 的,要求打包并做好产品标识。

② 对工件表面有严格要求的工件,要求用报纸或薄膜进行隔离、打包。

③ 工件不允许有毛刺、毛边,孔形内部不允许有残存熔渣。

④ 同种工件同处放置,产品标识清晰明了。

⑤ 发现有不合格产品时要及时汇报,并做好补切的准备工作。

3. 激光切割机切割作业准备

1) 激光切割机开机步骤

（1）打开总电源开关。

（2）分别打开机床稳压电源、辅助设备电源开关。

（3）启动空压机、冷干机、冷水机组等辅助设备。

（4）打开储气罐排水阀门，排出罐内积水，没有水排出后关闭排水阀。

（5）检查冷水机水位和水温设定，按需要添加水或重新设定水温；等待水温恒定到设定值。

（6）打开激光器工作气体及辅助气体阀门并检查当前压力，如压力过低，应及时更换气体。

（7）等待空压机气压达到 8 bar 以上，开启激光器和机床电源。

（8）等待数控系统启动完毕，按下"开始"键执行回参考点操作（即回原点）。

（9）严格按照激光器使用说明开启激光器，等待激光器准备好，打开高压开关，将激光器设置到外控模式。

2) 激光切割机基本操作步骤

（1）准备好需要切割材料，固定在工作台上。根据材料及板厚，调用相应的切割参数。如无此材料的切割参数，调用相近材料的切割参数。

（2）根据切割参数选择相应的镜片和喷嘴，并检查镜片和喷嘴是否完好。

（3）将切割头调整至合适的焦点，检查及调整喷嘴居中，切割头传感器标定。

（4）切割气体检查，输入出气命令，辅助气体是否能良好地从喷嘴喷出。

（5）材料试切，检查断面情况，调整工艺参数，直至满足生产要求。

（6）按照工件要求的图纸编制切割程序，并导入到 CNC。

（7）将切割头移动到切割起始点，在操作界面上调入切割程序选择，选择"自动切割"模式，按下"开始"键执行程序。

（8）注意：操作者在切割中必须随时注意切割情况，不得离开机床；遇到特殊情况要及时处理，紧急情况下迅速按下机床"复位"键或"急停"按钮终止机床运行，并及时排除故障或上报主管人员。

（9）切割出首件工件后，暂停切割，检测工件是否符合要求，符合要求，继续生产；如不符合要求，检查图纸及编程，然后重新切割。

（10）切割时注意切割辅助气体气量，如果即将使用完毕，及时更换辅助气体。

3) 激光切割机关机步骤

（1）将横梁移到机床中间，推出操作界面，正常关闭 CNC。

（2）关闭激光器高压，按照激光器说明书正常关闭激光器。

（3）关闭激光器及机床电源开关。

（4）关闭激光器工作气体及辅助气体阀门。

（5）关闭空压机、冷干机、冷水机组等辅助设备。

(6) 关闭机床稳压电源及总开关。

(7) 清洁机床,整理环境。

注意:严格遵守以上操作顺序,不得随意改变顺序操作。

4. 数控加工自动编程

自动编程是利用计算机专用软件编制数控加工程序的过程。

首先,编程人员利用专用软件的绘图功能(CAD 功能)将零件图形(见图 4.54)输入计算机中,然后利用专用软件的后处理功能(CAM 功能)由计算机自动生成零件加工程序,通过计算机与数控系统的通信接口把加工程序送入数控机床,加工程序传送一般是双向的。自动编程使得一些计算烦琐、手工编程困难或无法编出的程序能够顺利完成。

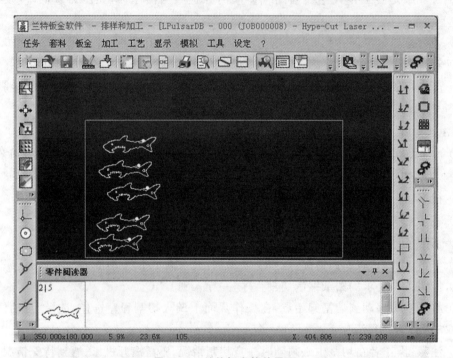

图 4.54 兰特钣金软件界面

在自动编程过程中,如果零件图是手工绘制的,则图形绘制工作量相对较大,可以根据加工、工艺、加工步骤及安装要求,只要对进行编程的局部图形输入。若零件图以图形文件方式存在计算机当中,经过简单的格式转换以及图形处理可以直接进行后处理。机械设计人员普遍采用计算机辅助设计,使得数控编程越来越方便。

现代 CAD/CAM 技术的发展和进步,使得数控加工的自动编程方法和过程发生了很大变化。一般而言,对简单或规则的表面加工编程并不需要借助 CAD/CAM 系统,可在数控机床的操作面板上直接输入指令代码进行,只有在加工具有复杂曲面或具有不规则曲线轮廓的零件时,才真正需要引入自动编程系统。根据目前 CAD/CAM 软件系统的流派,自动编程技术可分为两种主要模式:基于特征的自动编程技术和基于曲面模型的自动编程技术。由于目前 CAM 系统在 CAD/CAM 中仍处于相对独立状态,这两种自动编程技术都需在引入零件 CAD 模型中几何信息的基础上,由人工交互添加被加工的具体对象、约束条件、刀具与切削用量、工艺参数等,因而其编程过程基本相同。

具体的编程过程如下。

(1) 用 CAD 绘制出需要切割的图样,如图 4.55 所示。

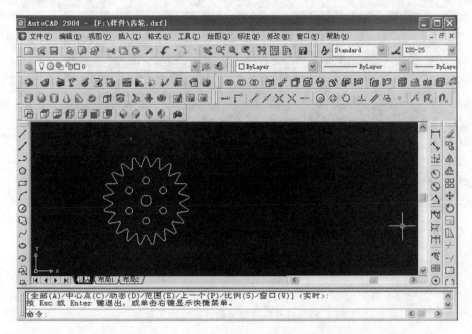

图 4.55　用 CAD 绘制出需要切割的图样

(2) 将图形另存为 DXF 格式,如图 4.56 所示。

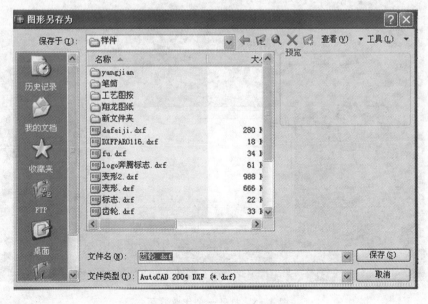

图 4.56　将图形另存为 DXF 格式

(3) 打开兰特钣金软件排样加工菜单,如图 4.57 所示。

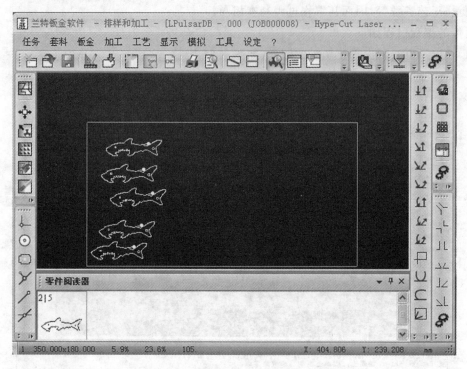

图 4.57 打开兰特钣金软件排样加工菜单

(4) 任意选择打开一个作业,如图 4.58 所示。

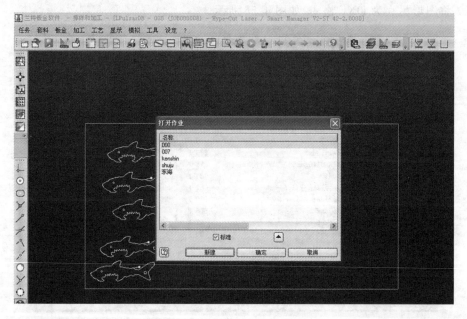

图 4.58 打开一个作业界面

(5) 设置作业参数,如图 4.59 所示。

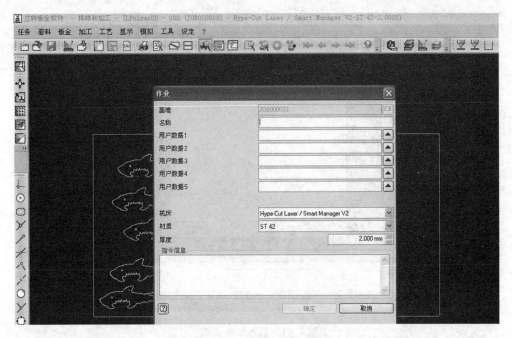

图 4.59 设置作业参数界面

(6) 单击右键输入部件,如图 4.60 所示。

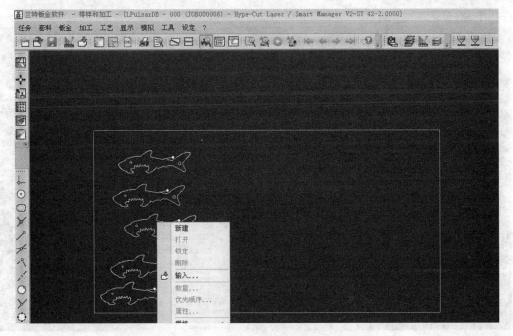

图 4.60 输入部件界面

(7) 载入部件,选择文件类型为 DXF 格式,如图 4.61 所示。

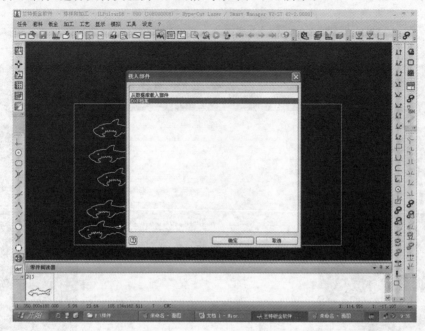

图 4.61 载入部件页面

(8) 选择 DXF 文档(刚保存的 DXF 格式文件),如图 4.62 所示。

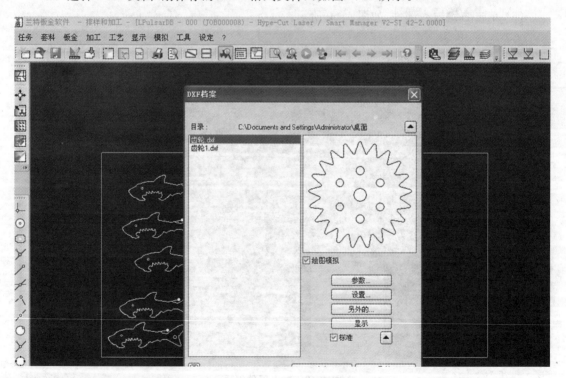

图 4.62 选择 DXF 文件界面

（9）打开显示所选择的文件，如图 4.63 所示。

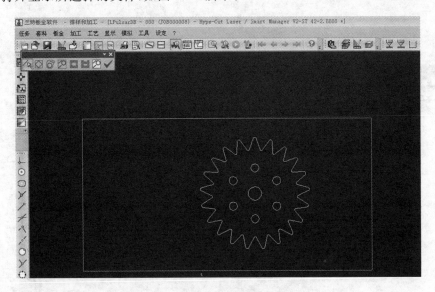

图 4.63　打开显示所选择文件界面

（10）设置引导线，如图 4.64 所示。

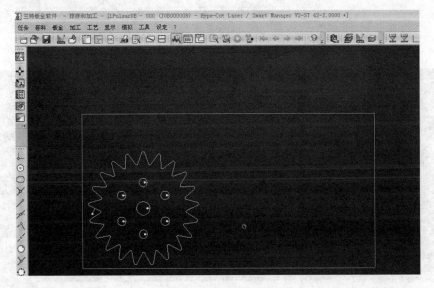

图 4.64　设置引导线界面

（11）加工初始化，选择补偿方式，如图 4.65 所示。

（12）模拟仿真切割，如图 4.66 所示。

（13）另存为后缀为.ISO 格式文件，如图 4.67 所示。

（14）ISO 格式文件被保存在指定目录文件夹内，如图 4.68 所示。

（15）用移动存储设备将 ISO 格式文件导入数控系统，准备调用切割加工，如图 4.69 所示。

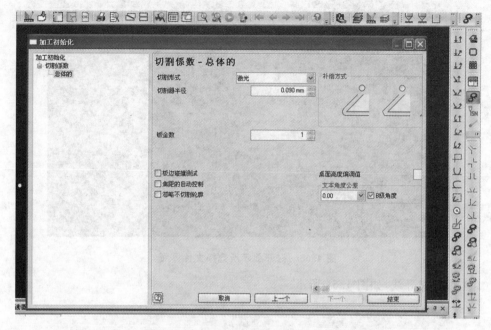

图 4.65 加工初始化、选择补偿方式界面

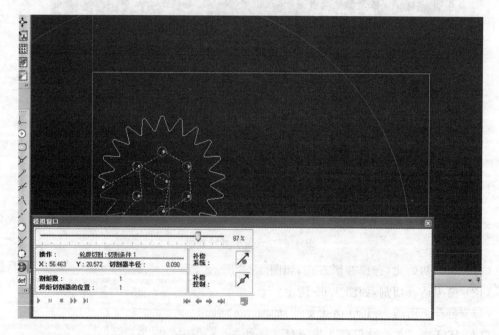

图 4.66 模拟仿真切割界面

项目 4　激光切割设备装调与激光切割加工　177

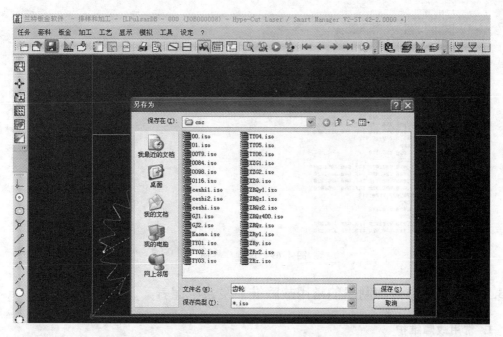

图 4.67　保存后缀为 .ISO 格式文件界面

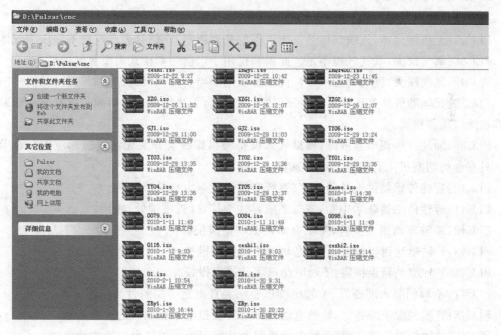

图 4.68　ISO 格式文件保存位置界面

齿轮.iso - 记事本

文件(F) 编辑(E) 格式(O) 查看(V) 帮助(H)

```
!PAR[2]=0.00!
!:D0-79""!
!:D80-159""!
(PartNo: 0212)
(Date: 03/05/10 Time: 09:48:09)
(Sheet material:ST 42, thickness: 2)
(Sheet sizeLxW:350 x 180)
N0001  G90
N0005  M71
N0009  M25CL-1
N0013  M72
N0017  M15 XX49.040 YY55.110
N0021  MA1
N0025  M20CL1CP2
N0029  G1 X51.950 Y55.110
N0033  M25CL1CP3
N0037  G3 X46.950 Y59.929 I47.040 J55.020
N0041  G3 X42.130 Y55.020 I47.040 J55.020
N0045  G3 X47.040 Y50.110 I47.040 J55.020
N0049  G3 X51.950 Y55.020 I47.040 J55.020
N0053  M15 XX49.040 YY85.110
N0057  M20CL1CP2
N0061  G1 X51.950 Y85.110
N0065  M25CL1CP3
N0069  G3 X46.950 Y89.929 I47.040 J85.020
N0073  G3 X42.130 Y85.020 I47.040 J85.020
N0077  G3 X47.040 Y80.110 I47.040 J85.020
N0081  G3 X51.950 Y85.020 I47.040 J85.020
N0085  M15 XX78.020 YY70.110
N0089  M20CL1CP2
N0093  G1 X80.930 Y70.110
N0097  M25CL1CP3
N0101  G3 X72.930 Y77.929 I73.020 J70.020
N0105  G3 X65.110 Y70.020 I73.020 J70.020
```

图 4.69 源程序界面

3.3.2 大功率激光切割机的常用故障维护及系统保养

1. 常用故障维护

1）报警信息及排除

报警信息代码列举

PLC35:无压缩气体,压缩气体是机床工作的基本因素,此信息表示探测不到压缩气体。

PLC36:氧气缺失,氧气气压不足。此报警仅用于当前切割模式需要氧气的情况。

PLC37:氮气缺失,氮气气压不足。此报警仅用于当前切割模式需要氮气的情况。

PLC38:无辅助气体气压输出,辅助气体气压过低,无法完成正常切割。只有金属切割机床有辅助气压传感器。

PLC39:辅助气体调节器故障,辅助气体设备输出螺线管开关无法通过相应阀门调节气压。只有金属切割机床有辅助气压传感器。

PLC40:容性传感器供电故障,电气系统容性头供电电压故障。

PLC41:容性传感器联系中断,电气系统容性头接线(近喷嘴处)断掉。

PLC42:X 轴驱动错误报警,X 轴电动机驱动错误报警。

PLC43:Y 轴驱动错误报警,Y 轴电动机驱动错误报警。

PLC44:Y 轴驱动错误报警,Z 轴电动机驱动错误报警。

PLC47:X 轴伺服未准备好,X 轴电动机驱动装置拒绝了控制台的操作请求。

PLC48:Y 轴伺服未准备好,Y 轴电动机驱动装置拒绝了控制台的操作请求。

PLC49:Z 轴伺服未准备好,Z 轴电动机驱动装置拒绝了控制台的操作请求。

PLC51:激光源主报警。

PLC52:激光闸报警。

PLC53:激光源气体主线报警。

PLC54：激光源发射温度报警。

PLC55：激光源无混合气体报警。

PLC56：激光源水流报警。

PLC57：激光源 EEPROM 报警。

PLC58：激光源后反射报警。

PLC59：激光源高压报警。

PLC60：激光源真空报警。

PLC61：激光源低电压报警。

PLC62：激光源低气压报警。

PLC63：激光源互锁报警。

PLC64：激光源减震器报警。

PLC65：激光源供电温度报警。

PLC66：激光源防护装置报警。

PLC67：激光源分流器位置错误。

PLC68：Z 轴切割头传感器接线故障，CNC 检测到 Z 轴绝对位置传感器接线断开。

PLC69：Z 轴轴切割头传感器接线故障或机械传感器被锁，CNC 检测到 Z 轴机械传感器接线断开或机械传感器被锁在高处。此信号仅用于当前切割模式应用机械传感器的情况。

PLC70：B 轴切割头传感器接线故障，CNC 检测到 Z 轴绝对位置传感器接线断开。

PLC71：Z 轴切割头传感器接线故障或机械传感器被锁，CNC 检测到 Z 轴机械传感器接线断开或机械传感器被所在高处。此信号仅用于当前切割模式应用机械传感器的情况。

PLC72：Z 轴定位超时，Z 轴未能在最大时限内到达指定位置。

PLC74：容性头超出金属边界，容性头未在聚集头喷嘴下探测到金属板材。如果金属板材已放好，应检查其接地情况。

PLC75：Z 轴切割头未检测到木质板材，金属传感器为探测到聚集头下有木质板材。

PLC77：切割头/铣头交换超时。

PLC78：切割头/铣头定位错误。

PLC79：框架升降变频器报警，驱动框架升降的变频器报警。

PLC80：伺服驱动供电故障，Z 星型伺服供电禁止。

PLC81：X 轴伺服报警，出错信息（＊）。

PLC82：Y 轴伺服报警，出错信息（＊）。

PLC83：Z 轴伺服报警，出错信息（＊）。

2）切割头故障

（1）如果切割头出现向下停滞不能自动抬起的情况（TABLB 区域的红灯亮起），作如下处理。

① 将 HEAD 按钮旋转至 OFF。

② 按住 BRAKE 按钮不放，用手大力将切割头向上垂直抬起，感到有松动后即停。

③ 按 TABLB 区域的绿色键（ON），如果可以亮起，则按 RESET 键即可。如果不能亮起，则需要重复上述步骤②的操作。

（2）当出现拆装陶瓷体、清洗聚焦镜片、更换喷嘴、更换加工板材类型、切割头不能正常保持设定的高度中的任意一种情况时,需要执行此动作:按 F3,选择菜单栏 MACRO\capacitive head calibration(M30HC1)\START 释放辅助气体。

（3）更换辅助气体种类不用氧气,以及无法确认气瓶压力是否达到切割标准时,需要执行以下步骤:在参数界面下按▼\START,在 SHUTTER 区域按 ON 键即可。

3）故障的排除

常见故障及其解决办法如表 4.2 所示。

表 4.2 故障表现与排除方法一览表

现象	可能因素	解 决 办 法
无激光输出	气体混合比例不正确	检查正确的气体混合比例。如果可能,更换新气瓶。
	电源报警	C2200 系统监控高电源提供的放电电流:如果一个或几个电流测得值低于设定的阈值,在 REPORT 菜单和 MAIN 菜单下会出现警告信息。 无报警。检查 REPORT 菜单或 MAIN 菜单是否显示电源警告信息。
	腔体工作异常	腔体调整不正确或者镜片受损。
输出功率降低或不稳定	镜片	若压力和光束均正常,但输出功率低于正常值,则表明镜片可能不干净。
	腔体调整有误	如果光斑变形,则表明腔体调整有误。
	镜片受损	如果激光束歪曲,则表明镜片可能不干净。
	温度不稳定	检查冷水机工作是否正常,同时确认系统操作时,有无热量漂移。
	热变形	热变形(由突然的热量变化引起)可能导致功率不稳定和很差的功率质量。
控制单元故障	保险问题	关机。 先断开主电源线,然后检查控制单元背面的保险:FUSE1 T1A/220V,FUSE2 T1A/220,FUSE3 T2A/220V,FUSE4 T1A/220,FUSE5 T3.15A/220V,FUSE6 T3.15A/220V,FUSE7 T0.5A/220V。 务必用相同规格保险进行替换。
控制单元上的黄色指示灯不亮	保险或线路问题	系统连到主电源线后,若黄色指示灯不亮,则检查 Line Conditioning Unit 中的各断路器。
气耗过高	气体循环回路漏气	如果激光器工作正常,但气耗高于正常值,则表明气体回路可能漏气。可按照下列步骤进行检查。关机;关混气瓶;检查气瓶出口压力:如果数值减小,则表明系统存在漏气。检查外部气体连接管路。

注意:由于启动初始,系统升温影响,开始几分钟输出功率与正常数值的波动范围正常大概为 5% 左右;如果问题仍然存在,请联系技术支持。

2. 系统保养

激光切割机对一般的机床来说,其核心部分是激光器。激光器是一台精密的光学设备,对环境的要求比较高,所以,激光切割机维修保养的要求更高。为了更好地发挥激光切割机的加工优势,争取机床长时间稳定生产,必须重视激光切割机特别是激光器的日常维护保养。预防性维护的关键是加强日常保养,对激光切割机的维护保养,必须严格按照激光切割机维护保养流程进行每日、每周、每月、每1000小时、每2000小时和根据实际需要所做的维护和保养。

1) 每天需要做的维护工作

(1) 检查各种警示标记是否存在。

(2) 检查外光路是否洁净,密封罩是否可靠。

(3) 测试运动轴到极限时是否报警。

(4) 检查工作时排气管的启动和关闭是否正常。

(5) 检查喷嘴,保证喷嘴无破损和粘金属渣。

(6) 检查机器是否有损伤,仪表指示是否正常。仪表指示正常参数:ARM PRESSURE HEAD(光路气压)为 1~1.5 bar;HRM PRESSURE LASER(激光器气压)为 5 bar;混合气体出口压力为 2~2.5 bar;氮气出口压力为 2~2.5 bar;激光器进水口压力为 3.5~6 bar,出水口压力为 0~2 bar。

(7) 检查指示灯是否有异常。检查冷却水温(19.7℃~21℃)。

(8) 清洁交换工作台的连接轴,保持干净。

(9) 检查镜片是否有污染,若有则应及时予以清洁或更换。检查传感器功能是否正常。

(10) 储气罐、空压机、储气罐、冷干机排污阀排水。

2) 每周需要做的维护工作

(1) 清洁交换工作台导轨、齿轮和齿条确保清洁。

(2) 清洁工作台料斗,清理料渣小车。

(3) 检查气体压力是否异常。

(4) 检查滤气系统的滤芯。

(5) 清洗冷水机组过滤芯。

(6) 检查冷水机的水箱水位和水质情况。

(7) 检查机床过滤器含水情况。

3) 每月的维护保养工作

(1) 检查各种警示标记是否存在。

(2) 检查光闸连接管的安全开关。

(3) 检查真空泵油的线位、检查真空泵油的颜色等状态。

(4) 检查冷水机的水箱水位,检查水去离子系统。

(5) 检查光路是否洁净,密封罩是否可靠。

(6) 测试运动轴到极限时是否报警。

(7) 清洁并润滑传动链条和齿轮。

(8) 检查工作时排气管的启动和关闭是否正常。

(9) 清洁链条,并检查其张紧力。

4) 每 1000 小时需要做的维护工作

(1) 清洁并润滑切割梁齿条。

(2) 检查所有的防尘罩并清除污物。

(3) 更换气体柜的滤芯(如有必要)。

(4) 更换精细滤芯(如有必要)。

5) 每 2000 小时需要做的维护工作

(1) 激光器整体保养,更换真空泵油。

(2) 检查机床过滤器含水情况,更换冷水机的循环水。

6) 根据实际需要所做的维护工作

(1) 检查光路,必要时调整。

(2) 清洁交换工作台导轨、齿轮和齿条是否清洁。

(3) 检查运动轴是否有灰尘,并清除。

(4) 检查运动轴状态。

【阅读材料】

激光切割机的工业应用

世界第一台 CO_2 激光切割机是在 20 世纪 70 年代诞生的。30 多年来,由于应用领域的不断扩大,CO_2 激光切割机不断改进,目前,国际国内已有多家企业从事生产各种 CO_2 激光切割机,类型有二维平板切割机、三维空间曲线切割机、专业管材切割机等,以满足市场的需求。国外知名的激光切割机制造商有德国通快(Trumpf)、意大利普瑞玛(Prima)、意大利艾伦(El. En)、瑞士百超(Bystronic)、日本天田(Amada)、日本马扎克(MAZAK)、日本 NTC 公司、澳大利亚 HG Laser Lab 公司等。国内知名的激光切割机制造商有上海团结普瑞玛公司、沈阳普瑞玛公司、武汉楚天激光设备有限公司、济南捷迈公司、深圳大族激光公司等。

从 2007 年开始我国每年生产 CO_2 激光切割机 250~350 台,每年的装机量为 500~600 台,共 10 亿~15 亿元人民币。而且激光切割的发展趋势较快,最近几年的年增长率都为 30% 以上。

CO_2 激光切割系统的购置者主要是两类:一类是大中型制造企业,这些企业生产的产品中有大量板材需要下料、切料,且企业自身具有较强的经济和技术实力;另一类是加工站(国外称 job shop),加工站是专门对外承接激光加工业务的,自身无主导产品。加工站的存在一方面可满足一些中小企业加工的需要;另一方面在初期对推广应用激光切割技术起到宣传示范的作用。1999 年美国全国共有激光加工站 2700 家,其中 51% 从事激光切割工作。20 世纪 80 年代我国激光加工站主要从事激光热处理工作,20 世纪 90 年代后,激光切割加工站逐步增加。在此基础上,随着我国大中型企业体制改革的深入和经济实力的增强,越来越多的企业将采用 CO_2 激光切割技术。

从目前国内应用情况分析,CO_2 激光切割广泛应用于厚度小于 20 mm 的低碳钢板、厚度小于 8 mm 的不锈钢板及厚度小于 20 mm 的非金属材料。对三维空间曲线的切割,在汽车、航空工业中也开始获得了应用。目前适合采用 CO_2 激光切割的产品大体上可归纳为四类。

第一类,从技术经济角度看不宜制造模具的金属钣金件,特别是轮廓形状复杂,批量不大,一般厚度小于 12 mm 的低碳钢、厚度小于 6 mm 的不锈钢,以节省制造模具的成本与周期。已采用的典型产品有自动电梯结构件、升降电梯面板、机床及粮食机械外罩、各种电气柜、各种开关柜、纺织机械零件、工程机械结构件、大电机硅钢片等。

第二类,装饰、广告、服务行业使用的不锈钢(一般厚度小于 3 mm)或非金属材料(一般厚度小于 20 mm)的图案、标记、字体等,如艺术照相册的图案,公司、单位、宾馆、商场的牌标,车站、码头、公共场所的中英文字体。

第三类,要求均匀切缝的特殊零件。最广泛应用的典型零件是包装印刷行业用的模切版,它要求在 20 mm 厚的木模板上切出缝宽为 0.7~0.8 mm 的槽,然后在槽中镶嵌刀片。使用时装在模切机上,切下各种已印刷好图形的包装盒。国内近年来应用的一个新领域是石油筛缝管。为了挡住泥沙进入抽油泵,在壁厚为 6~9 mm 的合金钢管上切出不足 0.3 mm 宽的均匀切缝,起割穿孔处小孔直径不能超过 0.3 mm,虽然切割技术难度大,但已有不少单位投入生产。

第四类,广泛应用于大型机车制造、火箭制造、飞机制造、汽车制造和船舶制造等行业。

国外除上述应用外,还在不断扩展如下应用领域。

(1) 采用三维激光切割系统或配置工业机器人,切割空间曲线,开发各种三维切割软件,加快实现从画图到切割零件的过程。

(2) 为了提高生产效率,研究开发各种专用切割系统,材料输送系统,直线电动机驱动系统等,目前切割系统的最大切割速度已超过 100 m/min。

(3) 为扩展工程机械、造船工业等的应用,切割低碳钢厚度已超过 30 mm,并特别注意研究用氮气切割低碳钢的工艺技术,以提高切割厚板的切口质量。

激光切割加工能借助现代的 CAD/CAM 软件,实现任何形状的板材切割,采用激光切割加工,不仅加工速度快,效率高,成本低,而且避免了模具或刀具更换,缩短了生产准备时间周期。易于实现连续加工,激光束换位时间短,提高了生产效率,可进行多种工件交替安装。一个工件加工时,可卸下已完成的部件,并安装待加工工件,实现并行加工,减少安装时间,增加激光加工时间。

激光切割的特点:切缝窄,变形小,精度高,速度快,效率高。激光光能可以转换成惊人的热能保持在极小的区域内,所以激光切割可提供:狭的直边割缝;最小的邻近切边的热影响区;极小的局部变形。激光束对工件不施加任何力,它是无接触切割工具,这就意味着:工件无机械变形;无刀具磨损,也谈不上刀具的替换问题;切割材料时无须考虑其硬度,也即激光切割能力不受被切材料硬度影响,任何硬度的材料都可切割。激光束可控性强,并有高的适应性和柔性,因而可很方便地与自动化装备相结合,容易实现切割过程自动化;由于不存在对切割工件的限制,激光束具有无限的仿形切割能力。

激光切割是激光加工行业中最重要的一项应用技术,由于具有诸多特点,已广泛地应用于汽车、机车车辆制造、航空、化工、轻工、电器与电子、石油和冶金等工业部门。近年来,激光切割技术发展很快,国际上每年都以 20%~30% 的速度增长。我国自 1985 年以来,更以每年 25% 以上的速度增长。激光切割技术必将成为 21 世纪不可缺少的重要的钣金加工手段。激光切割加工广阔的应用市场,加上现代科学技术的迅猛发展,使得国内外科技工作者对激光切割加工技术进行不断探入的研究,推动着激光切割技术不断地向前发展。

(1) 伴随着激光器向大功率发展以及采用高性能的 CNC 及伺服系统,使用高功率的激光切割可获得高的加工速度,同时减小热影响区和热畸变;所能够切割的材料板厚也在进一步地提高,高功率激光可以通过使用 Q 开关或加载脉冲波,从而使低功率激光器产生出高功率激光。

(2) 根据激光切割工艺参数的影响情况,可以改进加工工艺,如增加辅助气体对切割熔渣的吹力;加入造渣剂提高熔体的流动性;增加辅助能源,并改善能量之间的耦合;以及改用吸收率更高的激光切割。

(3) 激光切割将向高度自动化、智能化方向发展。将 CAD/CAPP/CAM 以及人工智能运用于激光切割,研制出高度自动化的多功能激光加工系统。

(4) 根据加工速度自适应地控制激光功率和激光模式或建立工艺数据库和专家自适应控制系统使得激光切割整机性能普遍提高。以数据库为系统核心,面向通用化 CAPP 开发工具,对激光切割工艺设计所涉及的各类数据进行分析,建立相适应的数据库结构。

(5) 向多功能的激光加工中心发展,将激光切割、激光焊接及热处理等各道工序后的质量反馈集成在一起,充分发挥激光加工的整体优势。

(6) 随着 Internet 和 web 技术的发展,建立基于 web 的网络数据库,采用模糊推理机制和人工神经网络来自动确定激光切割工艺参数,并且能够远程异地访问和控别激光切割过程成了不可避免的趋势。

(7) 三维高精度大型数控激光切割机及其切割工艺技术,为了满足汽车和航空等工业的立体工件切割的需要,三维激光切割机正向高效率、高精度、多功能和高适应性方向发展,激光切割机器人的应用范围将会愈来愈大。激光切割正向着激光切割单元 FMC、无人化和自动化方向发展。

习 题

4.1 简述中小功率激光切割机的开关机流程。
4.2 简述激光切割机的种类及总体结构。
4.3 简述大功率激光切割机机床安装的技术要点。
4.4 简述大功率激光切割机光学镜片正确的清洗、安装方法。
4.5 简述大功率激光切割机聚焦构件调试步骤。
4.6 激光切割的评价指标包括哪些方面?
4.7 影响激光切割质量工艺参数包括哪些?
4.8 简述激光切割的作业流程。

项目 5

其他激光加工技术

任务 1 激光淬火

1.1 任务描述

了解激光淬火原理、特点及工艺;
能够对激光淬火工艺参数进行选择;
了解激光淬火的重要工业应用。

1.2 相关知识

1. 激光淬火技术的原理

激光淬火技术是激光表面改性技术的一种。激光表面改性技术是材料表面局部快速处理工艺的一种新技术,它包括激光淬火、激光表面熔凝、激光表面熔覆、激光冲击强化、激光表面毛化等。通过激光与材料表面的相互作用,使材料表层发生所希望的物理、化学、力学等性能的变化,改变材料表面结构,获得工业上的许多良好性能。激光表面改性技术主要用于强化零件的表面,工艺简单、加热点小、散热快,可以自冷淬火。表面改性后的工件变形小,适于作为精加工的后续工序。由于激光束移动方便,易于控制,可以对形状复杂的零件,甚至管状零件的内壁进行处理。因此,激光表面改性技术应用十分广泛。

激光淬火,又称激光相变硬化,主要用来处理铁基材料,其基本机理是利用聚焦后的高能激光束($10^3 \sim 10^4$ W/cm^2)照射钢铁材料工件表面,工件表层材料吸收激光辐射能并转化为热能,使其温度迅速升高到相变点以上。当激光束移开后,由于仍处于低温的内层材料的快速导热作用,使表层快速冷却到马氏体相变点以下,获得淬硬层。激光淬火不需要淬火介质,只要把激光束引导到被加工表面,对其进行扫描就可以实现淬火。因此,激光淬火设备

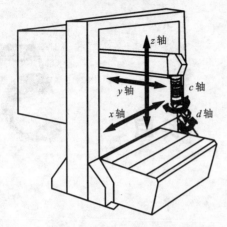

图 5.1 柔性激光加工系统示意图

更像一台机床。图 5.1 所示为一台柔性激光加工系统的示意图，它通过五维运动的工作头把激光束照射到被加工表面，在计算机控制下直接扫描被加工表面，完成激光淬火。

激光淬火过程中很大的过热度和过冷度使得淬硬层的晶粒极细、位错密度极高且在表层形成压应力，进而可以大大提高工件的耐磨性、抗疲劳、耐腐蚀、抗氧化等性能，延长工件的使用寿命。

激光淬火原理与感应加热淬火、火焰加热淬火技术类似，只是其所使用的能量的密度更高，加热速度更快，工件变形小，加热层深度和加热轨迹易于控制，易于实现自动化。因此，它在很多工业领域中正逐步取代感应加热淬火和化学热处理等传统工艺。激光淬火可以使工件表层 0.1~1.0 mm 范围内的组织结构和性能发生明显变化。图 5.2 所示为 45 钢表面激光淬火区横截面金相组织图。图中白亮色月牙形的区域为激光淬硬区，白亮区周围的灰黑色区域为过渡区，过渡区之外为基材。图 5.3 所示是该淬火区显微硬度沿深度方向的分布曲线。可见，淬火后其硬度大幅度提高，且硬度最高值位于近表面。

图 5.2 45 钢表面激光淬火区横截面金相组织图

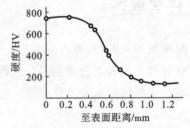

图 5.3 45 钢表面激光淬火区显微硬度与淬硬层深度的关系

2. 激光淬火技术的特点

依据激光器的特点不同，激光淬火可分为 CO_2 激光淬火和 Nd∶YAG 激光淬火。但不论哪种淬火方式，影响淬硬层性能的主要因素基本相同，激光淬火技术与其他热处理技术（如高频淬火、渗碳、渗氮等传统工艺）相比，具有以下特点。

(1) 无须使用外加材料，就可以显著改变被处理材料表面的组织结构，大大改善工件的性能。激光淬火过程中的急热急冷过程使得淬火后马氏体晶粒极细、位错密度相对于常规淬火更高，进而大大提高材料性能。

(2) 处理层和基体结合强度高。激光表面处理的改性层和基体材料之间是致密的冶金结合，而且处理层表面也是致密的冶金组织，具有较高的硬度和耐磨性。

(3) 被处理工件变形极小，适合于高精度零件处理，可作为材料和零件的最后处理工序。这是由于激光功率密度高，与零件上某点的作用时间很短（0.01~1 s），故零件的热变形区和整体变形都很小。

(4) 加工柔性好，适用面广。激光光斑面积较小，虽然不能同时对大面积表面进行加工，但是可以利用灵活的导光系统随意将激光导向处理部分，从而可方便地处理深孔、内孔、盲孔和凹槽等局部区域。改性层厚度与激光淬火中工艺参数息息相关，可根据需要调整硬化层深浅，一般可达 0.1～1 mm。

(5) 工艺简单优越。激光表面处理均在大气环境中进行，免除了镀膜工艺中漫长的抽真空时间，没有明显的机械作用力和工具损耗，噪声小、污染小、无公害、劳动条件好。激光器配以微机控制系统，很容易实现自动化生产，易于批量生产。效率很高，经济效益显著。

3. 激光淬火技术的应用与研究状况

激光淬火技术现已成功地应用到冶金行业、机械行业、石油化工行业中易损件的表面强化，特别是在提高轧辊、导轨、齿轮、剪刀等易损件的使用寿命方面，效果显著，取得了很大的经济效益与社会效益。美国通用汽车公司于 20 世纪 80 年代建成 17 条激光表面相变处理生产线，日处理 33000 件，耐磨性较原工艺提高近 10 倍。同时，意大利菲亚特公司采用 HPL-10 型激光器处理发动机气缸孔内壁，取消了缸套，降低了油耗，节省了成本。德国奥格斯堡-纽伦堡机械制造有限公司 1984 年就建成激光淬火生产线，对大型发动机缸套进行激光淬火，淬火带的布局有交叉网纹式、螺旋线式和正弦波式，大大提高缸套耐磨性。除此以外，日本丰田公司、美国的福特公司等，也相继将激光表面强化技术应用到汽车制造业中。

在国外，1965 年 Kokope 发现了 45 钢激光打孔后可获得极高硬度的马氏体，1971 年美国通用汽车公司首次成功进行了激光热处理实验，到 1974 年该公司已将激光相变硬化工艺用于实际生产。

激光技术在我国虽然起步较晚，但发展态势迅猛，国内目前将激光淬火技术应用于汽车加工等的厂家也不少。其中影响较大的厂家列举如下。

(1) 西安内燃机配件厂在"七五"、"八五"期间与华中科技大学（原华中理工大学）合作建成 6 条缸套热处理生产线，采用轨迹为螺旋线，耐磨性比各种合金铸铁缸套及中频淬火缸套提高 42%，与之相配活塞环耐磨性提高 30% 以上。由于经济效益良好目前该厂已经拥有 12 条年生产能力可达 60 万支的激光热处理生产线。

(2) 北京内燃机集团与大恒公司等单位合作建有年处理约数万台发动机缸体的 CO_2 激光热处理生产线，提高了生产效率。

(3) 大连机车车辆厂于 1995 年 10 月建成我国第一条 C 型缸套激光处理生产线，该厂还拥有用于机车曲轴、缸套、立簧片的激光热处理生产线。

(4) 长春一汽集团建立有自己的热处理生产线，对 CAl41 汽车发动机汽缸进行处理，取消了缸套，大修里程提高到 20×10^5 km。

(5) 青岛中发激光技术有限公司采用激光网格工艺加工后的发动机缸孔、曲轴等零件的表面，寿命提高 3～5 倍。

实际上国内目前应用激光热处理生产线提高本企业产品性能的单位远不止上述几家，全国各地建立几乎都有不同规模的激光加工中心，为各行业机器零件进行激光热处理。

在激光淬火技术的研究方面，国内外的学者最初集中于探讨激光淬火处理铁基材料改变和改善材料性能的机理，他们对激光淬火处理低碳钢、中碳钢、高碳钢、合金钢、铸铁等都做了大量的研究，目前对铁基材料的激光相变硬化机理基本已经弄清楚，普遍认为，激光相变硬化过程中，急热急冷的过程使所形成的马氏体细化，位错密度高，处理后的材料硬度、耐磨性、抗疲劳等机械性能有相当的提高。

近两年随着激光淬火技术实际应用的日趋广泛,从面向生产实践的角度,研究人员又做了大量探索工艺参数的实验和理论研究工作。一方面通过实验,探求生产条件下工艺参数的选取,并得到相当多能够指导生产实践的有价值的工艺参数。另一方面通过建立符合要求的温度场,对其进行数值求解甚至动态仿真,利用温度场的数值计算结果估算硬化层深度,或者反推算激光淬火的工艺参数,其结果也可以指导生产实践。后一种方法只要通过少量验证实验证明数值计算结果在激光相变硬化过程中的适用性,大量的工艺参数筛选工作由计算机来进行,大大节省了人力、物力和时间。因此,近两年伴随着计算机技术的高速发展,对激光淬火过程的数值计算和动态仿真成为国内外一个热点。

随着激光淬火技术的不断推广应用,工业化生产对设备可靠性和稳定性的要求越来越高。鉴于研究人员开展了对激光器光腔结构、光学元件及冷却技术、表面吸收涂层种类及喷涂技术、复杂零件淬火加工用数控机床的研究以及为了满足大规模工业化生产,对激光设备的各个零部件标准化、模块化设计等的研究,不断地促进激光淬火设备的发展。

1.3 任务实施

1.3.1 激光淬火工艺

激光淬火主要用来处理铁基材料的工件或试样,项目1中叙述过金属表面对激光,尤其是长波长激光的吸收率很低,所以在利用激光对金属材料进行热处理时,需要采取一定的措施提高工件表面对光能的吸收率,这就是预处理过程。通常采用的方法是磷化处理、覆盖涂层处理、布儒斯特吸收和应用辅助激光照射等,前两者应用较为广泛。

1. 磷化

磷化是一种通过化学或电化学反应在工件表面形成磷酸盐化学转化膜的过程,所形成的磷酸盐化学转化膜称为磷化膜,这些磷化膜的组成包括磷酸锰、磷酸锌、磷酸铁等。以往对金属进行磷化的目的是给基体金属提供保护,在一定程度上防止金属被腐蚀;用于涂漆打底,提高漆膜层底附着力与防腐蚀能力;在金属冷加工工艺中起减摩作用等。在激光淬火过程中,形成磷化膜的目的是提高金属表面的能量吸收率,可达80%。

钢铁的磷化处理工序为:将磷酸盐配成一定浓度的溶液,在一定温度下将工件置于其中浸泡一定的时间后,在工件表面就能生成一定厚度的磷化膜。磷化层的粒度可粗可细,粒度的粗细可通过控制溶液的浓度、温度和浸泡时间来达到。其工艺简单,成本低,生产效率高,对零件尺寸改变小,形成的磷化膜均匀细致,得到了相对广泛的应用,适用于大量生产的场合。但是,磷化处理也有一些缺陷:磷化后的工件经激光处理后,在表面会出现微裂纹;磷化表面经激光处理后工件表面粗糙度增加,R_a 增加 $0.97 \sim 2.55 \mu m$;并且对某些工件,由于使用环境的限制,工件在激光淬火处理后,必须要将涂层清洗或去除干净,但是磷化膜的去除非常困难。

所有这些缺点限制了这种方法在很多场合的应用。近年来其他预处理方法已逐步代替磷化处理,如覆盖涂层法。

2. 覆盖涂层法

覆盖涂层是激光处理前在工件表面涂一层能量吸收层,来提高工件表面的能量吸收率。当然,要正常发挥作用,能量吸收层必须要具备下述性质。

(1) 对所使用的激光波长吸收率高。
(2) 稳定性好,不宜在高温时过早地分解或挥发。
(3) 易于与工件表面黏附。
(4) 不与工件表面起化学反应。
(5) 导热性好,易于向工件传热。
(6) 能保证一定厚度,并且易于施加和清除。
(7) 不散发有毒气体,比较环保。

近年来国内外科研人员已经开发研制了符合上述要求的各种能量吸收层,其中比较有代表性的是黑色涂料涂层和氧化物涂层。黑色涂料主要成分为石墨粉和硅酸钠或硅酸钾,它的优点对激光吸收率较高,激光处理后剩余涂层易于清除,所以广为激光热处理工作者采用,适用于实验或少量零件生产的场合。氧化物涂层有氧化锆涂层,云母粉加石墨粉等,这种涂层吸收率也很高,实验结果表明氧化锆涂层吸收率可达 84.3%~90.1%,但目前应用程度还不高,有待进一步研究并推广应用。

覆盖涂层法相对于磷化处理的一个显著优点是可以有选择地在工件表面覆盖吸收层,并且涂层的去除较为容易,因此将吸光涂料用于激光淬火预处理是一种极有前途的方法。用于大规模自动化生产时,覆盖涂层法需解决如下问题:寻找合适的吸收涂层;如何使得涂层在待处理表面覆盖均匀;如何实现自动化喷涂,等等。

无论是磷化法还是覆盖涂层法,其本质都是在工件表面增加一层能量吸收层,为了便于对比各吸收层的能量吸收率,表 5.1 给出了部分类型表面层对 10600 nm 波长激光的能量反射率。

表 5.1　钢表面吸收层对 CO_2 激光反射率的典型值

表面层	砂纸打磨 (1 μm)	喷砂 (19 μm)	喷砂 (50 μm)	氧化	石墨	二硫化钼	高温油漆	磷化处理
反射率/(%)	92.7	31.8	21.8	10.5	22.7	10.00	2~3	23

3. 其他提高表面能量吸收率的方法

当入射激光为线偏振光,偏振方向在入射平面内,入射角度大到接近材料的布儒斯特角时,材料对入射激光强烈吸收。根据该现象,可以实现不经任何预处理提高材料表面的能量吸收率。布儒斯特角 $\gamma = \arctan(n_2/n_1)$,这里,$n_2$ 为材料的折射率,n_1 一般是空气折射率(约为 1),对钢来讲,其布儒斯特角约为 87°。这种方法适合于某些光束不易射入的表面。

应用辅助激光照射法(目前还处于现象发现和实验研究阶段),其现象为当用单种激光照射工件表面时,工件表面的能量吸收率很低,但是如果同时用另一种辅助激光照射,则表面能量吸收率大大提高。上述现象原因尚不清楚,如果能有效掌握这种方法,预处理过程将大大简化。

1.3.2 激光淬火工艺参数的选择

激光淬火过程是一个多参数综合的复杂工艺过程,这些参数包括激光功率 P、光斑尺寸 d、扫描速度 v、激光的工作方式、扫描轨迹、辅助气体气压、激光模式等。但是,在实际生产过程中,不可能同时确定这么多参数,一般首先根据实际生产条件确定必须满足要求的一些参数;然后在此基础之上,不断改变其他参数形成各种组合,通过动态仿真或实际反复试验,找出最合适的那组参数投入使用。由于激光淬火过程涉及因素太多,因此其工艺移植性很差,就目前的现状而言,应用该技术的单位多是根据各自情况自行选择本单位的工艺参数,很难直接将前人的研究结果"拿来"使用,只能作为参考。因此下面只介绍工艺参数的选择方法,至于系统的工艺参数选择方法还有待进一步研究。

在激光淬火过程中,激光工作方式一般为连续工作方式或长脉冲工作方式;激光模式多为光斑内能量分布比较均匀的高阶模;扫描轨迹的选择结合实际的零件选择。因此,激光淬火中主要需确定的工艺参数为激光功率密度 P、光斑尺寸 d 和扫描速度 v。由于使用高阶模,可将激光功率和光斑尺寸合在一起作为另一个重要工艺参数——激光功率密度——来选择。

由于激光淬火处理金属材料过程中,材料的温度 T 满足如下关系

$$T \propto \frac{\beta P}{dv} \tag{5-1}$$

式中:β 为金属表面涂层的激光能量吸收率。

与之相对应,激光淬硬层深度满足关系式

$$H \propto \frac{\beta P}{dv} \tag{5-2}$$

由式(5-2)可以看出,在光斑尺寸 d、扫描速度 v 和吸收率 β 一定的条件下,功率密度 P 越大,材料吸收的能量份额就大,所以表面温度就升高,同时传入基体的能量就多,激光硬化深度也就增大;激光扫描速度 v 影响激光停留在扫描路径上各点的时间,也就是影响激光直接加热各点的时间。因此,随着扫描速度 v 的增加,加热各点的时间缩短,在激光功率密度相同的情况下,材料能够吸收的激光能量份额小,最终使得材料表面温度下降,同时传入基体的能量也减小,材料硬化深度下降。根据上式可以帮助选择工艺参数,并且研究表明,激光功率 P、光斑尺寸 d 和激光扫描速度 v 三者之间可以相互补偿,经调整可以得到相近的结果。

与此同时,很多研究人员在式(5-2)基础上通过理论和实验研究,得到了针对于某一种具体材料的可供参考的选择依据。如分析零部件材料的热处理参数;用快速轴流 CO_2 激光器处理 HT250,通过参数不断优化最终拟合出如图 5.4 所示的曲线,以及式(5-3)所示的公式,实验证明该公式对工艺参数的初选很有价值。

$$P_0 = 223.92 - 0.842v + 0.0009v^2 \tag{5-3}$$

式中:P_0 为激光功率密度。

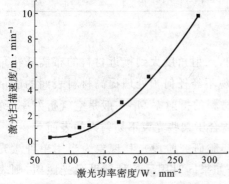

图 5.4 CO_2 激光器激光淬火处理 HT250 最优参数

实际应用过程中,一般先根据使用要求确定硬化层宽度,然后根据硬化层宽度确定所需要的激光光斑尺寸,在此基础之上根据其他的硬度或深度要求确定激光功率,最后得到需要的功率密度。而选择激光扫描速度时,除了考虑硬化层深度外,还要充分考虑生产效率。当然实际生产过程中,激光功率密度和激光扫描速度的选择是不可能完全分开的。

任务 2 激光合金化

2.1 任务描述

了解激光合金化原理、理论分析及重熔合金化与熔化合金化基本工艺流程;
理解激光合金化的应用实例。

2.2 相关知识

2.2.1 激光合金化原理

激光表面合金化(LSA)是一种通过改变材料表面成分来实现激光表面改性的技术。它应用激光照射加热工件,使之熔化至所需深度,同时添加适当合金化元素来改变基材表面组织,形成新的非平衡微观结构,从而提高材料的耐磨损、耐疲劳和耐腐蚀性能。合金化的表面层与基材形成冶金结合。与普通电弧表面合金化和等离子喷涂合金化相比,激光表面合金化的优越性主要体现在:可以准确地控制功率密度和加热深度,工件的变形量小;可以实现材料局部和难以接近部位的合金化;可以在不规则的工件上获得均匀的合金化深度;可以加工过程快。

表面合金化常用的激光有 CO_2 激光、Nd:YAG 激光等。连续型激光和脉冲型激光均可用于激光表面合金化;Q 开关型激光可在瞬间获得高峰值功率脉冲,也用表面合金化。选择激光源时需要考虑激光的输出功率、激光束直径、激光束模式、波长、脉冲宽度和频率。其他表面合金化的工艺要素包括形成预期激光束形状的光学积分器、激光多道搭接扫描、工件移动速率、合金化元素的供给方式,以及基材预热情况和表面状态。

由于金属材料的光反射和高热导率,表面合金化所用的激光功率要求较高。对如陶瓷和聚合物的非金属材料而言,激光功率则可相应降低。合适的激光表面合金化的功率密度在 $10^4 \sim 10^6$ W/cm^2。激光束横向电磁(TEM)模式可表征为四种,即高斯模式、多模式、矩形模式和凹顶模式。其中,后三种模式的激光束适合于表面合金化,可以实现均匀的熔深和高合金覆盖率(即合金化熔池宽度与扫描速率的乘积,cm^2/s);而高斯模式更适于切割和焊接。应用激光束整形积分镜对激光束整形,可以获得能量均匀分布的矩形光带,适用于大面积激光熔覆。合金化元素的供给可采用镀覆技术、冶金结合技术或扩散技术的预置方式,或送粉或送气的同步送进方式。根据合金化元素添加至熔池的方法,合金化可分为重熔合金化和熔化合金化两种过程(见图5.5)。

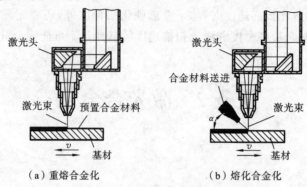

图 5.5 激光表面合金化示意图

2.2.2 激光合金化技术理论分析

1. 激光合金化激光源

表面合金化所选择的激光,主要考虑激光的输出功率、光斑尺寸、光束构型、扫描速率等。激光合金化中,能量密度一般为 $10^4 \sim 10^6$ W/cm^2。如果采用近似聚焦的激光束,一般在 $0.1 \sim 10$ ms 的时间内就会形成所要求的合金化熔池,其深度一般为 $0.5 \sim 2$ mm,自激冷却速度高达 10^{11} K/s,相应的冷却速度达到 20 m/s。目前,实用的工艺都是在大功率连续 CO_2 激光器上进行的,因为它比其他类型的激光具有更高的电效率和更高的功率。

2. 激光加工设备的配套性与稳定性

激光合金化需要大功率激光束,因为用于激光合金化的最大光斑直径受到激光功率的限制。如 2 kW 左右的 CO_2 激光器,适用于合金化的最大激光束直径仅为 5 mm;5 kW 左右的 CO_2 激光器的最大激光束直径也只有 8 mm 左右。对连续型激光而言,为了达到大面积合金化的目的,必须要利用大功率或大面积光斑技术,如聚焦法、宽带法及转镜法等。

如果采用大面积光斑技术,当激光输出功率一定时,光斑面积越大,其功率密度越低,激光束直径的增大将使功率密度以平方关系下降,这将削弱激光的高能密度和超快加热的优势。对于激光合金化,为了保持激光的高能密度和超快速加热特征,当激光输出功率为 2 kW 时,光斑的最大理论面积不能超过 20 mm^2;而当功率为 5 kW 时,光斑面积依然不足 50 mm^2。若采用宽带扫描装置,当激光束由圆形变成矩形时,虽然一次扫描的面积大了,但它是以显著降低扫描速度为代价。另外,宽带束的宽度也受激光的功率、激光束的光学特性和光学元件的加工精度控制,目前还处在研制阶段。因此,大面积光斑技术也是有局限性的。若采用大功率技术就存在激光器的稳定性问题,目前国产串接后总功率为 5 kW 激光器的稳定性尚可,但 5 kW 单机的性能稳定性欠佳,且噪声较大;10 kW 激光器仍在研制中,还未形成商品。

因受激光器功率制约,目前大面积的合金化都采用多道搭接扫描方式,如图5.6所示。第二次扫描是在第一次扫描的基础上完成的,存在一个搭接区,由于二次加热效应,其

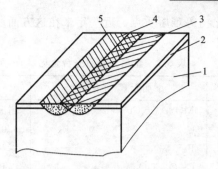

图 5.6　激光合金化时搭接扫描示意图

1—基体；2—预置层；3—合金化带 a；4—合金化带 b；5—搭接区

组织与性能均不同于正常合金化区的组织与性能。搭接区具有形态复杂的特殊组织特征，整体上表现为一种宏观的呈周期性出现的组织状态，这种组织的周期性必然带来性能的周期变化。一般来讲，耐磨件对组织与性能的这种周期性变化不太敏感，但耐蚀、耐热和抗疲劳件则对此十分敏感，很容易在搭接处导致零件早期失效。

3. 合金化材料与基体材料间的匹配性

激光合金化所使用的元素和化合物可以用于不同金属材料表面的强化。由于这些合金化材料在高能激光束的作用下，很容易进入激光合金化区，故其选择范围是非常广泛的，似乎所有的元素和化合物都能应用于各种基材的激光合金化。但是，对激光合金化技术的应用来说，选择合金化材料时，除了考虑所需要的性能（如合金化层的硬度、耐磨性、耐蚀性、抗氧化性等）外，还必须考虑在激光作用下，这些合金化材料在进入金属表面时的行为及其与基体金属熔体的相互作用特征，即它们相互之间的溶解性、形成化合物的可能性、润湿性、线膨胀系数和密度等物理性能的匹配性，以保证得到均匀、连续、无裂纹和孔洞缺陷的合金化层，如润湿性对合金化的影响，如图 5.7 所示。

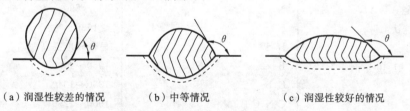

（a）润湿性较差的情况　　　（b）中等情况　　　（c）润湿性较好的情况

图 5.7　激光合金化层的形貌示意

由图 5.7 知，只有合金化材料对基本材料的润湿性能较好时，才能获得比较满意的合金化效果。合金化层与基体要达到冶金结合状态，以提高合金化层的结合强度，并且合金化层的韧性、抗压和抗弯等性能指标要满足使用要求，这些规范都是实际生产应用中不可缺少的。

4. 基体与合金化组元的选择

在激光表面合金化工艺的开发上，对基体材料的选择和合金成分的配比进行了大量深入的研究，其中基体材料的选择多数是铁基合金和有色金属。此外，半导体与金属薄膜的合金化也是一个重要的应用领域。铁基材料中包括普通碳钢、合金钢、高速钢、不锈钢及各类铸铁。有色金属的激光表面改性研究起步较晚，所研究的材料包括 Al、Ti、Cu、Ni 及其合金。在合金化组元的选择上，既有 Cr、Ni、W、Ti、Co、Mo 等金属元素，也有 C、N、B、Si 等非金属元素,以及碳化物、氧化物、氮化物等难熔质点。近些年来在这方面所研究的内容见表5.2和表5.3。

表5.2 金属元素激光合金化

基体金属材料	添加元素(强化相)	硬度/HV
45钢、GCr15钢、	MOS_2、Cr、Cu	耐磨性提高2~3倍
T10钢	Cr	900~1000
ZL104铸造铝合金	Fe	≤4800
Fe、45钢、T8A钢	Cr_2O_3、TiO_2	≤1080
Fe、GCr15钢	Ni、Mo、Ti、Ta、Nb、V	≤1650
Fe、45钢、T8钢	YG8硬质合金	≤900
Fe	TiN、Al_2O_3	≤2000
45钢	WC+Co、WC+Co+Mo	1450,1200
	WC+Ni+Cr+B+Si	700
铬钢	WC	2100
TI	C	1700
灰铸铁	Cr	700
球墨铸铁	Cr	600~750
AISl308不锈钢	TiC	HRC58

表5.3 非金属元素激光合金化

基体金属材料	添加元素(强化相)	硬度/HV
Fe	石墨	1400
lCrl2Nil2WMoV钢	B	±225
工业纯钛 BT_{1-0}	B-C,Si-C	1480~2290
钛合金 AT_3 AT_6	N	856~890
工业纯钛 BT_{1-0}	N	≤1650
40钢	B	显微硬度提高一倍
Fe、45钢、40Cr钢	B	1950~2100
20钢	C,B	1000~1340
20钢	C-N,C-B	1000~1250
铸铁、45钢	B-N	800~1400
45钢、60钢	C-N-B	900~1350
45钢	C-N-B-Ti	1500

从表5.2和表5.3中可见,对各类基材所选配的合金元素或硬质点,经合金化后均会大幅度提高基材表面的硬度、耐磨及耐蚀等性能。

2.2.3 激光合金化的应用实例

前述两种激光合金化方法的应用都很广泛,此处仅列举数例说明激光合金化的应用和效果,重熔合金化也即预置合金涂层的合金化。美国AVCO公司将Cr、Co、W粉末预涂于灰铸铁阀座内壁,采用6.5 kW的CO_2激光进行激光合金化处理,15 s即可获得0.75 mm厚的合金层。

为提高中碳低合金钢的耐腐蚀性能,可以采用 Cr-Mo 粉末进行激光合金化处理。将 180～250 目的 Cr 粉与 Mo 粉按 4:1 的比例混合,用等离子喷涂在基材表面,形成约 200 μm 厚的预置涂层。采用 2 kW 的 CO_2 横流激光器,光斑直径为 1.75 mm,功率密度为 $6.25×10^4$ W/cm^2,扫描速度为 5～45 mm/s,进行多道搭接扫描。试验表明,在功率密度不变的情况下,随着扫描速度的增加,熔深减小,合金化区的 Cr、Mo 含量增加。由此可得不同合金成分的合金层。腐蚀试验表明,$Cr_{18}Mo_6$ 成分的合金层在 1 mol H_2SO_4 溶液、1 mol H_2SO_4 + 0.5 mol NaCl 溶液和 0.1 mol HCl 中的耐蚀性能高于 18-8 不锈钢和其他 Cr-Mo 成分比例的合金层。

高碳钢的耐磨性能经 C-N-B 激光合金化可以进一步提高。将 1:2:4 的 C、B_4C、$CO(NH_2)_2$ 粉末与有机黏合剂混合均匀涂在 60 钢表面,厚为 0.2 mm。采用 1.4 kW 的 CO_2 激光器,光斑直径为 3 mm,功率密度为 $1.98×10^4$ W/cm^2,扫描速度为 2～10 mm/s。合金化区的组织中分布网状碳化物、氮化物和硼化物。随着扫描速度的增加,晶体形貌依次呈脑状晶、胞状枝晶和粗大枝晶。调节激光扫描速度,合金层可获最大的硬度。合金化层的耐磨性能可比基材提高 20 倍。与之类似,20 钢经 C-N 和 C-B 激光合金化后,耐磨性能亦可得以改善。

黑色金属和合金经 Ni 基激光合金化可以提高表面层硬度。采用 Ni 基自熔性合金粉末(如 Ni-15Cr-7Fe-4Si-0.1C),用火焰喷涂、等离子喷涂等方法预涂于材料表面,层厚为 0.1～0.15 mm。采用 5 kW 的连续波 CO_2 激光器,输出功率为 3.8 kW,激光束同轴送 N_2 保护气,功率密度为 $(3～8)×10^4$ W/cm^2,扫描速度为 8～90 mm/s。45 钢的激光表面合金化区为枝晶网状结构。在一定扫描速度范围(0～40 mm/s)内,合金层的硬度随着扫描速度的增加而增加,表层最高硬度可约达 $HV_{0.1}$1180;当扫描速度超过 80 mm/s 后,合金层的硬度因合金化不充分而下降。高磷铸铁 Ni 基激光合金化的组织为莱氏体共晶,表层硬度在 $HV_{0.1}$900 的硬化层深度达 0.3 mm。

如前所述,熔化合金化的合金化组元可以以固体颗粒或气体的形式供给。碳钢也可以通过激光熔化合金化实现表面硬化。所用 SiC 粉末粒度为 50～100 目,纯度为 99.8%。激光加工前,含碳 0.18% 的低碳钢基体表面先经喷砂,以清洁表面,预置表面压应力,增加激光束能量吸收。采用连续型 CO_2 激光器,输出功率为 1.2 kW,光斑直径为 3 mm,功率密度为 $1.7×10^4$ W/cm^2,扫描速度 1～3 mm/s。激光熔化合金化后又进行了二次激光重熔处理,扫描速度为 5 mm/s,得到的合金硬化层最高硬度为 HV1160,是基体材料的 5～6 倍。

钛和钛合金的激光气体表面氮化是一种提高材料耐腐蚀性能的常用技术。有关研究采用 5 kW 的横流 CO_2 激光器,T 模式为 TEM_{20},光斑直径为 7 mm。对工业纯钛和 $TiAl_6V_4$,扫描速度分别为 8.3 mm/s 和 5 mm/s;激光束同轴送 N_2 合金化气并加 N_2 保护激光熔池,N_2 流量为 30 L/min。材料激光加工前经过喷砂处理以增加激光束能量吸收。激光合金化层厚度达 0.5 mm,合金层的组织为富氮的 α 基体上分布 TiN 枝晶。阳极极化试验表明,在 2 mol HCl 溶液中,试验材料均未发生腐蚀或点蚀。$TiN/TiAl_6V_4$ 的钝化电流密度约为 10^{-8} A/cm^2,比 TiN/Ti 的约低一个数量级,比基体材料约低两个数量级。TiN 层改善了 Ti 和 $TiAl_6V_4$ 的耐腐蚀性能。

钛和钛合金的激光气体表面氮化也是提高零部件耐磨性能的有效方法。然而激光氮化的一个重要问题是容易产生裂纹。一种有效的方法是先用等离子喷涂将70%Ni-30%Cr的混合粉末喷在材料表面,而后采用激光表面氮化。这可谓是一种复合的激光合金化方法。研究采用Nd:YAG激光,激光功率为100～300 W,光斑直径为3 mm,扫描速度为6～20 mm/s,氮气压力为0.4 MPa,脉冲宽度为4 ms,脉冲频率为10 Hz,重叠率为50%,Ni-Cr预置厚层为50 μm。球-平面往复磨损试验用来考察滑动和微振磨损。激光表面氮化层的组织由枝晶状TiN、针状TiN、Ti_2N和Cr_2N组成。最高硬度达$HV_{0.1}$1600,是纯钛基材的7.3倍。该激光表面氮化大大改善了材料的两种耐磨性能。

2.3 任务实施

2.3.1 激光合金化的工艺方法

激光合金化采用的工艺方法一般有三种:预置材料法、硬质离子喷射同时法和气相合金法。

1. 预置材料法

预置材料法即在激光处理前将合金化材料预置于基材表面的方法,它是当今合金化工艺中较普遍采用的方法。采用电沉积、气相沉积、离子注入、刷涂、渗层重熔、火焰喷涂、离子喷涂、黏结剂涂覆等方法将所要求的合金粉末预先涂覆在要合金化的材料表面,然后通过激光加热熔化,在表面形成新的合金层。这种方法在一些铁基表面进行合金化时普遍采用。对沉积膜的要求是具有洁净的衬底,薄膜界面为光洁的表面。较薄的预置膜通常可采用气相沉积、真空溅射、离子注入等手段制得;而制作较厚的预置膜,可以采用电镀、喷涂、轧制、扩散(如渗硼)、预涂合金粉末或膜片等方法。

在预先沉积法中,将合金粉末通过黏结剂制作成膏状预涂在基材表面的方法被广为利用。此方法的优点是经济、方便、不受合金元素的限制,以及易于进行混合成粉末的合金化;缺点是预涂层的厚度不易控制,黏结剂种类的选择对激光照射时合金粉末的喷溅烧损及合金化后表面质量有较大影响。因此,在此方法中,对黏结剂有较高的要求,做成膏剂后易于涂敷和弄平,干燥后预涂层与基材间有很高的结合强度,在激光照射时易于汽化,不阻碍合金层的形成且不影响性能等。

2. 硬质离子喷射同时法

硬质离子喷射同时法的特点是在激光熔化基材表面的同时向熔池中喷入合金粉末或硬质粒子,以实现表面的合金化。近几年来,国内外一些专家们正在热心研制各种类型的自动送粉装置,以不断完善这一方法。自动送粉的优点是易于实现自动化,可得到良好的表面合金层质量,而且可提高粉末的利用率。

在工作表面形成激光熔池的同时,从一喷嘴中将碳化物或氮化物等难熔硬质粒子,用惰性气体直接喷入激光熔池得到弥散硬化层,厚度一般为0.01～0.3 cm,它取决于扫描速度、激光功率和光斑尺寸。典型的操作条件为:光斑直径为2 mm,激光功率为6 kW,扫描速度为5 cm/s。通过向激光融化的Ti和M2高速钢制切削工具表面注入六方结构氮化硼粉末,都能产生具有超硬度的高质量合金化层(见表5.4)。

表 5.4　硬质粒子喷注 BN 激光合金化数据

样品激光处理	维氏硬度范围/HV		熔深/μm		处理缺陷
	Ti 钢	M2 钢	Ti 钢	M2 钢	
基体熔化(一道)	650~900	650~900	230	240	无
BN 粉末喷注和 1 次激光熔化	1140~360	1050~1190	200	220	少量裂纹和孔洞
BN 粉末喷注和 4 次激光熔化	1570~1840	1090~240	310	320	一些孔洞
BN 粉末喷注和 10 次激光熔化	1200~1940	1190~1840	840	670	孔洞
样品 4 次激光重熔	1750~2150	1700~1930	840	670	很少裂纹和气孔

3. 激光气体合金化

　　人虽然在激光表面合金化的工艺技术方面已有了大量的研究成果,但与激光相变强化相比,激光合金化的研究尚不够深入,工艺参数的重现性和可信度不大,实验结果往往难以相互引用,工艺理论研究也不成熟。这些问题除继续深入探讨外,也可以开始寻求其他的新的工艺和方法。如激光气体合金化,是指在适当的气氛(氮气、渗碳气氛等)中,采用激光加热熔化基材表面,通过气氛中的气体与基材的反应,使材料表面的厚度比那些经过正常固态反应处理所获得的厚度要大得多。它主要采用于 Al、Ti 及其合金等软基材合金化处理,分别可获得 TiN、TiC 或 Ti(C,N)等表面化合物层,硬度高达 1000HV 以上。在熔池的对流作用下,合金元素可以快速地渗入较深的部位。这种情况下表面粗糙度主要取决于样品原始粗糙度、样品成分、气流速度及喷嘴角度。这项工艺既能控制表面平整度,又能强化表面性能,如果得到很好的完善,就可以应用于生产,对实际应用产生巨大的影响。

2.3.2　重熔合金化工艺

　　重熔合金化是一个两步过程,即先在基材表面预置合金化材料,而后进行激光照射使其和基材表层重熔。通常,重熔表面层的厚度与熔覆的合金化材料的厚度相当,也即混合系数约为 0.5。重熔从表面的合金化材料开始,并通过对流和传导向基材表面层扩展,使合金化材料完全熔入基材材料。

　　激光表面合金化所用的功率密度为 $10^4 \sim 10^6$ W/cm²,比用于激光硬化的功率密度大。合金化所用的时间在十分之一到千分之一秒范围内。功率密度越大,重熔的深度也越大,大的功率密度会导致等离子体的形成和材料的蒸发。

　　重熔合金化过程总是伴以等离子体的出现和材料的蒸发。等离子体一方面屏蔽表面,影响激光的进一步加热;另一方面又与熔化的金属熔池反应,产生压力并引起熔化材料组元的运动。这会在熔池内激光束导入材料的位置,形成一个锥形坑。该锥形坑界面受来自下方的流体静压和来自上方的蒸气压作用,二者形成非稳态平衡。激光束与被加工物体相对移动影响该非稳态平衡。在合金化过程中,锥形坑向尚未熔化的材料方向移动。在移动锥形坑的后面,蒸气压造成金属的不连续熔入。结果在熔融表面出现类似焊缝的特征波纹。

　　等离子体对熔池有两个方面的影响,可以采取不同方法减小其对熔化材料的作用,如用加热中性气体吹走等离子雾,其中气体加热是为了不影响能量的损耗。又如在吹走等离子雾的同时，用一套平面镜或一个半球面镜将激光束反射至被处理的区域。其中，保护气体的流动自然也保护激光头的光学系统免于加工中产生的气体、蒸气和固体粒子的沉积。

合金化过程可经一道或数道激光束扫描来完成，合金化材料可用多种方法预置在基材上，包括喷漆、悬浮物喷涂、结晶性粉末或膏体（含有合金化的黑色粉末冶金合金、碳化硼、碳化钨、碳化钛和硼砂）覆盖、热喷涂（火焰、电弧、等离子和爆炸）、气相沉积、电沉积、薄膜、片、条或丝，或放电加工(EDM)。沉积层厚度在几微米到一百多微米的范围内。由于粉末对激光的吸收率较高，粉末冶金材料的激光加热效率比固体材料的大，通常可达 0.6。基材表面粗糙度也有比较重要的作用。表面粗糙度的增加会改善粉末材料对基材的附着，因而有助于合金组元向熔池的过渡，使粗糙表面可以更快速地熔化。

合金组元亦可由熔体材料输入基材，即合金化元素在激光作用之前呈液态。这种过程又称为激光液态合金化。激光液态合金化工艺很简单，直接把工件放入合金化液体中用激光照射即可。待合金化的基材置于合金液体中（见图5.8)，激光束通过液体中的一个蒸气或气相通道到达基材表面并对其加热。在表面上，通道拓宽形成一个半球面的空间，其中充满合金化液体的蒸气，反射原来基材熔池反射的能量。这种所谓激光液态合金化可用于碳化和氮化。如在激光液态碳化中，渗碳材料多为含碳的溶液，常用的

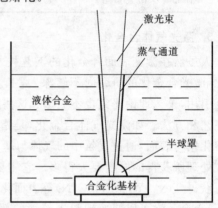

图 5.8　激光液态合金化示意图

渗碳剂有己烷、乙炔、甲苯、四氟氯碳、石油等。激光液体氮化过程可在液态氨中进行。如对 Ti 和 Fe 进行激光氮化，可将其置于液氮或氨水中采用准分子激光照射。

在合金化中要根据合金化元素类型和合金化的深度要求妥善选择加工参数。随着激光功率密度或脉冲的能量密度的提高，加工速率（工件相对于激光束的移动速度）和脉冲持续时间的增加，合金化的区域增加而合金化的浓度下降。随着合金化层深度的增加，合金化的区域下降而合金化元素的含量增加。应该注意的是，当激光束路径重叠时，基材上再热区域的硬度下降远大于重熔硬化的类似情况。

脉冲加热的重熔合金化的平均层厚为 0.3～0.4 mm，而连续加热的则为 0.3～1.0 mm。合金化后，波纹的高度为 20～100 μm，通常需要打磨加工。

最常用的合金化组元有非金属、金属和各类化合物。非金属合金化组元包含碳、氮、硅和硼，合金化则冠以相应的名称，如碳化、氮化等。激光渗碳采用含石墨或炭黑的溶液，如让其溶于丙酮、乙醇或其他溶剂或溶于漆中，诸如含活性添加物氯化铵或硼砂的酚醛树脂，或者让其溶于碳氢化合物或含碳溶液，如己烷、丙酮、甲苯、四氯化碳、植物油等。渗碳是为了提高低碳钢的硬度。激光渗氮采用含铵盐、尿素的膏体，气态或液态的氮。渗氮工艺应用于钢，亦包括钛、锆、铪及其合金，以提高硬度、耐摩擦磨损和高温性能。激光渗硅采用含硅粉末的膏体或溶液（如硅胶 H_2SiO_3 悬胶液)，以提高钢的耐高温、耐腐蚀和耐摩擦磨损的性能。激光渗硼采用膏状混合物，包含硼粉、无水硼酸(B_2O_3)、碳化硼 B_4C、硼砂 $Na_2B_4O_7 \cdot 10H_2O$、硼铁和添加物，如胶体。渗硼是为了提高金属的硬度和耐磨料磨损性能。

金属组元包含钴、铬、锡、锰、铌、镍、钼、钨、钽、钒及其合金,如 Cr-Mo-W、Ni-Nb。金属重熔合金化的一个不利方面是过饱和固溶体的形成。该过饱和固溶体远远超出平衡态的固溶度。金属重熔合金化中亦有可能形成金属间化合物。应用金属及其合金的合金化会改变黑色金属、铝、钛和铜合金的机械性能。

化合物主要为难熔金属的碳化物,如 TiC、NbC、VC、TaC、WC、Nb_2C、Ta_2C 及其合金碳化物,通过热喷涂和放电沉积而成,或者以膏体(粉末+水玻璃,粉末+硅酸盐胶等)形式存在。

合金化应用于金属和合金,主要是钢和铸铁,通过添加组元来提高耐热性、耐腐蚀性、耐磨料磨损性和耐侵蚀磨损性。这些组元包括:单一元素 Mo、W、C、Cr、B、Mn、Ni、Co、Zn、Cd、Si、Al,这些元素的复合物,如 B-C、B-Si、Co-W、Cr-Ti、Fe-Cr、C-Cr-Mn、Al-Cr-C-W;合金,如 Cr_3C_2、Cr_3C_2-$NiCr_2$、WC-Co;氧化物,如 Cr_2O_3、TiO_2、B_2O_3。采用复合组元比单一元素合金化所得到的性能要好。

应用中最常见的是不同种类钢材的合金化。结构碳素钢和低合金钢可用碳、铬、铂、粉末冶金碳化物(如 WC、TiC 或 WC-Co)的混合物、铬膏、硼,通过电解或涂膏预置表面。如含碳 0.2% 的碳钢经合金化后显微硬度从 2.5 GPa 提高到 8.5 GPa,合金层厚达 0.4 mm。工具钢可用硼、碳化硼或与铬的复合物(75%B_4C+25%Cr),以及不同复合碳化物、钨、碳化钨和碳化钛、铬或硼化钒、碳化钒或 Mo-Cr-B-Si-Ni 复合物实现合金化。合金化仅仅应用在机器部件或工具的关键部位,如压模或刀具的切割刃处。

重熔合金化通常用于铸铁,特别是灰铸铁和高强度铸铁。其合金化成分用 Fe-Si 粉末、碳(碳含量可达 22%,以提高耐侵蚀磨损性)、硼、硅、镍及其合金和铬。

铝合金的重熔合金化也有好的效果。Al25 合金用 NiCr、FeCuB 或 NiCrMo 粉末基膏体的合金化,使硬度和耐磨料磨损性大为提高。D16 合金采用碳化物如 B_4C、Cr_3C_2、B_4C+Cr、B_4C+Cr_3C_2 或 B_4C+Cr_2O_3+CaF_2 复合物也有类似效果。Al-Si 合金用镍、铬、铁、硅和碳的粉末合金化明显提高了耐热性。与之类似,采用 Fe、Fe+B、Fe+Cu、Fe+Cu+B 粉末与硝基清漆釉的混合,经刷涂预置表面后合金化,Al-Si 合金的硬度显著提高,尽管重熔区的合金分布不均匀。

激光重熔钛表面的铬、锰、铁或镍电镀层的合金化也使表面层硬度从钛基材的 1500 MPa 提高到合金层的 5500~10000 MPa。有关工作表明,激光硬化的 WT3-1 钛合金硬度可较原合金提高 1.1~1.6 倍。若用 Al_2O_3、FeCr、BN 粉末等或过渡族金属的硼化物和碳化物(如 Mo_2C、Mo_2B_5、WC、W_2B_5、VB、B_4C、B_4C+CaF_2)与铬的混合,硬化效果可进一步提高。

2.3.3 熔化合金化工艺

熔化合金化的目的与重熔合金化一样,是为得到一层性能优于基材和合金化材料的合金表面。熔化合金化是单一过程,即在激光束照射加热基材产生熔池的同时加入合金化元素。合金化元素可以是全部或部分固溶于基材的固体颗粒(粉末或膏体)或气体。熔化合金化需用连续型激光束完成,以保证合金化材料是在不间断的激光照射下进入熔池。

粉末状的合金化材料在激光合金化的应用中非常普遍。相应的同步送粉法特别适用于输入硬质粉末合金。送粉式合金化是采用专用的送粉装置将合金粉末直接送入基材表面的熔池内，使添加合金元素和熔化同步完成。在激光粉末熔化合金化过程中，基材和合金化材料同时熔化。合金化材料的固态颗粒在激光照射下得以加热，并可能在进入激光束的一瞬就已熔化；未完全熔化的合金颗粒则落入基材熔池而熔化。

添加的粉末可为单一材料也可为数种材料的混合。粉末输送应有气体保护，防止氧化。但应注意气体可能会使合金层产生气孔。粉末熔化合金化所用的粉末应均匀、细小。所用的粉末包含硅、铝、碳化钛、碳化钨、含钛碳化钨、氮化硼和钴铬钨合金等。被合金化的材料包括钢，特别是工具钢，以及钛。

钛用硅合金化时会形成金属间化合物，如 Ti_5Si_3，使硬度提高（20％Si 可使硬度达 600Hv）。用铝进行钛合金化会形成铝化钛 Ti_3Al、$TiAl$ 和 $TiAl_3$，提高其耐氧化能力。

工具钢可用碳化钛、碳化钨、含钛碳化钨、氮化硼和钛铬钨合金及哈氏合金（50％WC＋50％NiCrSiB）进行合金化。提高耐热、耐腐蚀的钛铬钨合金也被于奥氏体不锈钢和低碳钢的合金化。其中，碳钢的钛铬钨合金层的抗拉强度最高，钛铬钨合金层的厚度一般为 0.3～1.0 mm。

轻金属铝合金的激光表面合金化不仅可以提高表面强度、硬度等性能，而且可以利用激光合金化技术，在结构铝合金表面制备出与基体冶金结合的具有各种优良性能的新型合金表层。为了使合金化元素对铝合金基体产生强化作用，引入的合金元素必须与铝基体满足液态互溶、固态有限互溶或完全不溶的热力学条件，这样才能在激光照射后的快速凝固条件下达到固溶强化、沉淀强化或第二相强化等效果。

在众多的合金化元素中，Si 和 Ni 是最常采用的两种合金元素。Si 可溶于铝中形成过饱和固溶体，产生固溶强化效果，同时还可以形成大量弥散分布的高硬度的 Si 质点（HV1000～1300），从而可大大提高耐磨性。在铝合金表面进行加入硅的激光合金化中，硅粒子有两种方式弥散分布，即未熔硅粒子对流混合弥散化和粒子完全熔化后再以先共晶硅粒子形式析出弥散。单次激光熔化时，有时硅粒子往往不能完全熔化，其分布的特点是从表面至底部颗粒逐步增大。表面硅颗粒熔化严重，而熔区底部硅粒子基本保留了其原有的形状。此时采用多次激光照射可以使硅粒子充分熔化，然后再以先共晶硅的形式析出，形成在铝硅合金的共晶基体上分布着角状先共晶硅的组织。

Ni 在浓度较低时与 Al 形成 NiAl 硬化相，可有效地强化铝基材料。

此外，Cr、Fe、Mn、Mo、Ti、Zr、V、Co 等也是对铝合金进行合金化强化的有效元素，它们在铝基体中形成过饱和固溶体及多种介稳化合物强化相。在 Al 合金中的激光表面合金化中，有时还加入 MoS_2，其目的是在提高表面硬度的同时降低摩擦系数，因为 MoS_2 兼有减小摩擦的作用。

在铝合金的激光表面合金化中，除了加入合金元素实现固溶强化、沉淀强化或第二相强化之外，还可以添加金属基复合物（MMC），如碳化物类硬质粒子。这些硬质粒子在合金化过程中将保持其原有的形态，并镶嵌在合金化的基体中，从而使表面硬度和耐磨性提高。常采用的金属基复合物包括 TiC、WC、SiC 等碳化物。对 CO_2 激光反射率很高的铝及铝合金的 TiC、WC 类硬质粒子合金化采用同步送粉方式更显示出其优点。这主要是因为碳化物对 CO_2 激光具有高的吸收率，在送粉过程中，碳化物粒子在激光束的作用下可被加热到相当高的温度，这些炽热的碳化物粒子有助于铝合金基材表面的熔化，因而可大大降低所需激光功率。表5.5列出了几种铝合金激光表面合金化的一些实验结果。

表5.5 铝合金激光表面合金化的一些研究结果

基体	合金元素或硬质粒子	合金化层特征
5052	TiC粒子	TiC达50%(体积百分比),耐磨性显著提高
5052	Si	Si含量达38%(体积百分比)
Al-Si合金	碳化物粒子	耐磨性提高1倍
ZL101	$Si+MoS_2$	硬度可达HV210,为基体硬度的3.5倍
Al-Si合金	Ni	合金层生成$NiAl_3$硬化相,硬度$HV_{0.05}300$
ZL108	Si	硬度可达$HV_{0.05}200 \sim 230$,比基体硬度$HV_{0.05}80 \sim 100$高出1倍多
ZL108	$Si+MoS_2$	硬度达$HV_{0.05}230 \sim 280$
ZL108	Ni+Cr	Ni:26%~37%,Cr:5.1%~5.5%,最高硬度达$HV_{0.05}610$

采用上述合金元素进行的合金化可以快捷地获得合金硬化层。合金层的硬度随合金化元素的增加而提高。但是,当硬度超过HV350时会出现由合金化元素过量而引起的裂纹。同时,采用金属基复合物硬化粒子和其他元素的合金化是提高硬度和耐磨性的有效方法。有研究表明,通过激光合金化SiC粒子和$Al-Si_2$粉末,可在Al-Si-Mg合金表面得到SiC弥散分布的金属基复合物合金层。但不足的是,SiC粒子会部分与熔融的铝合金发生反应而分解,降低硬化效果,而另一种金属基复合物TiC则不会在熔融的铝合金中分解。

一种用表层沉积Cu的TiC粒子进行的激光合金化可有效地将铝合金的表面硬度提高到HV350。复合粉末的铜含量可通过调整Cu层的厚度在10%~60%范围变动。直径30~42 μm的粉末用丙烯酸粘结剂融合预置在Al-Mg(JIS A5080)合金板上并烘干。采用CW CO_2激光进行合金化照射。研究表明,可达到的金属基复合物合金层为1~2.5 mm,合金层的厚度随加工速度的增加而减小(见图5.9)。金属基复合物合金层的显微组织由亚共晶、层状共晶、含初始口相($CuAl_2$)的过共晶和块状Cu_9Al_4化合物构成。金属基复合物合金层的硬度随Cu含量和TiC粒子体积百分数的增加而增加(见图5.10),达到HV500的最高硬度亦不产生裂纹。该合金层的耐磨性随硬度的增加而增加(见图5.11),比原Al-Mg合金的高出6倍;而且也高于仅用Cu合金化的合金层。

激光气体熔化合金化时,合金化的气体被吹入基材的熔池,与之发生直接或间接的化学反应,形成一层性质不同于基材的、由基材的某个组元和气体的某个组元生成的化合物所构成的表面。激光气体合金化主要用于基材与氮、碳和氧的合金化。基材包括低碳钢、铝及其合金、钛及其合金等。表5.6列出了激光气体合金化常用的合金化气体和应用材料对象,以供参考。合金化气体通常以某种惰性气体作为载体输入,并通过与载体的混合获得适当的浓度,从而控制与基材的合金化过程。

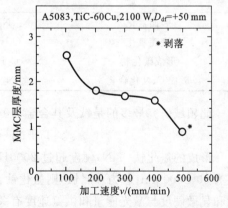

图5.9 加工速度对MMC合金层厚度的影响

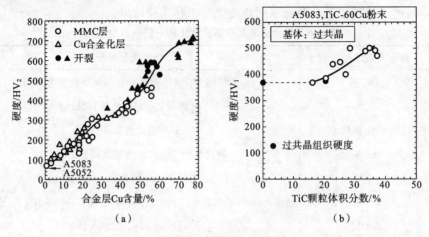

图 5.10 合金层 Cu 含量

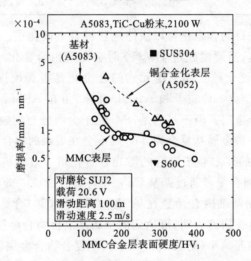

图 5.11 MMC 合金层表面硬度和磨损率的关系

表 5.6 激光气体合金化常用的气体与基材

用 途	气 体	基 材
表面氮化	N_2、N_2+Ar(或空气)	Ti 及 Ti 合金等
表面氧化	O_2+Ar(或空气)	Ti 及 Ti 合金、Al 及 Al 合金等
形成碳化物	C_2H_2、CH_4+Ar	低碳钢、Ti 及 Ti 合金等
形成 C、N 化合物	N_2+CH_4+Ar	Ti 及 Ti 合金

此领域研究最多的是钛及其合金与氮的激光氮化。该反应依下式进行

$$Ti+N_2 \leftrightarrow TiN-336 \text{ kJ/mol} \tag{5-4}$$

形成的氮化钛(TiN)硬度超过 2000HV。若合金为 Ti_6Al_4V,所得的氮化钛合金层的厚度为 50~500 μm;若为金属钛,则氮化钛合金层的厚度可达 1 mm。研究发现,钛的氮化层深度和显微硬度与激光能量和供氮速度有关。在激光功率密度为 1×10^5~5×10^6 W/cm²、脉冲宽度为 2×10^{-3} s,氮气压力为 5×10^5 Pa 的条件下,氮化层深度可达到 0.15 mm。在给定

的激光功率密度条件下,随着氮气压力的增加,氮化层的显微硬度增加;图 5.12(a)表示 Ti_6Al_4V 合金在一定激光参数条件下获得的氮化层的硬度分布情况。类似的关系也反映在碳钢的激光气体氮化中。此外,脉冲激光气体氮化中的激光多脉冲重复照射亦可使纯钛的 TiN 层的深度和显微硬度增加。这种方法也可用于钢材等离子预喷钛及其合金的涂层而后进行的激光氮化。钛合金激光氮化中可能出现的问题是氧化,容易形成氧化物 TiO_2。

低碳钢可采用分离自纯丙烷或丙烷与中性气体氩、氖、氦的混合物中的碳来实现激光渗碳。这样得到的渗碳层厚度可多达几毫米。图 5.12(b)为低碳钢表面气体碳化层的硬度分布情况。表面由于生成了约 200 μm 厚的 Fe_3C,故硬度得到大幅度提高。渗碳用的气体也可于钛及其合金表面形成碳化钛(TiC)。

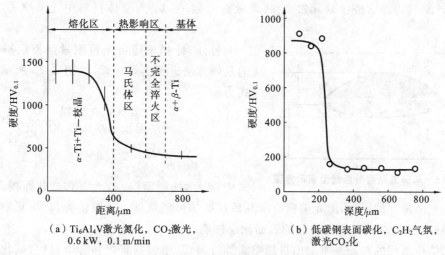

(a)Ti_6Al_4V 激光氮化,CO_2 激光,0.6 kW,0.1 m/min

(b)低碳钢表面碳化,C_2H_2 气氛,激光 CO_2 化

图 5.12 Ti 合金和低碳钢激光表面合金化层的硬度分布

任务 3 激光熔覆

3.1 任务描述

了解激光熔覆原理、理论基础及激光熔覆技术的工艺方法、影响因素,应用实例。

3.2 相关知识

3.2.1 激光熔覆原理

激光熔覆是一种重要的材料表面改性技术,亦称为激光镀覆或激光表面硬化。它是以高能密度的激光为热源在基材表面熔覆一层熔覆材料,使之与基材实现冶金结合,在基材表面形成与基材具有完全不同成分和性能的合金层的表面改性方法。材料的大面积的熔覆可依靠单道熔覆的搭接来实现。

激光熔覆的目的是将具有特殊性能的熔覆合金熔化于普通金属材料表面，并保持最小的基材稀释率，使之获得熔覆合金材料自身具备的耐侵蚀、耐腐蚀、耐磨损性能和基材欠缺的使用性能。稀释率可以定量描述涂层成分由于熔化的基体材料混入而引起添加合金成分的变化程度，定义如下式所示

$$稀释率 = \frac{\rho_P(\%X_{P+S} - \%X_P)}{\rho_S(\%X_S - \%X_{P+S}) + \rho_P(\%X_{P+S} - \%X_P)} \times 100\% \tag{5-5}$$

式中：ρ_P 为合金粉末熔化时的密度；ρ_S 为基体材料的密度；$\%X_P$ 为合金粉末中元素 X 的质量百分数；$\%X_{P+S}$ 为涂层搭接处元素 X 的质量百分数；$\%X_S$ 为基体材料中元素 X 的质量百分数。

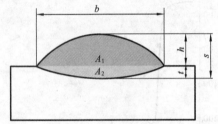

图 5.13　单道激光熔覆层截面积示意图

另外，稀释率还可通过测量溶覆层横截面积的几何方法进行实际计算，如图 5.13 所示。表达式为

$$稀释率 = \frac{基体熔化面积}{涂层面积 + 基体熔化面积} \times 100\%$$
$$= \frac{A_2}{A_1 + A_2} \times 100\% \tag{5-6}$$

式中：A_1 为涂层面积；A_2 为基体熔化面积。

基于上面提到的原因，激光熔覆要求其稀释率尽可能地低。一般认为，其稀释率应小于 10%，最好在 5% 左右，以保证良好的表面涂层性能。

激光熔覆所用的材料基本上出自热喷涂类材料，其中包括自熔性合金材料、碳化物复合材料和陶瓷材料等。所谓自熔性是指含有硼和硅的合金自身具有脱氧和造渣的性能。自熔性合金材料可概括为镍基合金、钴基合金和铁基合金等几大系列，具有优异的耐腐蚀和抗氧化能力。该类合金熔覆时，所含的硼、硅被氧化，在熔覆层表面分别生成 B_2O_3、SiO_2 薄膜，从而防止合金中的元素被氧化；合金中较高的 Cr 元素含量既增加合金的耐蚀性又提高抗氧化性。为增加合金的硬度和耐磨性，可加入 WC 构成复合合金。自熔性合金的适用范围很广，可用于各类碳钢、合金钢、不锈钢、铸铁等材料的表面熔覆。

碳化物复合材料多为粉末，因具有高硬度和良好的耐磨性而主要用做硬质耐磨材料。碳化物复合粉末系列是由碳化物硬质相与作为基体相的金属或合金所组成的粉末体系。比较典型的有 (Co,Ni)/WC 和 (NiCr,NiCrAl)/Cr_3C_2 等系列。前者适用于低温工作条件 (<560℃)，后者则适用于高温工作环境。这类粉末的基体相可在一定程度上使碳化物免于氧化与分解，从而保证熔覆层的硬化性。碳化物复合材料亦包含 Ni-Cr-Si/WC 等复合粉末系列。

氧化物陶瓷粉末具有优秀的耐高温氧化、隔热、耐磨和耐蚀性能，是航空航天部件的重要熔覆材料，主要包括氧化铝、氧化锆系列，并添加适当的氧化钇、氧化铈或氧化镍等。国内外均有成熟的合金粉末系统可供热喷涂或激光加工采用。若需具体了解相关熔覆材料的类型、成分和性能，请参阅合金粉末的有关文献、手册或标准。

3.2.2 激光熔覆技术的理论基础

在激光熔覆技术中,除基体与粉末显著影响涂覆层的质量以外,工艺参数对涂覆层的质量也有着显著的影响,如保护气体的种类和流量(影响熔覆层的形貌、深度及界面稀释率)、粉末的流量及送粉的位置、激光器的功率、粉末喷嘴的直径大小、扫描速度,以及离焦量、预热温度等。因此有必要从激光与金属的相互作用和过程中的物理化学现象两方面进行讨论。

1. 金属对激光的吸收

金属熔覆是基于光热效应的热加工,关键是激光能够被加工材料所吸收并转化为热量。当激光从一种介质传播到另外一种介质时,由于折射率的不同,在两者之间的界面上将会出现反射和折射。从空气或一些材料加工的保护气体(折射率接近于1)的光学薄材料到具有折射率为 $n_c = n + ik$ 的材料的垂直入射光,则在界面出的反射率 R 为

$$R = \left| \frac{n_c - 1}{n_c + 1} \right|^2 = \frac{(n-1)^2 + k^2}{(n+1)^2 + k^2} \tag{5-7}$$

反射率描述了入射激光功率被反射的部分。进入材料内部的激光,由朗伯定律,随着穿透距离的增加,光强按指数规律衰减,则深入表面层下面 z 处的光强 $I(z)$ 为

$$I(z) = (1-R)I_0 e^{-\alpha z} \tag{5-8}$$

式中:R 为材料表面对激光的反射率;I_0 为入射激光的强度;$(1-R)I_0$ 为表面($z=0$)处的透穿光强;α 为材料的吸收系数;z 表示位置,其常用单位为 cm^{-1}。对应的材料特征值是吸收指数 k,两者之间的关系为

$$\alpha = \frac{4\pi k}{\lambda} \tag{5-9}$$

式中:λ 是辐射激光的波长;吸收指数 k 是则是材料复折射率 n_c 的虚部。对于非透明的材料,被吸收的激光功率部分可以通过 R 求得,即

$$A = 1 - R = \frac{4n}{(n-1)^2 + k^2} \tag{5-10}$$

激光在材料的表面的反射、透射和吸收,本质上是光波的电磁场和材料相互作用的结果,金属中存在大量的自由电子,当激光照射到金属材料表面时,由于光子能量特别小,通常只是对金属中的自由电子发生作用,也就是说能量的吸收是通过金属中的自由电子这个中间体,然后电子将能量传递给晶格。由于金属中自由电子数目密度特别大,因而透射光波在金属表面能被吸收。对波长为 250 nm 的紫外光到波长为 10600 nm 的红外光的测量结果表明:光波在各种金属中的穿透深度为 10 nm 左右,吸收系数为 $10^5 \sim 10^6$ cm^{-1}。

2. 金属对激光吸收的影响因素

金属对激光的吸收和激光的特性、材料的特性及表面状态等诸多因素有关。

(1) 波长 一般而言,随着波长的变短,金属对激光的吸收增加。实际加工时用的激光器有 Nd:YAG 激光器和 CO_2 激光器,其波长分别为 1064 nm 和 10600 nm,不同的材料必须选定不同的激光器。大多数金属对波长为 10600 nm 的 CO_2 激光的吸收率大概只有 10% 左右,而对 1064 nm 的 Nd:YAG 激光的吸收率为 30%~40%。图 5.14 所示的是部分金属材料表面反射率与激光波长的关系。当激光波长大于临界波长时,金属表面对激光束的反

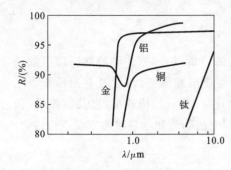

图 5.14 部分金属材料表面反射率与激光波长的关系

射率陡然上升,90%以上的激光能量将被反射。因此激光加工时,激光波长应该小于被照射金属的临界波长。

(2) 激光的功率密度 激光的功率密度是指单位光斑面积内的功率大小。不同功率密度的激光作用在材料表面会引起材料的不同变化,从而影响材料对激光的吸收率。当激光密度较低时,金属吸收能量只会引起材料表层温度的升高,随着温度的升高,吸收率将会缓慢增加。激光熔覆过程中,激光器的功率密度是一个很重要的参数,人们都希望能用较大功率的激光器来进行熔覆,但是鉴于条件和成本,一般不易实现。这样一来,对较小功率的激光器而言,其最大输出功率受到限制,扫描的能量密度就成了影响涂层性能最重要的激光参量。

实际的金属零件表面金属是以粉末形式存在的,熔化并不总随着吸收率的提高而提高,相反可能导致吸收率的降低。如果激光功率密度达到 10^6 W/cm^2 数量级,则材料表面将在激光束的照射下强烈汽化并形成小孔,金属对激光的吸收率急剧提高,可达到 90% 左右;当激光功率密度超过 10^7 W/cm^2 数量级时,将会出现等离子体对激光的屏蔽现象。因此,激光功率的选择对激光熔覆也有关键的作用。通常激光重熔覆层工艺都希望得到如下结果。

① 结合强度高,即要求界面处涂层与基体有良好的冶金结合。

② 重熔层平整、缺陷少,即要求重熔层能充分熔合、脱氧,变得均匀密实。

③ 涂层不被基体稀释或仅有轻微的稀释,以保持涂层材料特有的高强度、高耐磨性,或者说要求避免基体和涂层的混合。

此外,能量密度的选择还应考虑到涂层的塌陷问题,热喷涂层虽然比松装的合金粉末密度高,但是还有高达 20% 的孔隙度,0.15 mm 厚的涂层重熔后厚度正常情况下会缩至 0.14 mm。可见,涂层重熔后有微量的下塌是正常的。但是,如果所用的能量密度过大,由于界面熔材上浮、烧损和飞溅,表面层将会严重沉陷入基体中,形成一较深的沟槽。

以上讨论的都是单道扫描的问题,实际使用中是面的强化,即必须采用多道扫描。多道扫描会遇到能量密度叠加问题,无论是搭接扫描还是对接扫描,后一条熔道总比前一条熔深加剧,塌陷也严重。因此,作为工艺措施,必须对熔覆件采用有效的冷却,或者把扫描的能量密度逐渐调小。

(3) 激光的热有效利用率。实验和理论计算都表明:激光热熔覆处理过程中激光的有效利用率 β 很低,说明在激光熔覆过程中只有很少的热量用来使熔覆材料和基体材料表层熔化。送粉式激光熔覆过程中,在 P、V、d 一定的情况下,随着送粉速率 v_f 的增加,有效利用率 β 增大,但是当达到一定程度时便不能实现熔覆。这是因为在粉粒被激光照射后,除激光直接加热粉粒外,部分激光被粉粒散射,相当于增大了熔覆粉料的黑度,同时延长了激光与熔覆粉料的作用时间,使热利用率大于激光与整块金属相互作用时的热有效利用率,这个作用导致随着 v_f 的增加 β 增大。虽然热有效利用率继续增大,但此时热量只能用来加热熔覆粉料,只有少量热量用于加热基体材料,熔覆达不到冶金结合。影响 β 的另一因素是基体材料熔化吸收的热量,这部分热量随着 v_f 的增加而减少,这是由于基材表面被加热主要是通过吸收透过熔覆粉料的激光热量来实现的。

(4) 材料的性质。当红外激光与金属相互作用时,自由电子受迫振动产生反射波,反射波越强,则材料表面的反射率就越高。同时,自由电子的密度越大,就意味着这种金属的导电性越好,因此,一般来说,材料导电性的好坏决定了金属对红外激光的吸收率的高低。

(5) 材料表面的状态。实际金属表面的吸收率由两部分组成:金属的光学性质所决定的固有吸收率 A_i 和金属表面光学性质所决定的附加吸收率 A_{ext}。A_{ext} 是由表面粗糙度、各种缺陷和杂质及氧化层和其他吸收物质层决定的。随着表面粗糙度、各种缺陷和杂质的增加,吸收率增大,一般来说,普通金属试样粗糙度、各种缺陷和杂质引起的附加吸收率能提高 1 倍。在激光器已选定的条件下,为了提高金属表面的吸收率,可金属表面涂覆粉末中添加部分利于激光吸收的成分,如石墨等。激光加工中常采用惰性气体保护被照射的材料表面,可减少最佳涂层厚度和提高激光加工功率。

此外,入射角的偏振及表层的氧化等都对金属对激光的吸收产生影响。

3. 金属工艺参数和稀释率的关系

稀释率是激光熔覆工艺控制的最重要参数之一。稀释率的大小直接影响熔覆层的性能。稀释率过大,则基体对熔覆层的稀释作用大,损害熔覆层固有的性能,而且加大了熔覆层开裂、变形的倾向;稀释率过小,则熔覆层与基体不能在界面形成良好的冶金结合,熔覆层容易剥落。因此,控制稀释率是获得良好熔覆层的关键。

1) 稀释率与熔覆层的关系

激光熔覆过程中,在保证熔覆材料和基体材料达到冶金结合的前提下,希望基体的熔化量越少越好,以保证熔覆层合金原有的性能(高硬度、耐磨性、耐蚀性及抗氧化性)不受损害。大量的试验证明:熔覆材料与基体材料理想的结合应是在界面上形成致密的低稀释率和较窄的交互扩散带。因此,控制熔覆层稀释率的大小是获得优良熔覆层的先决条件。

激光熔覆与等离子喷焊相比,根本区别是热源不同,前者具有升温快、温度高、作用时间短和热源集中的特点。激光熔覆可使熔层的升温和冷却速度都达到 $10^5 \sim 10^6 ℃/s$。激光束可瞬间熔化粉末层,同时使基体表面微熔并与熔层形成牢固的冶金结合。激光束对熔层快速加热和冷却,使热作用时间短,基体熔深小,熔层与基体间的元素互扩散大大降低,熔层稀释率小。等离子喷焊由于功率密度相对较小,热作用时间加长而使熔层与基体间的元素扩散加剧,热影响区加大,熔层的成分污染也就大了。由图 5.15(a)和图 5.15(b)可见,激光熔层由于快速冷却得到更细密的组织,其晶粒度比等离子喷焊层的高 2~4 个数量级。激光熔层较小的稀释率和细密的组织,使设计的熔层元素充分发挥了应有作用。经测定,激光熔层的显微硬度、抗腐蚀和抗摩擦磨损等性能均优于或大大高于等离子喷焊层。

要求熔覆层具有规则的几何形貌、较低的稀释率,界面为冶金结合。为保证基体材料和熔覆材料实现冶金结合,在激光熔覆过程中,客观上要求必须有一定量的基体熔化。由于激光能量分布的不均匀性,激光熔覆熔池中必然存在着对流。在对流的作用下,熔化的基体必然会造成熔覆合金的稀释。稀释程度的大小直接影响熔覆层合金性能的发挥。

2) 影响稀释率的因素

影响稀释率的因素主要包括熔覆材料特性和工艺参数两方面,其中熔覆材料的特性主

(a) 激光熔覆晶体　　　　(b) 等离子喷焊形成的晶体

图 5.15　激光熔覆晶体与等离子喷焊晶体的比较

要是指熔融合金的润湿性、自熔性和熔点。工艺参数指激光功率、光斑尺寸、送粉速率和扫描速度等。

为了更好地说明稀释率对熔覆层特性的影响，根据对熔覆的进一步研究，可以用名义稀释率和真实（局部）稀释率来解释，这恰好能反映熔覆材料与基体材料在熔覆过程中界面的相互熔合稀释率的概念。名义稀释率反映熔覆层参数和工艺参数之间的相互关系，但不能反映熔覆层与基材界面的相互融合状况。这是因为熔覆层是层状结构（见图 5.16）。当电子探针沿熔覆层横断面线扫描成分分析结果如图 5.17 所示，真实稀释率 η 定义为

$$\eta = \frac{\text{基体材料熔化量}}{\text{基体材料熔化量}+\text{熔覆层成分过渡区的熔覆材料熔化量}}$$

在熔覆层横截面金相照片中可以较明显地看出熔覆层成分过渡区与成分稳定区的差别（见图 5.16）。

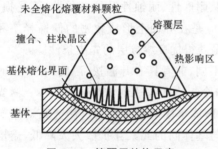

图 5.16　熔覆层结构示意

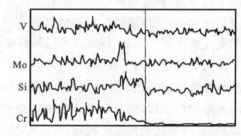

图 5.17　激光熔覆层横断面电子探针线扫描合金元素含量分析结果

这说明激光熔覆层在熔覆过程中真正被稀释的区域只发生在熔覆层与基体界面附近，真实稀释率恰好能反映熔覆层与基体材料在熔覆过程中界面的相互熔合情况，它是说明熔覆层界面状态的有效参数。真实稀释率也可以通过金相实验配合电子探针成分分析来检测。

预置粉末层的激光熔覆中，熔覆层的稀释率随着激光功率的增大而增大，随着扫描速度的增加而降低，其关系可由图 5.18 和图 5.19 来表示。

稀释率与激光功率、扫描速度和光斑尺寸这三个参数关系可采用比能量加以概括。图 5.20、图 5.21 分别表示了碳钢基材熔覆不锈钢和钴基合金粉末时，稀释率与激光输入的比能量之间的关系，由图可知，在相同的条件下，稀释率随着比能量的增加而增加。这是由于单位面积的激光能量的增加造成了更多的基材熔化。

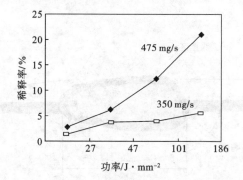
图 5.18　激光功率与稀释率的关系

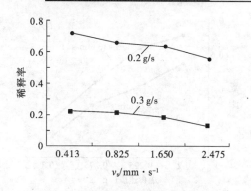
图 5.19　扫描速度与稀释率的关系

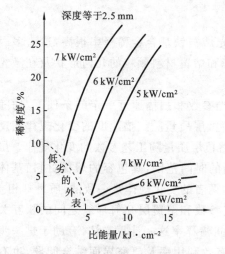
图 5.20　碳钢基材熔覆不锈钢稀释率与
　　　　激光输入的比能量之间的关系

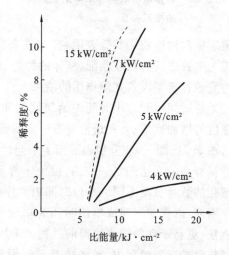
图 5.21　碳钢基材熔覆钴基合金稀释率与
　　　　激光输入的比能量之间的关系

比能量对稀释率的影响还和预置的粉末层的厚度有关系,粉末层越薄,其稀释率随比能量的增加就越大;粉末层越厚,较厚的预置层就相当于一个光陷阱,吸收了大部分激光能量,从而限制了基材的熔化量。

在相同的比能量下,不同的功率密度所对应的稀释率并不相同,其稀释率随着功率密度的升高而增大。这主要是与基材的热传导有关,大功率能够使粉末层在比较短的时间内熔化,从而提高了熔覆层的稀释率。

采用同步送粉法时,若激光功率和光斑尺寸相同,则基材的熔化深度和熔覆层的稀释率主要取决于光束的扫描速度和送粉速度。一定面积上单位时间内的粉末积累得越多,则所需的熔化能量也就越大,这样基材的熔化层就随之变浅,即送粉速度起到热屏蔽的作用。在相同的激光工艺条件下,随着送粉速度的增大,稀释率则显著下降。因此,可以认为送粉速度是决定熔覆层的最为关键的因素。图 5.22 表明稀释率随着送粉速度的增加而显著减小。弄清真实稀释率与工艺参数之间的相互关系,对研究熔覆的界面结构、熔覆层的性质等有重要意义。

3) 熔覆层稀释率的优化分析

激光熔覆层的稀释率主要取决于熔覆材料的特性和工艺参数两方面。图 5.23 所示的为

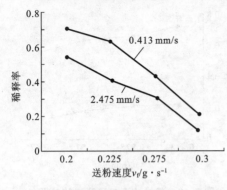
图 5.22 同步送粉法稀释率与送粉速度的相互关系

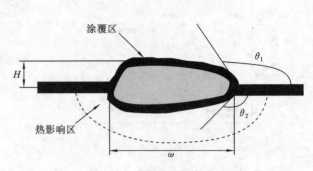
图 5.23 熔覆层横截面形貌

熔覆层横截面形貌。实验表明：在球铁基体上，激光熔覆铁基合金稀释率很高，这诸多因素如工艺参数之间的相互匹配、基体的种类、表面状态和熔覆材料颗粒的几何形状及在激光束中的发散程度等因素共同作用的结果。

单位时间内和作用时间内熔覆层的质量在激光参数和扫描速度一定的条件下，均随送粉速度的增加而增加；在送粉速度一定的条件下，熔覆层质量随扫描速度的变化规律相反变化。图 5.24、图 5.25 分别表示出了不同计算单元熔覆层质量随工艺参数的变化规律。虽然两种稀释率的表达式是一致的，但由于界定了不同的时间范围，其包容的熔覆材料、基体材料熔化的数量也就不同。单位时间内和作用时间内两者的变化规律是一致的，质量却相差2倍。因此，以作用时间或单位时间为单位考察工艺参数和熔覆层几何形貌之间的相互关系更直接、更易于理解激光熔覆的过程。采用作用时间稀释率这一计算方法，有助于进一步分析送粉激光熔覆过程中，激光热有效利用率、粉末有效利用率及研究界面结合问题，也有助于今后送粉激光熔覆工艺系统的智能控制。

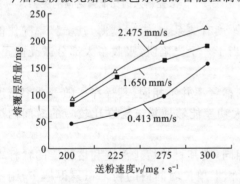
图 5.24 单位时间熔覆层质量与工艺参数的关系

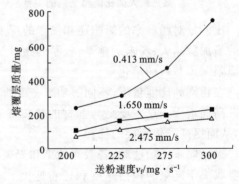
图 5.25 作用时间内熔覆层质量与工艺参数的关系

4. 激光熔覆的熔池的对流及其影响

1) 熔池的对流机制和模型

各种实验研究已经证明激光照射的熔池内存在着对流现象。对对流的机制有着各种各样的解释，目前大家普遍接受的是表面张力驱动学说。这种学说认为：在激光的照射下，熔池内温度的分布不均匀性造成表面张力大小不等，温度越低的地方表面张力越大，这种表面张力的差驱使液体从低的张力区流向高的张力区,流动的结果使液体表面产生了高度差,在重力的作用下又驱使熔液重新回流,这样就形成了对流。金属熔液的表面张力随温度的变化关系可以用表面张力差温度系数 $\partial\sigma/\partial T$ 来表示,通常 $\partial\sigma/\partial T$ 为负数,也就是说,金属熔液的表面张力随温度的升高而降低,所以熔池内的表面张力分布从熔池中心到熔池边缘逐渐增加。

由于表面张力的作用,熔池内上层的溶液被拉向熔池的边缘,从而使熔池产生凹面,并形成高度差 Δh,由此形成了重力梯度驱动力,这样就形成了回流。在表面张力和重力作用的相同处两者相互抵消,称为零点,零点的位置和叠加力的大小强烈影响着对流强度和对流的方式。叠加力越大,对流就越强烈。零点一般位于熔池的中部,这时对流最为均匀,当它偏上时,会出现上部对流强烈而下部流动性差的情况,反之亦然。此外,熔池横截面内的对流驱动力是变化的,驱动力由熔液表面到零点逐渐变小,直至为零。在零点至熔池的底部,驱动力又从小变大,再从大变小,到液-固界面处驱动力又重新变为零。所以,熔池内横截面各点的对流强度并不一致,甚至还存在某些驱动力为零的对流"死点"。

激光熔池的对流现象对熔覆合金的成分和组织的均匀化有促进作用,但在激光熔覆过程中,过度的稀释且混合不充分的条件下,易引起成分和组织偏析,降低熔覆层固有的性能。激光熔池内对流的形式与激光束能量分布密切相关,对称的匀强激光束形成对称的两个流环,非对称分布光束形成两个不对称流环,甚至一个流环。送粉激光熔覆的对流控制着合金元素的分布和熔覆层的几何形状。送粉激光熔覆条件下的对流模型见图 5.26。

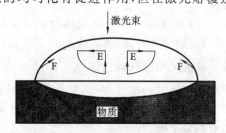

图 5.26 激光熔池的对流模型

对送粉激光熔覆而言,熔覆材料连续地进入熔池,必然不断地对熔池产生冲击作用。由于激光作用能量密度的分布不均匀,激光熔池内表面中心处温度最高而边缘温度最低,沿熔池深度方向温度是逐渐降低的,导致熔池在横向和沿熔池深度方向产生温度梯度和成分梯度。熔液的表面张力随温度的升高而降低,从而引起表面张力的不均匀。表面张力的分布与温度分布相反,由熔池中心向边缘逐渐增大,进而形成熔池液体对流的基本驱动力。对铁合金而言,其熔池的形状是从中心向外凸起的半圆弧形。为解释这种现象,也可以从熔池内存在的对流机制去探讨。

目前,普遍接受的观点是熔池中存在着两种对流机制:从熔池底部向顶部循环的中心双环对流 E、熔池双侧边缘的对流 F。对流 E 的存在使合金元素的分布尽可能得均匀,但它却是促使熔池沿基体表面铺展的驱动力;对流 F 在边缘的存在保证了熔池的形状,但它却带来了基体的不断熔入熔池,造成合金元素的稀释。通过对熔覆层进行面扫描和线扫描分析,除 Si、Fe 偏聚外,不包括未溶碳化物,其他合金元素的总体分布还是比较均匀的。Si、Fe 是亲和力强的元素,易于在熔液中形成富集区。富集区一旦形成,就会使溶质元素的分布形态发生变化,使熔池局部区域的熔液黏度、密度及表面张力发生相应的改变,从而影响熔池的对流特征。通过对典型的几种元素进行面扫描分析,可以看出基体中的 Mn 进入了熔覆层,尽管其含量比较少(大约为 0.2%),铁的含量增加 12%。另外,从元素的分布看,Mn 从熔覆层底部向上逐渐减少,而 Cr、Ni 正好相反,表明中心处对流确实是由下向上流。

激光熔池内存在的对流对熔覆层组织、合金成分的均匀化有促进作用。但在激光熔覆中过度地稀释且混合不充分的条件下,易引起组织和成分的偏析,降低熔覆层的性能。因此,在实际工艺中必须统筹设计,选择合适的熔覆材料和基体材料体系、送粉方式、工艺参数之间的相互匹配,以能实现对稀释率的控制,进而达到成分、组织和性能的设计要求。

2) 影响熔池对流的因素

激光熔池的对流模型是以激光束能量呈高斯分布或者呈均匀分布为前提的,并没有考虑其他一些影响因素。实际作用过程中,熔池的对流特征(包括对流形态和对流强度)是熔液表面张力系数、黏度、密度和熔液温度分布等许多参数综合作用的结果。

(1) 溶质元素对熔池的对流特征的影响。

一般来说,当所添加的溶质元素增大从而使熔液的黏度增大时,熔液对流阻力增加,流动性变差,这样就容易形成对流不均匀;如果添加的元素直接影响熔液表面的张力,也会直接影响熔池的对流特征;对一些添加元素,如 S,会使表面张力温度系数从负变为正,从而就使熔液流动完全反向,从熔池边缘流向熔池中心,加上对流的传热作用,这使熔池相对变窄变深。

(2) 激光束能量分布对熔池的对流特征的影响。

$\partial\sigma/\partial T \leqslant 0$ 时,按表面张力驱动学说,熔池的对流方式实质上是围绕高温区域进行的,熔液从高温区域流向低温区域,再由低温区域经熔池底部向上流回高温区。因此,如果能量呈均匀分布或者高斯分布,就会使熔池的横截面的温度分布沿其中心对称,而对能量非均匀分布的激光束而言,熔池的对流方式也遵循上述规律,只不过由于温度分布的不对称,对流的图案会发生变化。

(3) 激光工艺参数对熔池对流特征的影响。

熔池中横截面表面张力梯度与熔池温度之间有如下关系

$$\frac{\partial \sigma}{\partial T} = -C_p \left(1 + \ln \frac{T}{T_0}\right) \frac{\partial T}{\partial y} \tag{5-11}$$

式中:C_p 为比热容;T_0 为计算表面熵的参考温度;T 为熔池温度;σ 为表面张力;y 为熔池横截面的坐标。

式(5-13)表明,熔池的对流特征主要由激光束功率密度及交互作用时间所决定。熔池的对流循环次数主要取决于交互作用时间;而对流强度主要取决于照射激光束的功率密度。激光束的功率密度越高,$\partial\sigma/\partial T$ 的值就越大,液面的高度差也就越大,从而熔池的流速就越快;而交互作用时间越长,熔池对流搅拌的时间也就越长。

因此,当照射激光束的功率密度较低时,功率密度和交互时间都对熔池的对流特征产生影响,但功率密度是主要的影响因素;而当功率密度足够大时,熔池的对流特征几乎完全受功率密度影响。

3.2.3 激光熔覆的应用

激光熔覆的第一项工业应用是 Rolls Royce 公司 1981 年对 RB211 涡轮发动机壳体结合部件进行硬面熔覆。其后,众多公司采用激光熔覆技术应用于生产。表 5.7 列出了具有代表性的应用实例。此外,20 世纪 80 年代中期一系列激光熔覆得以应用,其熔覆层/基材的组合包括不锈钢/低碳钢、镍/低碳钢、青铜/低碳钢、StelliteSF6 硬面合金/黄铜、铬/钛、不锈钢/铝、铁硼合金/低碳钢、StelliteSF6 硬面合金/低碳钢、低碳钢/不锈钢，等等。

表 5.7　激光熔覆工业应用实例

熔覆部件	熔覆合金/粉末或方式
涡轮机叶片/壳体结合部件	钴基合金/送粉熔覆
涡轮机叶片	PWA694、Nimonic/预置粉末
海洋钻井和生产部件	Stellite/Colmonoy 合金和碳化物等
阀体部件	送粉熔覆
阀杆、阀座	铸铁/Cr、C、Co、Ni、Mo 预置粉末
涡轮机叶片	Stellite/Colmonoy 合金预置粉末和重力送粉熔覆

激光硬面熔覆的应用主要在两方面，即提高耐腐蚀（包括耐高温腐蚀）和耐磨损，如内燃机的阀和阀座的密封面的激光熔覆，水、气和蒸气分离器的激光熔覆等。

同时提高材料的耐磨性和耐蚀性可以采用 Co 基合金如 Co-Cr-Mo-Si 系统进行激光熔覆。其基体中成分范围在 CoMoSi 至 Co_3Mo_2Si 的硬质金属间相的存在是耐磨性的保证，而铬则提供了耐蚀性。应用 Ni-Cr-B-Si 系列熔覆层也会取得类似效果。研究应用 CW CO_2 激光（功率密度为 $1.3×10^4$ W/cm^2），采用同步送粉技术，在 AISI 1020 低碳钢表面进行了三种镍基硬化合金粉末（分别为 Ni-Cr-B-Si、Ni-Cr-B-Si＋W 和 Ni-Cr-Si＋WC 系统）的熔覆；并与线材轧辊材料 AISI D2 工具钢（62HRc）进行了耐磨性比较。块-环滑动磨损实验表明，三种熔覆层的耐磨性能均高于工具钢。WC 复合粉末、加 W 粉末和 Ni-Cr-B-Si 粉末的耐磨性分别是工具钢的 12、1.7 和 1.8 倍；对应的主要硬化相分别是 WC 颗粒、混合型碳化物和硼化镍。显微分析发现，WC 颗粒在激光熔覆过程中有部分熔化现象。此外，熔覆层的硬度与稀释率密切相关。对特定的合金粉末，稀释率越低则硬度越高。获得最高硬度的最佳稀释率范围是 3%~8%。适当调节加工参数可控制稀释率的大小。在激光功率不变的前提下，提高送粉速度或降低加工速度会使稀释率下降。

其他方面的应用还包括提高耐烧灼性的奥氏体不锈钢的熔覆、耐热材料（如 Nimonic 合金）的熔覆等。比较典型的是奥氏体不锈钢应用碳化钨或碳化钴的激光表面硬化。

激光表面硬化亦可用于在材料表面熔覆耐蠕变的熔覆层。这种熔覆层在高温下耐磨料磨损和冲蚀磨损。可用于钢表面熔覆的材料包括钛合金、钴合金、诸多复合物（如 Cr-Ni、Cr-B-Ni，Fr-Cr-Mn-C、C-Cr-Mn、C-CrW、Mo-Cr-CrC-Ni-Si、Mo-Ni、TiC-Al_2O_3-Al、TiC-Al_2O_3-B_4C-Al 等）、铝合金、钴铬钨（Stellite）合金、耐盐酸镍基合金（Hastelloy）、碳化物（如 WC、TiC、B4 C、SiC 等）、氮化物，包括 BN、铬和铝的氧化物，等等。

钴合金可以用镍合金熔覆，形成耐高温冲蚀的熔覆层。钛合金可以用氮化硼熔覆，Al-Si 合金可以用硅熔覆。铝和铜可以用 91% ZrO_2-9% Y_2O_3 或 ZrO_2-CaO 的混合物进行硬面熔覆。一种常用于激光修复磨损表面的混合物是 Cr-Ni B Fc，偶尔还加 C 和 Si。还可以预计，激光釉化的 SiO_2 熔覆层会应用于耐蠕变的合金的基体，以用作工作于 900~1000 ℃强烈氧化、碳化或硫化环境中的加热元件，如 Incoloy 800H 合金。

熔覆高硬、耐高温质点与金属基粉末的复合材料会形成它们的混合组织结构。如熔覆 WC+Fe(或 WC+Co、WC+NiCr)复合粉末时,其快速的熔覆过程使 WC⇔Fe 的扩散转变不能进行,从而使碳化物保持约 11000 MPa 的硬度。这一硬度与经常规热处理后的含钨工具钢中的碳化钨所能取得的最大硬度相同。

工具钢,特别是用做加工工具的钢,需要耐磨料磨损,可用钴铬钨(Stellite)合金进行激光熔覆。用于制造汽轮机叶片耐蠕变的 Nimonic8A 合金(含 Ni 量大于 70%,含 Cr 量大于 20%,及添加适当的 Al、Co)经激光熔覆钴铬钨合金后,其耐磨料磨损的性能几乎提高了 100 倍。值得注意的是,激光熔覆钴铬钨合金比堆焊(如 TIG 等弧焊方法)钴铬钨合金效果好,可得高硬度和细化的组织。奥氏体不锈钢(如 321 级)经激光熔覆 Cr_2O_3 氧化物后其耐蠕变性能增加了 1 倍。

在汽车工业中,激光熔覆阀座和凸缘已有时日。铝合金零件表面熔覆一层特殊耐磨合金也已走向工业应用。现代汽车工业已经大量采用铝质发动机。然而,合金的耐磨性能难以满足要求。对于要求表面耐磨的零件,可以用激光熔覆技术在零件表面熔覆一层耐磨合金层。研究表明,采用大功率 CO_2 激光同步送粉熔覆技术在铸造铝合金(Veral 225)基体上熔覆过共晶铝硅合金,熔覆层平均硬度为 $HV_{0.2}160$,较基体硬度提高了 1 倍。而采用 AlSi-CuNi 合金粉末激光熔覆,熔覆层平均硬度可达 $HV_{0.2}320$,较过共晶铝硅合金熔覆层的硬度提高 1 倍。

近年来,镁合金激光熔覆的研究呈上升趋势。人们为提高轻金属镁合金的耐磨损和耐腐蚀性能,对镁合金进行了多种材料的激光熔覆。例如,在 ZM51/SiC 复合镁合金表面熔覆 Al-Cu 合金以提高耐腐蚀性能;在 AS21 镁合金表面熔覆铝硅(40wt%)和碳化物(60wt%)混合粉末以提高耐磨损性能。下面以 ZK60/SiC 复合镁合金表面熔覆不锈钢为例,说明该工艺的特点。研究所用基材为 17%(体积分数)SiC 颗粒强化的 ZK60(Mg-6Zn-0.5Zr wt%)复合镁合金。熔覆材料不锈钢(Fe-23Cr-7.5Ni-0.8C wt%)和过渡材料黄铜与纯铜经粉末冶金制成粉末(150~350 目),先经过热喷涂的方法预置于复合镁合金表面,而后用 CW Nd:YAG 激光重熔。加过渡层的目的是为了克服不锈钢熔点和基材熔点的巨大差异(基材 515℃、黄铜 860℃、纯铜 1080℃、不锈钢 1450℃)。涂层的总厚度为 1.15 mm,其中黄铜、纯铜和不锈钢涂层的各自厚度为 0.25 mm、0.15 mm 和 0.75 mm。激光重溶过程中用氩气保护,以防止涂层和基材的过渡氧化。激光功率为 500~1500 W,扫描速度为 5~12 mm/s,激光束直径为 2.0 mm,搭接重叠率为 30%。无过渡层时,不锈钢覆盖层和基材之间未形成冶金结合,而且接面处的基材严重氧化。加过渡层后各层之间达到了冶金结合。3.5%NaCl 溶液阳极极化试验显示激光熔覆的试件的腐蚀电势(E_{corr})比供货态和热喷涂的复合镁合金分别高 1090 mV 和 820 mV,而腐蚀电流(I_{corr})比两者分别降低 4 个和 2 个数量级,其耐腐蚀性能大为提高。

对比激光表面改性的效果,激光熔覆硬化层的厚度比激光合金化的大,可达几毫米。激光束以 10~300 Hz 的频率相对于试件移动方向进行横向扫描,所得的单道熔覆宽度可达 10 mm。熔覆速度可从每秒几毫米到大于 100 mm/s。激光熔覆层的质量,如致密度、与基材的结合强度和硬度,均好于热喷涂层(包括等离子喷涂)。按熔覆层的类别,激光硬面熔覆对结构钢而言,可能会使疲劳强度有所降低。熔覆材料越耐高温,疲劳限下降就越大。

在激光硬面熔覆中,表面粗糙度的问题比激光合金化过程的大。通常,表面粗糙度随熔覆材料熔点的提高而增加。为此,熔覆常采用混合物。通常是粉末混合物,其含有高熔点与低熔点粉末(如 $TiC+Al_2O_3+Al+B_4C$)。当然,这对熔覆层硬度有负面影响。

除了传统意义上的材料表面改性及修复受损零件等应用外,激光熔覆还可以用于快速制造金属原型零部件。三维激光加工系统配备合适的送粉装置就可进行激光快速成形加工。而且,专用的激光快速成形加工系统业已商品化,并用于相关科研应用领域,如 LENS (laser engineered net shaping)等。

3.3 任务实施

3.3.1 激光熔覆工艺方法

基材在激光熔覆以前,通常要进行表面预处理以去除熔覆部位的油污与锈蚀。二者是预置层或熔覆层产生裂纹、剥落等缺陷的重要原因。除油可采用低温加热(260~420℃)或溶剂清洗的方法。常用的溶剂有三氯乙烯、全氯乙烯、乳化液或碱溶液等。喷砂处理可以除锈并使基材毛化,增加激光的能量吸收。

激光熔覆按合金供给方式可以分为两种(见图 5.27),合金预置式激光熔覆与合金同步供给式激光熔覆。

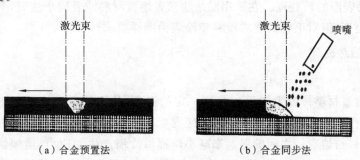

(a) 合金预置法　　　　(b) 合金同步法

图 5.27　激光熔覆工艺方法

1. 工艺方法分类

根据合金供应方式的不同,激光熔覆可以分为两种:合金同步法和合金预置法。方法原理如图 5.27 所示。

合金同步法(一步法)是指采用专门的送料系统在激光熔覆的过程中将合金材料直接送进激光作用区,在激光的作用下,基材和合金材料同时熔化,然后冷却结晶形成合金熔覆层,这种方法的优点是工艺过程简单,合金材料利用率高,可控性好,甚至可以直接成型复杂三维形状的部件,容易实现自动化,国内外实际生产中采用较多,是熔覆技术的首选方法。合金同步法按供材料的不同分为同步送粉法、同步丝材法和同步板材法等。

合金预置法是指将待熔覆的合金材料以一定方法预先覆盖在材料表面,然后采用激光束在合金覆盖层表面扫描,使整个合金覆盖层及一部分基材熔化,激光束离开后熔化的金属快速凝固而在基材表面形成冶金结合的合金熔覆层。其方式有以下两种。

(1) 预置涂覆层。通常是用手工涂覆，方便经济，它是用黏结剂将涂覆用的粉末调成糊状放置于工件表面，干燥后再进行熔覆处理。

(2) 预置涂覆片。将熔覆材料的粉末加进少量黏结剂模压成片，放置于工件表面进行熔覆处理。对丝类合金材料，可以采用专门的热喷涂设备进行喷涂沉积，也可以采用黏结法预置，而板类合金材料主要采用黏结法或者将合金材料和基材预先压在一起。

合金同步法的激光熔覆工艺流程：基材熔覆表面热处理—送料激光熔化—后热处理。

合金预置法的激光熔覆工艺流程：基材熔覆表面预处理—预置熔覆材料—预热—激光熔化—后热处理。

2. 基材熔覆表面预处理

表面预处理是为了除掉基材熔覆部位的污垢和锈蚀，使得其表面状态满足后续的预置熔覆材料或者同步供料熔覆的要求，主要包括喷涂表面的表面预处理和非喷涂表面的预处理。

(1) 喷涂表面的预处理。基材表面常用火焰喷涂或者等离子喷涂，因此需要进行去油和喷砂处理。

去油一般用加热法，即基材表面加热到 300~450℃ 去油；也可用清洗剂去油，常用的清洗剂包括碱液、三氯乙烯、二氯乙烯等。

喷砂是为了除掉基材表面的锈蚀，并使其毛化，从而有利于喷涂粉末的附着。经过表面预处理的零件不宜长久放置于空气中，以防再次污染。

(2) 非喷涂表面的预处理。在采用黏结法预置熔覆材料或者同步法时，其表面也必须进行去油和除锈处理，但对毛化的要求没有喷涂表面那样要求严格。

3. 预热和后热处理

1) 预热

预热是指将基材整体或者表面加热到一定的温度，从而使激光熔覆在热的基材上的一种处理工艺，其作用就是防止基材的热影响区发生马氏体相变从而导致熔覆层产生裂纹，因此，适当减少基材与熔覆层之间的温差来减小熔覆层冷缩产生的应力，增加熔层液相滞留时间有利于熔层内的气泡和造渣物质的排除。实际生产过程中常采用预热的方法消除或减少熔覆层的裂纹，特别是对于易于开裂的基材必须预热，在熔覆层裂纹倾向较小的情况下，有时也采用预热减小熔覆应力和提高熔覆质量。

预热的方法主要有火焰枪加热、感应加热和火炉内加热等，其中前两种加热常用于基材表层一定范围内的预热，并可实现预热和激光熔覆同步进行。

由于预热降低了表面的冷却速度，因此可能引起激光熔覆合金层的硬度有所降低，但是对于一些合金（Ni 合金等），则可以通过后续热处理恢复其硬度。

2) 后热处理

激光熔覆后的后热处理是一种保温处理，可以用于消除和减少熔覆层的残余应力；消除或减小熔覆产生的有害的热影响，并且可以防止冷淬火的热影响区发生马氏体相变。

后热处理通常采用火炉内加热保温，经过充分的保温后，随火炉冷却或降到某一温度出炉空气冷却，包括加热温度、保温时间和冷却方式都要视后热处理的目的、基材和熔覆层的特性而定。

任务4　激光快速成型技术

4.1　任务描述

了解激光快速成型的原理与优点、基本技术及重要应用。

4.2　相关知识

4.2.1　激光快速成型技术的原理与优点

为了能对市场变化做出敏感响应,国外于20世纪80年代末发展了一种全新的制造技术,即所谓快速成型技术(rapid prototyping,简称RP)。与传统的制造方法不同,这种高新制造技术采用逐渐增加材料的方法(如凝固、胶接、焊接、激光烧结、聚合或其他的化学反应)来形成所需的零件形状,故也称为增材制造法(material increase manufacturing,简称MIM)。

快速成型技术综合了计算机、物理、化学、材料等多学科领域的先进成果,解决了传统加工方法中的许多难题。不同于传统机械加工的材料去除法和变形成型法,它一次成型复杂零件或模具,不需专用装备和相应工装,堪称为制造领域人类思维的一次飞跃。快速成型技术在航天、机械电子及医疗卫生等领域有着广阔的应用前景,受到了广泛的重视并迅速成为制造领域的研究热点,已经成为先进制造技术的重要组成部分。该技术在20世纪90年代后期得到了迅速的发展;在机械制造的历史上,它与20世纪60年代的数控技术、80年代的非传统加工技术具有同等重要地位。

快速成型技术的基本工作原理是离散、堆积。首先,将零件的物理模型通过CAD造型或三维数字化仪转化为计算机电子模型,然后,将CAD模型转化为STL(快速成型技术标准接口)格式,用分层软件将计算机三维实体模型在Z向离散,形成一系列具有一定厚度的薄片,用计算机控制下的激光束(或其他能量流)有选择地固化或黏结某一区域,从而形成构成零件实体的一个层面。这样逐渐堆积形成一个原型(三维实体)。必要时再通过一些后处理(如深度固化、修磨)工序,使其达到功能件的要求。近期发展的快速成型技术主要有立体光造型(stereo lithography apparatus,SLA)、选择性激光烧结(selective laser sintering,SLS)、薄片叠层制造(laminated object manufacturing,LOM)、熔化沉积造型(fused deposition modeling,FDM)、三维印刷及材料去除成型技术。本书选择与激光加工有关的几项技术加以介绍。

由于快速成型技术(包括激光快速成型技术)仅在需要增加材料的地方加上材料,所以从设计到制造自动化,从知识获取到计算机处理,从计划到接口、通信等方面来看,非常适合于CIM、CAD及CAM,同传统的制造方法相比较,显示出诸多优点。

(1) 快速性。有了产品的三维表面或体模型的设计就可以制造原型,从 CAD 设计到完成原型制作,只需数小时到几十个小时的时间,比传统方法快得多。

(2) 适合成型复杂零件。采用激光快速成型技术制作零件时,不论零件多复杂,都由计算机分解为二维数据进行成型,无简单与复杂之分,因此它特别适合成型形状复杂、传统方法难以制造甚至无法制造的零件。

(3) 高度柔性。无须传统加工的工夹量具及多种设备,零件在一台设备上即可快速成型出具有一定精度、满足一定功能的原型及零件。若要修改零件,只需修改 CAD 模型即可,特别适合于单件、小批量生产。

(4) 高度集成化。激光快速成型技术将 CAD 数据转化成 STL 格式后,即可开始快速成型制作过程。CAD 到 STL 文件的转换是在 CAD 软件中自动完成的。快速成型过程是二维操作,可以实现高度自动化和程序化,即用简单重复的二维操作成型复杂的三维零件,无须特殊的工具及人工干预。

4.2.2 激光快速成型技术的重要应用

激光快速成型技术主要用于以下几个方面。

(1) 用于制造复杂形状的零件。特别适合于在航天航空工业中制作大型带加强筋的整体薄壁结构零件。在制造内部型腔时,不需做芯子和模子,故特别适合制造很小的零件、很薄的壁及雕刻的表面。

(2) 快速制造原型。可以在极短的时间内设计制造出零件的原型,进行外观、功能和运动上的考核,发现错误及时纠正,避免由于设计错误而带来的工装、模具等的浪费。

(3) 用于制造多种材料或非均质材料的零件。在制造过程中,可以改变材料的种类,因此可以生产出各种不同材料、颜色、机械性能、热性能组合的零件。

(4) 用于制造活性金属的零件。由于激光快速成型制造能够提供良好的工作环境,材料浪费少,所以可以用于加工活性金属(如钛、钨、镍等)及其他的特殊金属。另外,它还可以用于大型金属零件(如汽轮机叶片等)的修复。

(5) 用于小批量生产塑料制件。从投入/产出角度来看,一个塑料制件的模具需生产数千个零件才划得来,几十件到几百件则可以用快速成型法来经济地生产;特别是在不同的零件同时生产时,快速成型法的优点更加明显。

(6) 用于制造各种模具或模型。立体光造型技术则可以用来制造电火花加工用的电极的模具,另外,还可以制造风洞吹风实验用的机翼模型、建筑模型及病人的骨架模型。选择性激光烧结技术则在航空工业中最有发展前途的应用,主要用于快速制造精密铸造中的陶瓷模壳和型芯。采用该项技术的主要优点是,可以省去制造壳型的蜡模、蜡模浇注系统及蜡模的熔化等一系列复杂的工艺和设备,因此,生产周期短,成本低。

4.3 任务实施

4.3.1 立体光造型技术

立体光造型技术又称光固化快速成型技术,是最早商品化、市场占有率最高的快速成型技术之一。现在,这种机器已是一种流行的产品,日本、德国、比利时等都投入了大量的人力、物力研究该技术,并不断有产品问世。我国西安交通大学也研制成功了立体光造型机LPS600A,并且利用该机器制造出了零件。

立体光造型技术的原理示意图如图 5.28 所示。它属于典型的逐层制造法。它以液态光聚合物光敏树脂(聚丙烯酸酯、聚环氧基等)为原料。紫外激光在计算机控制下按零件的各分层截面信息,在光敏树脂表面进行逐点扫描,被扫描区域的树脂薄层(约零点几个毫米)产生光聚合反应而固化,形成零件的一个薄层。一层固化完毕后,工作台下移一个层厚的距离,以便在原先固化好的树脂表面再敷上一层新的液态树脂,然后进行下一层的扫描加工。新固化的一层牢固地粘在前一层上,如此反复,直到整个原型制造完毕。由于光聚合反应是基于光的作用而不是基于热的作用,故在工作时只需功率较低的激光源。此外,因为没有热扩散,加上链式反应能够很好地受到控制,能保证聚合反应不发生在激光点之外,因而加工精度高(±0.1mm),表面质量高,原材料的利用率高(接近 100%),制作效率较高,能够制造形状复杂(如空心零件和模具)、特别精细(如首饰、工艺品等)的零件。尺寸较大的零件则可以采用先分块成型然后黏结的方法进行制作。

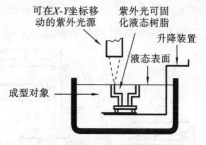

图 5.28 立体光造型技术原理示意图

4.3.2 选择性激光烧结技术

选择性激光烧结技术与立体光造型技术很相似,也是用激光束来扫描各原材料,但用粉末物质代替了液态光聚合物。选择性激光烧结技术的基本原理示意图如图 5.29 所示。CO_2 激光束在计算机控制下,以一定的扫描速度和能量在选定的扫描轨迹上作用于粉末材料(尼龙、塑料、金属、陶瓷的包衣粉末或粉末的混合物),有选择地熔化粉末,使粉末黏结固化而形成一个层面。未被烧结的粉末作为支撑材料,然后由电机驱动,使粉末固结面下降一定的高度,铺上一定厚度的新粉末后重复以上工序,直到形成整个零件。选择性激光烧结技术具有原材料选择广泛和不需特殊支撑,多余材料易于清理,应用范围广等特点,适合于多种材料、多种用途原型及功能零件的制造。

图 5.29 选择性激光烧结技术基本原理示意图

在激光烧结快速成型过程中,激光的特性参数(光斑尺寸、波长、功率密度)及扫描速度、扫描间隔是非常重要的参数。这些参数连同粉末的特性和烧结气氛,是激光烧结成型的关键因素。烧结原型的强度是孔隙率、黏结剂含量的函数,还受激光扫描路径的影响。

选择性激光烧结技术产生于美国得克萨斯州立大学,目前已由美国 DTM 公司商品化。该公司研制出的第三代产品 SLS2000 系列能烧结蜡、聚碳酸酯、尼龙、金属等各种材料。用该系统制造的钢铜合金注塑模,可注塑 5 万件工件。选择性激光烧结技术最适合用于航天航空工业。因为对航空航天制造业来说,零件的复杂性、材料的多样性、加工难度均决定了它必须采用当今世界最先进的制造技术。

4.3.3 激光熔覆成型技术

激光熔覆成型（laser cladding forming,LCF）技术，是近年来在激光熔覆的基础上研制成功的一种新的快速成型技术。它的热加工原理与激光熔覆相同，而成型原理和其他快速成型技术的相同。用计算机生成待制作零件的 CAD 模型，对该 CAD 模型进行切片处理，并且生成每一层的扫描轨迹，通过数控工作台的运动实现激光熔覆。被熔覆的粉末通过送粉装置用气体输送，逐层叠加熔覆粉末，最终成型出所需形状的零件。与其他快速成型技术的区别在于，它能够成型出非常致密的金属零件，零件的强度达到甚至超过常规铸造或锻造方法生产零件的强度，因而具有良好的应用前景。激光熔覆成型技术原理示意图如图 5.30 所示。目前用此法制造出的复杂截面变换器的零件外形的误差在 ± 0.5 mm 以内，如图 5.31 所示。

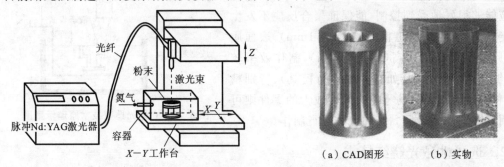

图 5.30 激光熔覆成型技术原理示意图　　图 5.31 激光熔覆的复杂截面变换器

激光熔覆成型技术的研究刚刚起步，还有一些问题有待解决，主要是下列因素对成型零件的精度产生影响：计算机的切片厚度和切片方式；激光器输出功率密度、光斑大小及光强分布；数控工作台的扫描速度、扫描间隔及其扫描方式；送粉装置送粉量的大小及粉末颗粒的大小；熔覆过程形成的应力。

4.3.4 激光近形制造技术

激光近形制造（laser engineering netshaping,LENS）技术，将快速成型技术中的选择性激光烧结技术和激光熔覆成型技术结合了起来。在选择性激光烧结技术中所用的金属粉末，目前流行的有三种：单一金属、金属加低熔点金属黏结剂及金属加有机黏结剂。不管使用哪种粉末，激光烧结后的金属零件的密度都比较低（一般只能达到 50% 的密度）。实际获得的只是一种多孔隙金属零件，其强度较低。欲提高零件强度，必须通过后处理工序，如浸渗树脂、低熔点金属或进行热等静压处理。但这些后处理工序会改变金属零件的性能和精度，同时失去了快速激光成型技术的特点。在激光熔覆成型技术中，金属粉末通过送粉装置送入激光照射形成的熔池中，激光将金属粉末加热熔化并与基体形成冶金结合。因此，激光熔覆形成的金属零件非常致密，性能优良。而激光近形制造技术既保持了选择性激光烧结技术成型零件的优点，又克服了其成型零件密度低、性能差的缺点。

激光近形制造技术的基本原理示意图如图 5.32 所示。该系统主要由四部分组成：计算机、高功率激光器、多坐标数控工作台和送粉装置。

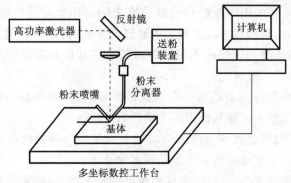

图 5.32 激光近形制造技术的基本原理示意图

1) 计算机

激光近形制造技术中计算机的作用,同选择性激光烧结技术中的相似,用于建立待制作零件的 CAD 模型,将零件的 CAD 模型转换成 STL 文件,对零件的 CAD 模型进行切片处理,生成一系列具有一定厚度的薄层,并形成每一层薄层的扫描轨迹,以便控制多坐标数控工作台运动。

2) 高功率激光器

激光近形制造技术使用的是高达几千瓦到十几千瓦功率的 CO_2 激光器,而不像选择性激光烧结技术中所用的 CO_2 激光器只有 50 W 的功率。这是因为:在选择性激光烧结技术中,在烧结金属粉末时,往往采用在金属粉末中添加黏结剂的方法,黏结剂的熔点一般很低,激光只是将黏结剂熔化,熔化的黏结剂将金属粉末黏结在一起形成金属零件;而在激光近形成型制造技术中,激光直接熔化不添加黏结剂的金属粉末,所以要求有较高的激光功率,同时也有利于提高金属零件的制作速度。

3) 多坐标数控工作台

在选择性激光烧结技术中采用扫描镜实现扫描,而在激光近形制造技术中则采用多坐标数控工作台的运动实现扫描:在工作台上的零件除能够沿着 X、Y 轴方向运动外,还可以绕 X、Y 轴转动,这样便于制作具有悬臂结构的零件。

4) 送粉装置

送粉装置是激光近形成型制造系统中非常重要的部分,送粉装置性能的好坏决定了零件的制作质量。对送粉装置的基本要求是能够提供均匀稳定的粉末流。送粉装置有两种形式:侧向送粉装置和同轴送粉装置。

受激光熔覆的影响,激光近形制造系统中有的采用侧向送粉装置。这样的送粉装置用于激光近形制造显现出许多缺点。首先,送粉位置与激光中心很难对准。这种对位是很重要的,少量的偏差将会导致粉末利用率下降和熔覆质量的恶化。采用侧向送粉装置,起不到粉末预热和预熔化的作用,因此,熔覆的轨迹比较粗糙,涂覆厚度和宽度也不均匀。其次,侧向送粉装置只适合于线性熔覆轨迹的场合,如只沿着 X 方向或 Y 方向运动,不适合于复杂的轨迹运动。

同轴送粉装置由三部分组成:闭环送粉器、粉末过滤器和粉末喷嘴。闭环送粉器配有粉末流反馈系统,可提供稳定、连续和精确的粉末流速。粉末过滤器将粉末分成四股细流,通过四个管子到达粉末喷嘴的中间喷嘴和外部喷嘴之间的环形通道。粉末喷嘴由内部喷嘴、中间喷嘴、外部喷嘴和冷却水套组成。激光束通过内部喷嘴，聚集在其顶端。内部喷嘴中通有保护气体，它能够防止激光熔覆时飞溅的熔融粉末和其他有害气体对激光聚焦透镜造成损害，也能保护熔覆涂层不被氧化。

四股粉末细流在环形通道上相遇并汇聚成锥形粉末流，其中心与激光束同轴。这个锥形粉末流与激光束在工作表面相互作用形成熔覆轨迹。

在激光熔覆中，发射的激光和飞溅的熔融粉末和其他气体会使得喷嘴的底部加热到相当高的温度，因此，为防止喷嘴过热采用了循环水冷系统。

同轴送粉装置能够提供高度稳定、连续和精确的粉末流速，将粉末精确地传送到基体表面的熔池中，形成高质量熔覆轨迹。由于粉末的进给和激光束是同轴的，故能很好地适应扫描方向的变化。

激光近形制造技术除具有选择性激光烧结技术的特点外，其最大的优点就是成型的金属零件非常致密，力学性能优良。极快的加热和冷却使激光加工的热影响区非常小，从而工件的变形也非常小。激光照射区中的材料能形成特殊的优良组织结构，如形成高度细化的晶粒组织和晶内亚结构，其特征尺寸在微米级到纳米级，使材料的强度、硬度、韧性、耐磨性和耐蚀性同时大幅度提高。据资料介绍，用激光近形成型制造技术制作的 Ti_6Al_4V 成型件的力学性能，已经达到或超过由常规制造方法（如铸、锻）所获得的性能。

激光近形制造技术虽然具有独特的优点，但是由于发展时间短，目前还存在一些问题。例如，零件的成型精度及表面质量都比选择性激光烧结的要低一些；制作的零件存在残余应力；金属材料对 CO_2 激光的反射率影响了激光快速成型的效率。

4.3.5 薄片叠层制造技术

薄片叠层制造技术是一种常用来制作模具的新型快速成型技术。其工作原理是：首先用大功率激光束切割金属薄片，再将多层薄片叠加，并使其形状逐渐发生变化，最终获得所需原型（模具）的立体几何形状。薄片叠层制造技术原理示意图如图 5.33 所示。

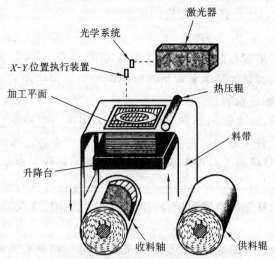

图 5.33 薄片叠层制造技术原理示意图

该技术由于各薄片间的固结简单,故用叠层法制作冲模,其成本约为传统方法的一半,生产周期大大缩短;用来制作复合模、塑料模、级进模等,经济效益也甚为显著。该技术在国外已经得到了广泛应用。

【阅读材料】

一、激光清洗技术

激光清洗技术是指采用高能激光束照射工件表面,使表面的污物、颗粒、锈斑或涂层等附着物发生瞬间蒸发或剥离,从而达到清洁净化的工艺过程。与普通的化学清洗法和机械清洗法相比,激光清洗具有如下特征。

(1) 它是一种完全的"干式"清洗过程,不需要使用清洁液或其他化学溶液,是一种"绿色"清洗工艺,并且清洁度远远高于化学清洗工艺。

(2) 清洗的对象范围很广。从大的块状污物(如手印、锈斑、油污、油漆)到小的微细颗粒(如金属超细微粒、灰尘)均可以采用此方法进行清洗。

(3) 激光清洗适用于几乎所有固体基材,并且在许多情况下可以只去除污物而不损伤基材。

(4) 激光清洗可以方便地实现自动化操作,还可利用光纤将激光引入污染区,操作人员只需远距离遥控操作,非常安全方便,这对于一些特殊的应用场合,如核反应堆冷凝管的除锈等,具有重要的意义。

用于激光清洗的激光器类型、功率及其波长,应视所需要清洗的物质成分和形态的不同而不同,目前的典型设备主要是 Nd:YAG 激光器和准分子激光器。值得一提的是,在钢铁表面采用激光除锈工艺,通过选择适当工艺参数,可以在除锈的同时使基材表面微熔,形成一层组织均匀致密的耐蚀层,使除锈、防腐蚀一步到位。激光清洗工艺已在工业中得到初步应用。

二、激光弯曲技术

激光弯曲是一种柔性成型新技术,它利用激光加热所产生的不均匀的温度场,来诱发热应力代替外力,实现金属板料的成型。激光成型机理有温度梯度机理、压曲机理和镦粗机理。与火焰弯曲相比,激光束可被约束在一个非常窄小的区域而且容易实现自动化,这就导致了人们对激光弯曲成型的研究兴趣。目前此技术研究已有一些成功应用的范例,如用于船板的弯曲成型,利用管子的激光弯曲成型制造波纹管,以及微机械的加工制造。

三、激光毛化技术

激光毛化技术是采用高能量、高重复频率的脉冲激光束在聚焦后的负离焦照射到轧辊表面实施预热和强化,在聚焦后的聚焦点入射到轧辊表面形成微小熔池,同时由侧吹装置对微小熔池施于设定压力和流量的辅助气体,使熔池中的熔融物按指定要求尽量堆积到融池边缘形成圆弧形凸台(峰值数)。

激光毛化钢板表面的小凹坑不连通,有利于在后期冲压成型时储油和捕捉金属碎屑,储油性好,防止冲压划伤,保证了钢板的深冲性,并使冲压零件表面光整,同时减少冲压用油。激光毛化钢板表面粗糙度均匀、排列规则、形貌可以预控、重复性好、粗糙度调节范围大,可以根据用户需要做特殊设计,开发新品种,如印花板面等。

辊面的激光毛化形貌均匀、可控,平滑面占整个毛化面的60%,使轧制出的钢板的板面平坦度高,提高了带钢表面的光洁度和涂漆后的鲜映度,为用户增加了产品的竞争能力,可生产激光镜面钢板(laser mirror steel)。激光束在对轧辊毛化的同时还具有对其表面进行强化的作用,可提高轧辊使用寿命,减少换辊量和轧辊消耗,提高轧机生产效率。

CO_2激光毛化形貌的辊板转换状态一般是凹坑的复印率为20%,凸台的复印率为80%,由于CO_2激光毛化起作用的主要是凸台部分,所以激光毛化转换率高,不易堵塞,毛化效果好,过钢量高。

毛化粗糙度调节灵活,可适应多品种开发和生产;占地面积小,地基简单;加工效率快。一根轧辊(ϕ500 mm×1780 mm)的加工时间为30~40 min;自动化程度高,功能丰富;按数控点加工,加工异形轧辊可先仿形后毛化;运行稳定、加工质量高;作业消耗的费用低,作业介质安全;环保型生产,无"三废"污染。

四、激光化学气相沉积

激光化学气相沉积(LCVD)是一种是在常规化学气相沉积(CVD)方法上发展而来,借助于激光引起适宜反应物的化学反应,在某种基材上实现不同材料薄膜沉积的技术。按化学反应机理,LCVD可分为热解和光解两个范畴。

在热解 LCVD 中,激光束主要是与基材交互作用,在光斑处发生热助化学反应而生成薄膜,该薄膜因化学吸附作用而附着于基材表面。因为在热解 LCVD 过程中基材不熔化,热解 LCVD 的化学反应物质(即产物供体)的选择原则是其化学反应可以发生在基材熔点以下的某个温度。通常红外激光,如 Nd:YAG 激光和 CO_2 激光被用做热解 LCVD。

光解 LCVD 依赖的是激光束与化学反应物质的交互作用。供体的分子吸收激光束光子,引起其化学键的破断而导致薄膜材料沉积于基材之上。通常,可见激光和紫外激光被用于光解 LCVD。这是因为这类激光的单光子能量相当于或超过许多化合物的化学键能。而红外激光因其单光子的能量远小于通常的化学键能(约为 5 eV),故不适用于光解 LCVD。表 5.8 列出了不同激光单光子的能量值供参考。在光解 LCVD 中,对激光和产物供体作如

表 5.8 不同激光单光子的能量

激光	电磁波谱范围	波长/nm	单光子能量/eV
Nd:YAG	红外	1060	1.17
CO_2	红外	10600	0.117
Cu 蒸气	黄	578	2.15
Cu 蒸气	绿	511	2.43
KrF	紫外	248	5.00
KrCl	紫外	222	5.58
XeCl	紫外	308	4.03

此考虑是基于：产物供体分子对激光束有大的吸收截面；供体分子的化学键能小于或等于激光束单光子的能量。在光解 LCVD 过程中，化学反应发生在构成化学反应物质的气相或蒸气相中，因此，基材不必被加热至化学反应的温度。这意味着可用光解 LCVD 技术而不是常规 CVD 技术在低温下沉积薄膜。这一特色对半导体器件的制造非常有利，因为在低温下热致残余应力和杂质的重新分布可限制在最低水平。

五、激光表面烧蚀

激光烧蚀是固体在大功率密度激光束照射下发生的蒸发或升华。激光烧蚀的研究始于 20 世纪 60 年代，在 70 年代得以推进，80 年代是激光烧蚀技术研究与应用的崛起阶段，1985 年后相关文献报道呈爆炸性增长。除 Nd：YAG 激光和 CO_2 激光仍为烧蚀研究的主流外，准分子激光也在 20 世纪 80 年代开始发挥重要作用。其他类型激光的应用也已大为扩展。ps 激光系统已很普遍，fs 激光器也已出现。高峰值功率激光可在靶上聚焦达 10^{16} W/cm^2。旋转激光已将范围扩展至紫外和红外区域，大功率脉冲旋转染料激光器已用于实验。

激光烧蚀的应用非常广泛。许多重要应用均依赖于激光烧蚀。这些应用包括诸如激光焊接或钻孔等工业加工过程、制造薄膜或显微组织的材料加工、激光表面清洗、固态试样的元素分析、激光手术或生物分子结构研究的生物医学应用、激光武器系统等。

20 世纪 80 年代激光烧蚀技术应用的快速发展是与材料科学的需要密切相关的。在表面工程的应用领域，激光烧蚀用来沉积薄膜，亦称为激光烧蚀沉积（LAD）。在各种薄膜沉积中，通常应用的是脉冲激光烧蚀沉积（PLAD）。通过脉冲激光沉积而生长薄膜已发展到制造特殊薄膜。实际上所有材料——金属、半导体和绝缘体都可沉积。激光表面烧蚀是利用激光烧蚀蒸发靶材材料，而于真空或大气环境中在某基体上实现薄膜沉积的技术。这一技术在 20 世纪 80 年代已用于烧蚀大量不同种类的固态靶材，是制作大量不同薄膜覆层的非常灵活的方法。在应用中，多个靶材可以同时接受激光照射而生成复合的薄膜层。激光表面烧蚀是一种非常清洁和快速的过程，需要强烈的吸收和加热（附加蒸发），因而有大范围的固相源材料可供选择。

激光蒸发基本上是一种高真空的技术，适当原子成分的靶材蒸发的能量由外部激光源提供，如图 5.34 所示。强 CO_2 激光脉冲的能量足以在非常短的时间内蒸发复合物靶材，而靶材内部的扩散不明显，个体组元的分解几乎可以忽略。这个过程基本上与常规的由其他能源引发的瞬时蒸发相同。蒸发原子凝结的基材置于靶材附近，其在物理性质上几乎没有限制。很多基材如硅、GaAs、石英、麻粒玻璃、金和钛膜、蓝宝石均已用于沉积层的研究。

激光烧蚀蒸发可用于制作多种氧化物、氟化物和半导电薄膜。这主要是因为脉冲激光允许复合物或混合物的等同蒸发，这使得大多数情况下源材料的化学成分在沉积薄膜中可靠地得以再现。

激光表面烧蚀应用的一个重要方面是用脉冲激光烧蚀沉积高温超导薄膜。AT&T 贝尔实验室就曾利用激光蒸发技术制造了所谓高温超导材料。早期的研究业已表明，在恰当的激光能量密度和相对于靶材表面法线的照射沉积角度下，可制成相当复杂的多元素材料薄膜。图 5.35 所示的为一简单的脉冲激光沉积系统。一台准分子脉冲激光（波长为 248 nm，脉宽为 30 ns）以几 J/cm^2 的能量密度来照射化学成分一定的靶材。蒸发的材料主要向前方

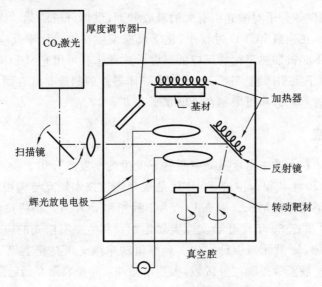

图5.34 激光烧蚀薄膜沉积示意图

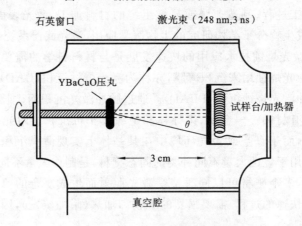

图5.35 脉冲激光烧蚀沉积简图

喷发。通过适当调整氧气压力和基体温度,可获得高质量的超导薄膜。激光沉积过程的特点可概括如下。

(1) 可在单相均质材料上方便沉积复杂的多元素材料薄膜,使原本复杂的制作高质量薄膜的沉积过程变得相对简单。

(2) 真空腔压力、源靶材与基体的距离、靶材相对于激光束的位向等可独立调控,沉积系统设计的自由度大。源靶材与基体分开调节的意义在于小靶材可通过适当的扫描方式在相当大的基体上沉积薄膜。

(3) 源靶材的利用率比其他任何技术的都高。这是由于蒸发材料主要向前喷射,采集率非常高。

(4) 多重薄膜的制备非常直接易行,仅快速替换激光束路径上的源靶即可。大部分材料的蒸发参数均处在相同的范围。因而不难设计出能沉积精致薄膜组织的自动系统。应用脉冲激光沉积业已制备了集成非常复杂的高 T_c 部件。

高温超导体和与之相关的介电和缓冲薄膜层的脉冲激光烧蚀沉积涉及很多材料。这项技术业已应用于制造电光材料、铁电材料等。从中派生出的重要技术之一是交叠材料的制造,如用于异质外延铁电层的室温电极的 YBCO 薄膜的制造。随着外延、多元素材料技术的发展,脉冲激光沉积的独特性能使交叠材料的制造成为不可或缺的技术。除已成功地沉积 YBCO、LSCO、BSSCO、TBCCO、NdCeCuO(NCCO)和 BaKNiO(BKBO)超导体外,脉冲激光沉积技术也已扩展到制作各种介电层,如 $LaAlO_3$、$SrAlTaO_3$、YSZ、CeO_2、金属层,如 $SrRuO_3$ 和 $LaNiO_3$,等等。

习 题

5.1 简述激光淬火的热加工原理,并与传统的淬火工艺相比较,说明其优缺点。
5.2 激光淬火有哪些重要特点及应用?
5.3 说明激光熔覆原理及其工艺方法。
5.4 对激光合金化中激光冲击过程理论进行简单分析。
5.5 简述激光快速成型技术的原理及主要优点。
5.6 激光快速成型有哪几种方法,各有什么特点?
5.7 简述激光清洗的机理。
5.8 激光弯曲成型有哪些机理,各有什么特点和用途?

参 考 文 献

[1] 阎吉祥. 激光原理与技术[M]. 北京:高等教育出版社,2004.
[2] 克西耐尔 W. 固体激光工程[M]. 北京:科学出版社,2002.
[3] 李相银,姚敏玉,李卓. 激光原理技术及应用[M]. 哈尔滨:哈尔滨工业大学出版社,2004.
[4] 俞宽新. 激光原理与激光技术[M]. 北京:北京工业大学出版社,2007.
[5] 刘敬海,徐荣莆. 激光器件与技术[M]. 北京:北京理工大学出版社,1995.
[6] 栖原敏明. 半导体激光器基础[M]. 北京:科学出版社,2006.
[7] 张永康. 激光加工技术[M]. 北京:化学工业出版社,2004.
[8] 李适民. 激光器件原理与设计[M]. 2版. 北京:国防工业出版社,2005.
[9] 中井贞雄. 激光工程[M]. 北京:科学出版社,2005.
[10] 金冈優. 激光加工[M]. 北京:机械工业出版社,2006.
[11] 左铁钏. 高强铝金的激光加工[M]. 2版. 北京:国防工业出版社,2008.
[12] 关振中. 激光加工工艺手册[M]. 2版. 北京:中国计量出版社,2007.
[13] 陈彦宾. 现代激光焊接技术[M]. 北京:科学出版社,2006.
[14] Reinhart Poprawe. 激光制造工艺:基础、展望和创新应用实例[M]. 张冬云,译. 北京:清华大学出版社,2008.
[15] 虞钢,虞和济. 集成化激光智能加工工程[M]. 北京:冶金工业出版社,2002.
[16] 郭玉彬,霍佳雨. 光纤激光器及其应用[M]. 北京:科学出版社,2008.
[17] 陈岁元. 材料的激光制备与处理技术[M]. 北京:冶金工业出版社,2006.
[18] 胡建东. 激光加工金相图谱[M]. 北京:中国计量出版社,2006.
[19] 郑启光. 激光先进制造技术[M]. 武汉:华中科技大学出版社,2004.
[20] 陈树骏. 激光机装调工职业技能鉴定指南[M]. 北京:人民邮电出版社,2001.
[21] 陈家璧. 激光原理及应用[M]. 北京:电子工业出版社,2004.